微分方程数值方法
——有限差分法

王汉权　成蓉华　编著

科学出版社

北　京

内 容 简 介

本书介绍了微分方程数值求解方法——有限差分法. 内容涉及有限差分法的基本设计过程与具体的实现过程, 有限差分法在工程、科学和数学问题中的应用以及 MATLAB 程序, 涵盖了有限差分法的很多内容: 常微分方程的数值解法; 二阶椭圆型、二阶抛物型及二阶双曲型方程的数值算法; 各种非线性偏微分方程以及非线性偏微分方程组的数值方法; 数值积分与数值微分在偏微分方程求解过程中的应用等. 本书的一大特色是给出大量的应用实例并附 MATLAB 程序.

本书可作为理工科本科生、研究生微分方程数值求解方法课程的教材或参考书, 也可作为科技与工程技术人员使用有限差分法和 MATLAB 的参考手册.

图书在版编目 (CIP) 数据

微分方程数值方法: 有限差分法/王汉权, 成蓉华编著. —北京: 科学出版社, 2020.6

ISBN 978-7-03-065156-3

Ⅰ. ①微··· Ⅱ. ①王···②成··· Ⅲ. ①微分方程-有限差分法 Ⅳ. ①O175

中国版本图书馆 CIP 数据核字 (2020) 第 085805 号

责任编辑: 王丽平 贾晓瑞/责任校对: 彭珍珍
责任印制: 赵 博/封面设计: 陈 敬

科 学 出 版 社 出版
北京东黄城根北街 16 号
邮政编码: 100717
http://www.sciencep.com
北京厚诚则铭印刷科技有限公司印刷
科学出版社发行 各地新华书店经销
*
2020 年 6 月第 一 版 开本: 720 × 1000 B5
2025 年 1 月第五次印刷 印张: 12 1/4
字数: 240 000
定价: **78.00 元**
(如有印装质量问题, 我社负责调换)

前　言

本书主要讨论微分方程的数值方法 —— 有限差分法及其实现过程. 利用有限差分法离散微分方程, 并根据得到的数值方法与 MATLAB 相结合实现微分方程的计算机求解过程是本书的主要特点. 随着计算机的不断发展和进步, 优秀的数学软件 ——MATLAB 应运而生. MATLAB 一问世就以它强大的功能被广大科技工作者公认为科学计算最好的软件之一. 为使微分方程的数值解法 —— 有限差分法与 MATLAB 更好地结合, 我们以 MATLAB2010 为平台, 编写了《微分方程数值方法 —— 有限差分法》, 希望为广大从事科学计算与工程应用的读者服务.

本书介绍了微分方程数值求解方法 —— 有限差分法. 内容涉及有限差分法的设计过程与具体的实现过程, 有限差分法在工程、科学和数学问题中的应用, 涵盖了有限差分法的很多内容: 常微分方程的数值解法; 二阶椭圆型、二阶抛物型及二阶双曲型方程的数值算法; 非线性偏微分方程以及偏微分方程组的数值方法; 数值积分与数值微分在偏微分方程求解过程中的应用; 变分法如何导出微分方程模型等. 本书的一大特色是给出大量的应用实例并附 MATLAB 程序 (见封底二维码). 另外, 本书重点讲述有限差分法设计的思想和原理、强调如何根据所得算法实现偏微分方程的计算机求解过程, 尽量避免过深的数学理论和过于繁杂的算法细节探讨. 数值计算方法与科学计算软件 MATLAB 相结合, 有助于读者更有效地利用 MATLAB 的超强功能来处理科学计算中的问题, 有助于避免那种学过微分方程数值方法但不能上机解决实际问题的现象发生. 本书阐述严谨、内容丰富、重点突出、推导详尽、思路清晰、深入浅出、富有启发性, 便于自学与教学.

本书在编写过程中, 参考了国内已出版的同类教材 (参考文献 [1]—[4], [7], [8]), 吸收了它们的许多精华和优点, 在题材的选取上适当地增加了一些新内容, 有相当数量的习题可供练习.

从 2008 年 3 月开始, 我在云南财经大学统计与数学学院为本科生讲授 "偏微分方程数值解法" 课程, 但是面临一个棘手的问题: 如何给学生们选择一本合适的教材? 查阅了许多国内的相关教材之后, 我发现并没有一本十分适合我所在学院学生的学术水平的教材. 于是, 我边教学边思考: 自己能不能写一本关于微分方程数值解法的书呢? 最终我下定决心写一本比较浅显易懂的教材, 希望学生在了解了微分方程数值解法的基本算法后, 能够自己编写程序, 实现算法并最终找到微分方程的数值解. 经过六年多的努力, 我把上课中所写的讲义与计算机程序总结了一下, 终于形成了现在的手稿.

　　本书的完成离不开许多人的帮助与支持, 这里我要先感谢新加坡国立大学数学系包维柱教授, 他一直对我的学术成长起到关键作用. 也十分感谢香港科技大学数学系项阳教授、美国哥伦比亚大学应用物理与应用数学系杜强教授, 他们在我从事学术研究的过程中给予极大的帮助, 在本书的撰写过程中也给予了许多指导意见. 云南财经大学统计与数学学院向焘同学在手稿的撰写过程曾提供帮助, 在此表示十分感谢. 最后我要十分感谢我的妻子张丽虹, 唯有她的鼎力支持, 我才能在学术上投入更多的时间与精力完成此书.

　　本书的出版得到云南财经大学、国家自然科学基金 (项目编号 11871418)、教育部新世纪优秀人才基金 (基金号为 NCET-13-0995)、云南省科技厅中青年学术带头人后备人才基金等的大力支持.

王汉权

wang_hanquan@hotmail.com

2019 年 08 月

目　　录

第 1 章　微分方程简介 ·· 1
　1.1　常微分方程简介 ·· 1
　1.2　偏微分方程简介 ·· 3
　1.3　变分法导出微分方程 ·· 4
　　　1.3.1　变分问题 ·· 4
　　　1.3.2　变分问题解的必要条件 ·································· 6
　1.4　微分方程的求解方法 ··· 11
　1.5　小结 ·· 13
　1.6　习题 ·· 13
第 2 章　常微分方程的有限差分法 ··································· 15
　2.1　有限差分的基本概念 ··· 15
　2.2　常微分方程初值问题的数值方法 ······························ 18
　　　2.2.1　欧拉法 ··· 18
　　　2.2.2　龙格–库塔法 ·· 20
　　　2.2.3　Crank-Nicolson 法 ····································· 22
　　　2.2.4　截断误差 ··· 23
　　　2.2.5　计算例子 ··· 25
　　　2.2.6　单步法的收敛性与稳定性 ································ 26
　2.3　常微分方程边值问题的数值方法 ······························ 32
　　　2.3.1　截断误差 ··· 34
　　　2.3.2　收敛性 ··· 34
　2.4　微分方程数值求解方法概述 ···································· 35
　2.5　计算例子 ··· 35
　2.6　离散常微分边值问题的紧致差分格式 ··························· 37
　　　2.6.1　一阶导数的紧致差分格式 ································ 38
　　　2.6.2　二阶导数的紧致差分格式 ································ 39
　　　2.6.3　高阶紧致差分格式的进一步介绍 ·························· 43
　2.7　小结 ·· 45
　2.8　习题 ·· 46

第 3 章　椭圆型方程的有限差分法 ································· 48
　3.1　有限差分的相关概念 ······································· 48
　3.2　二维椭圆型方程的有限差分法 ····························· 52
　　　3.2.1　计算例子 ··· 54
　　　3.2.2　截断误差 ··· 55
　　　3.2.3　收敛性 ··· 56
　3.3　三维椭圆型方程的有限差分法 ····························· 56
　3.4　变系数椭圆型方程的有限差分法 ··························· 58
　3.5　极坐标形式下的 Poisson 方程的有限差分法 ················· 59
　3.6　离散 Poisson 方程边值问题的紧致差分格式 ················· 61
　3.7　差分方程组的快速求解方法 ······························· 67
　　　3.7.1　基于 Sine 变换 ····································· 67
　　　3.7.2　基于 Cosine 变换 ··································· 72
　　　3.7.3　基于 Fourier 变换 ·································· 74
　3.8　小结 ·· 77
　3.9　习题 ·· 78
第 4 章　抛物型方程的有限差分法 ································· 80
　4.1　一维抛物型方程初边值问题的有限差分法 ··················· 80
　　　4.1.1　几种常见差分格式 ··································· 80
　　　4.1.2　计算例子 ··· 84
　4.2　差分格式的稳定性 ··· 85
　　　4.2.1　稳定性概念 ··· 85
　　　4.2.2　判断稳定性的矩阵法 ································· 86
　　　4.2.3　用 Fourier 方法判断差分格式的稳定性 ················· 88
　4.3　二维抛物型方程初边值问题的有限差分法 ··················· 93
　　　4.3.1　二维方程的一种显式差分格式 ························· 93
　　　4.3.2　二维方程的一种隐式差分格式 ························· 94
　　　4.3.3　二维方程的另一种隐式差分格式 ······················· 95
　　　4.3.4　二维方程的分数步长法 ······························· 95
　　　4.3.5　二维方程的时间分裂法 ······························· 99
　　　4.3.6　计算例子 ··· 101
　4.4　三维抛物型方程初边值问题的有限差分法 ·················· 103
　　　4.4.1　三维方程的一种显式差分格式 ························ 103
　　　4.4.2　三维方程的一种隐式差分格式 ························ 104
　　　4.4.3　三维方程的另一种隐式差分格式 ······················ 105

4.5　小结 ··· 106

4.6　习题 ··· 106

第 5 章　双曲型方程的有限差分法 ·· 109

5.1　一阶常系数线性双曲型方程初边值问题的差分格式 ···················· 109

5.1.1　显式差分格式 ··· 109

5.1.2　Fourier 法分析显式格式的稳定性 ································ 112

5.1.3　隐式差分格式 ··· 114

5.1.4　计算例子 ·· 115

5.2　一阶常系数线性双曲型方程组的差分格式 ······························· 116

5.3　二维一阶双曲型方程初值问题的差分格式 ······························· 118

5.3.1　显式差分格式 ··· 118

5.3.2　隐式差分格式 ··· 120

5.3.3　计算例子 ·· 121

5.4　二阶双曲型方程的差分格式 ·· 122

5.4.1　一维波动方程的差分格式 ·· 122

5.4.2　计算例子 ·· 123

5.4.3　二维波动方程的差分格式 ·· 123

5.4.4　计算例子 ·· 124

5.5　守恒律方程的差分格式 ··· 124

5.6　线性对流方程的半拉格朗日法 ··· 128

5.6.1　一维对流方程 ··· 128

5.6.2　二维的对流方程 ·· 130

5.6.3　三维的对流方程 ·· 132

5.6.4　计算例子 ·· 134

5.7　小结 ··· 135

5.8　习题 ··· 135

第 6 章　非线性偏微分方程的有限差分法 ·· 138

6.1　非线性椭圆型方程 ·· 138

6.2　定态的 Navier-Stokes 方程 ·· 144

6.3　非线性抛物型方程 ·· 147

6.4　非线性双曲型方程 ·· 149

6.5　非线性 Burgers 方程 ··· 150

6.6　Kuramoto-Sivashinsky 方程 ··· 153

6.6.1　二阶差分格式 ··· 153

6.6.2　二阶紧致差分格式 ··· 153

    6.6.3 四阶差分格式 ·· 154

    6.6.4 四阶紧致差分格式 ······································· 154

    6.6.5 另一四阶紧致差分格式 ································· 154

  6.7 非线性薛定谔方程 ·· 156

  6.8 多步法 ·· 160

    6.8.1 二步法 ··· 160

    6.8.2 多步法 ··· 161

  6.9 气体动力学方程组 ··· 162

  6.10 Navier-Stokes 方程组的速度–旋量形式 ········· 164

  6.11 Navier-Stokes 方程的流函数–旋量函数形式 ······· 169

  6.12 有限差分法在图像恢复中的应用 ················· 172

    6.12.1 模型的提出与理论求解 ··························· 172

    6.12.2 彩色图像修复 ·· 175

    6.12.3 模型的数值求解方法 ······························ 176

    6.12.4 模型的数值求解结果与分析 ·················· 178

  6.13 小结 ··· 181

  6.14 习题 ··· 181

第 7 章 总结与展望 ·· 183

参考文献 ···185

第 1 章 微分方程简介

理论和实验是分不开的, 彼此相互联系, 现实中有很多不能用科学技术马上解决的实际问题, 只能通过数值模拟得到实际应用所需要的数值结果, 揭示其本质规律, 从而来解决实际问题. 数值模拟在各门自然科学 (物理学、化学、气象学、地质学和生命科学等) 和技术科学与工程科学 (核技术、航空航天和土木工程等) 中起着巨大的作用, 在很多重要的领域成为不可缺少的工具. 而科学与工程计算中最重要的内容就是求解在科学和工程技术中出现的各种各样的微分方程或微分方程组.

一般说来, 微分方程就是联系自变量、未知函数以及未知函数的某些导数之间的等式. 微分方程通常分为常微分方程与偏微分方程两大类. 如果微分方程中的未知函数只与一个自变量有关, 则称为常微分方程; 如果微分方程中的未知函数是两个或两个以上自变量的函数, 并且在方程中出现偏导数, 则称为偏微分方程. 微分方程模型大量出现在量子物理、等离子物理、流体力学、电磁学、光学、化学等自然科学中, 经常用来描述这些自然学科中的现象. 在本章中, 我们简单介绍微分方程的基本概念. 特别地, 我们还介绍如何利用变分法来推导出微分方程模型. 变分法的数学原理简单, 并不需要太多的数学知识.

1.1 常微分方程简介

常微分方程是指那些微分方程, 方程中的未知函数含有一个自变量. 例如下面的方程都是常微分方程:

$$\frac{dy}{dx} = 2x,$$

$$\frac{dy}{dx} = \frac{\sqrt{1-y^2}}{\sqrt{1-x^2}},$$

$$y'' + y = 0,$$

这里 $y = y(x)$. 在一个常微分方程中, 未知函数最高阶导数的阶数, 称为该方程的阶. 上述第一个、第二个方程都是一阶常微分方程, 第三个方程是二阶常微分方程.

关于未知函数 $y = y(x)$ 的一阶常微分方程的一般形式可表为

$$F(x, y, y') = 0. \tag{1.1}$$

关于未知函数 $y = y(x)$ 的 n 阶常微分方程的一般形式可表为

$$F(x, y, y', \cdots, y^{(n)}) = 0, \tag{1.2}$$

这里 n 是整数, $y^{(n)}$ 表示函数 $y(x)$ 的 n 阶导数.

微分方程的解就是满足方程的函数, 可定义如下.

定义 1.1　设函数 $y = \phi(x)$ 在区间 I 上连续, 且有直到 n 阶的导数. 如果把 $y = \phi(x)$ 代入方程 (1.2), 得到在区间 I 上关于 x 的恒等式, 则称 $y = \phi(x)$ 为常微分方程 (1.2) 在区间 I 上的一个解.

在方程 (1.2) 中, 如果左端函数 F 对未知函数 y 和它的各阶导数 $y', y'', \cdots,$ $y^{(n)}$ 的全体而言是一次的, 则称为线性常微分方程, 否则称它为非线性常微分方程. 这样, 一个以 y 为未知函数, 以 x 为自变量的 n 阶线性微分方程具有如下形式:

$$y^{(n)} + P_1(x)y^{(n-1)} + \cdots + P_{n-1}(x)y'(x) + P_n(x)y(x) = f(x),$$

这里函数 $P_1(x), \cdots, P_n(x), f(x)$ 为某些已知函数.

通常, 与常微分方程解相关的问题, 还有所谓的初值条件与边值条件. 求常微分方程满足初值条件的解的问题称为初值问题. 求常微分方程满足边值条件的解的问题称为边值问题.

例 1.1　若函数 $y = y(t)$ 满足下式

$$y' = f(t, y), \quad t > a,$$
$$y(t = a) = y_0,$$

那么, 它就是一个初值问题.

若函数 $u = u(x)$ 满足下式

$$-u_{xx}(x) = \pi^2 \cos(\pi x), \quad 0 < x < 1,$$
$$u(0) = 1, \quad u(1) = -1,$$

那么, 它就是一个边值问题.

1.2 偏微分方程简介

偏微分方程是指那些微分方程, 微分方程中的未知函数含有多个自变量. 偏微分方程通常分为线性偏微分方程和非线性偏微分方程. 如果偏微分方程关于未知函数及其所有的偏导数都是线性的, 那么我们称之为线性的偏微分方程; 否则, 我们称之为非线性的偏微分方程. 偏微分方程还可分为常系数的方程与变系数的方程; 也可分为齐次的方程与非齐次的方程. 一个偏微分方程中, 未知函数最高阶偏导数的阶数, 称为该方程的阶. 偏微分方程组是由多个微分方程组成的方程组, 并且微分方程组中含有多个未知函数, 每个未知函数均含有多个自变量.

偏微分方程有多种分类形式, 如果按方程的阶划分, 可以分为一阶偏微分方程、二阶偏微分方程、三阶偏微分方程等; 如果按方程是否线性, 可以分为线性偏微分方程、非线性偏微分方程 (它进一步又可分为拟线性方程、半线性方程、全非线性方程); 如果按方程中的未知函数系数分, 可以分为常系数方程、变系数方程.

下面通过二阶偏微分方程来介绍与偏微分方程相关的概念. 关于函数 $u(x, y)$ 的二阶偏微分方程的一般形式如下:

$$a\frac{\partial^2 u}{\partial x^2} + b\frac{\partial^2 u}{\partial x \partial y} + c\frac{\partial^2 u}{\partial y^2} + d\frac{\partial u}{\partial x} + e\frac{\partial u}{\partial y} + f(u) = g(x, y), \tag{1.3}$$

这里未知函数是 $u = u(x, y)$, 方程 (1.3) 中的 a, b, c, d, e 和 f 都是已知的函数.

一般来说, 一个二阶偏微分方程通常有无数多个解. 为使得方程 (1.3) 的解唯一, 那么我们要添加相应的定解条件. 常见的定解条件有初值条件 (或称初始条件) 与边值条件 (或称边界条件) 两大类. 给定一偏微分方程, 如果加上边值条件, 那么我们称之为偏微分方程的边值问题; 给定一偏微分方程, 如果加上初值条件与边值条件, 那么我们称之为偏微分方程的初边值问题. 在后面的数值方法设计中, 我们主要关心偏微分方程的边值问题、偏微分方程的初边值问题等的数值求解方法 —— 有限差分法.

另外, 在方程 (1.3) 中, 如果 a, b, c, d, e 和 f 都是关于自变量 x 和 y 的函数, 那么方程 (1.3) 是线性偏微分方程; 如果系数 a, b 和 c 是关于 $x, y, u, \partial u/\partial x$ 和 $\partial u/\partial y$ 的函数, 称方程 (1.3) 是拟线性偏微分方程.

我们再定义函数 $\Delta = b^2 - 4ac$. 如果在点 (x_0, y_0) 处 $\Delta > 0$, 方程 (1.3) 在点 (x_0, y_0) 处是双曲型的方程; 如果在点 (x_0, y_0) 处 $\Delta = 0$, 方程 (1.3) 在点 (x_0, y_0) 处是抛物型的方程; 如果在点 (x_0, y_0) 处 $\Delta < 0$, 方程 (1.3) 在点 (x_0, y_0) 处是椭圆型方程.

例 1.2 函数 $u = u(x, t)$ 满足波动方程

$$\frac{\partial^2 u}{\partial t^2} = a^2 \frac{\partial^2 u}{\partial x^2}, \quad \text{这里 } a \text{ 正常数.}$$

此方程就是一个二阶双曲型方程.

函数 $u = u(x, y)$ 满足方程

$$-\frac{\partial^2 u}{\partial x^2} - \frac{\partial^2 u}{\partial y^2} = 0.$$

此方程就是一个二阶椭圆型方程.

函数 $u = u(x, t)$ 满足方程

$$\frac{\partial u}{\partial t} = a \frac{\partial^2 u}{\partial x^2}, \quad \text{这里 } a \text{ 正常数.}$$

此方程就是一个二阶抛物型方程.

1.3　变分法导出微分方程

在工程、物理、化学等领域, 有许多导出微分方程的方法, 在本节中, 我们主要利用 "变分法" 推导出微分方程模型, 包括常微分方程模型、偏微分方程模型与偏微分方程组模型. 通过本节介绍, 希望读者能初步了解微分方程是怎么得来的.

1.3.1　变分问题

所谓变分问题, 就是在一个函数集合 (或函数空间) 中求泛函的极小或极大的问题. 这里定义的泛函通常是指函数的函数. 我们首先来看两个变分问题例子.

例 1.3 (最速降线问题)　这是 Bernoulli 1696 年提出的问题. 有一质点受重力作用从点 A 到点 B 沿曲线路径自由下滑, 求质点下降最快的路径. 问题中不考虑摩擦阻力.

解: 下降最快即所需时间最短, 我们先假设从 A 到 B 的任一光滑曲线 l 可表示为

$$l : y = y(x), \quad 0 \leqslant x \leqslant x_1.$$

设质点运动到曲线上任意一点 P 的坐标为 (x, y), 并在该点处达到了速率 $v = ds/dt$. 如果再假设该质点质量为 m, 那么到达 P 点时失去的势能为 mgy, 得到的动能为 $mv^2/2$, 根据能量守恒原理有

$$\frac{1}{2} m \left(\frac{ds}{dt} \right)^2 = mgy,$$

这可写成

$$\sqrt{1 + y'^2} \frac{dx}{dt} = \sqrt{2gy},$$

或者

$$dt = \sqrt{\frac{1+y'^2}{2gy}} dx.$$

所以, 沿曲线 l 从 A 下滑至 B 所需时间为

$$T = \int_0^T dt = \int_0^{x_1} \sqrt{\frac{1+y'^2}{2gy}} dx. \tag{1.4}$$

上式中的 T 是一个包含函数 $y = y(x)$ 的积分式. 当 y 在某一个函数集合 K 中取定一个函数时, 从 (1.4) 式就得到一个确定的实数值 T. 也就是 (1.4) 式确定了函数集合 K 到实数集 R 的一个映射. 这里, 我们称 T 是 K 上的一个泛函, 记成

$$T = T(y) = \int_0^{x_1} \sqrt{\frac{1+y'^2}{2gy}} dx. \tag{1.5}$$

问题中的函数集合 K 应该怎样确定呢? 显然, 函数对应的曲线应该是光滑的, 而且端点分别位于在 $A\,(0,0)$ 和 $B\,(x_1, y_1)$. 所以 K 取为

$$K = \{y | y \in C^1([0, x_1]), y(0) = 0, y(x_1) = y_1\},$$

其中 $C^1([0, x_1])$ 表示定义在区间 $[0, x_1]$ 上的具有直到一阶连续导数的所有函数组成的函数空间. 这样, 最速降线问题就表示为求 $y_0 \in K$, 使得

$$T(y_0) \leqslant T(y), \quad \forall y \in K, \tag{1.6}$$

或写成求 $y_0 \in K$, 使得

$$T(y_0) = \min_{y \in K} T(y). \tag{1.7}$$

因此, 最速降线问题 (1.6)(或 (1.7)) 就是一个在函数集合 K 中求泛函 $T(y)$ 极小值的问题.

例 1.4 (最小曲面问题) 设 xOy 平面上有开区域 Ω, 其边界为 $\partial\Omega$, 在 $\partial\Omega$ 上给定条件 $u|_{\partial\Omega} = \varphi(x, y)$, 其中 $\varphi(x, y)$ 是 $\partial\Omega$ 上的已知函数. 这样就给出了三维空间中的一条封闭曲线 C. 最小曲面问题就是在封闭曲线 C 在空间中所张成的曲面中, 求面积为最小的曲面.

解: 如果记 $\bar\Omega = \Omega \bigcup \partial\Omega$, 并且设曲面方程为

$$u = u(x, y), \quad (x, y) \in \bar\Omega,$$

那么对应 u 的曲面面积为

$$S(u) = \int_\Omega \sqrt{1 + \left(\frac{\partial u}{\partial x}\right)^2 + \left(\frac{\partial u}{\partial y}\right)^2}\, d\sigma.$$

另外, 函数 u 所属的函数集合 K 可取为

$$K = \{u | u \in C^1(\Omega), u|_{\partial\Omega} = \varphi(x, y)\},$$

其中 $C^1(\Omega)$ 表示定义在区域 Ω 上的具有直到一阶连续偏导数的所有函数组成的函数空间. 这样, $S(u)$ 就是上述函数集合 K 上的一个泛函. 最小曲面面积问题可以写成下面的求泛函极小值的问题:

求 $u_0 \in K$, 使得

$$S(u_0) \leqslant S(u), \quad \forall u \in K, \tag{1.8}$$

或写成求 $u_0 \in K$, 使得

$$T(u_0) = \min_{u \in K} S(u). \tag{1.9}$$

在以上例子中, 函数集合 K 可以是一个一元函数 (例 1.3) 或一个多元函数 (例 1.4) 的集合. 函数集合 K 根据问题的提法可取不同的函数集合. 下面我们可以看到, 变分问题的解和微分方程的定解问题之间有十分紧密的联系.

1.3.2　变分问题解的必要条件

记函数空间

$$C_0^1([a, b]) = \{v | v \in C^1([a, b]), v(a) = 0, v(b) = 0\}.$$

引理 1.1 (变分法的基本引理)　设 $u \in C([a, b])$, 且

$$\int_a^b u(x)v(x)dx = 0, \quad \forall v \in C_0^1([a, b]),$$

则有 $u(x) \equiv 0 (a \leqslant x \leqslant b)$.

下面我们讨论最简单的变分问题, 推导其解满足的必要条件. 考虑函数集合

$$K = \{y | y \in C^1([a, b]), y(a) = y_a, y(b) = y_b\}. \tag{1.10}$$

这是一个对应两端固定的光滑曲线的函数集合, 其中 y_a 和 y_b 是确定的数. 考虑与 y 和 y' 有关的泛函

$$J(y) = \int_a^b F(x, y, y')dx, \tag{1.11}$$

其中 F 为对各自变量的偏导数均连续的函数.

我们讨论如下变分问题.

变分问题 (I)　求 $y \in K$, 使得 $J(y) \leqslant J(w), \forall w \in K$.

设 y 是变分问题 (I) 的解, 则 $y \in K$. 对一切 $\eta \in C_0^1([a,b])$, 因 $\eta(a) = \eta(b) = 0$, 有 $y + \alpha\eta \in K$, 其中任意实数 $\alpha \in R$. 因 y 是使 $J(y)$ 达到极小的函数, 所以有

$$J(y) \leqslant J(y + \alpha\eta), \quad \forall \alpha \in R. \tag{1.12}$$

把 $J(y + \alpha\eta)$ 看成 α 的一元函数, 记

$$\varphi(\alpha) = J(y + \alpha\eta) = \int_a^b F(x, y(x) + \alpha\eta(x), \ y'(x) + \alpha\eta'(x))dx.$$

把函数 $\varphi(\alpha)$ 在 $\alpha = 0$ 的一阶导数值称为泛函 J 的一阶变分, 记为 δJ. 于是有

$$\delta J = \frac{d\varphi}{d\alpha}\Big|_{\alpha=0} = \int_a^b \left(\frac{\partial F(x,y,y')}{\partial y}\eta + \frac{\partial F(x,y,y')}{\partial y'}\eta' \right) dx.$$

由 (1.12) 式可推出 $\varphi(0) \leqslant \varphi(\alpha), \forall \alpha \in R$. 也就是说 $\varphi(\alpha)$ 在 $\alpha = 0$ 达到极小. 根据一元函数极值的必要条件, $d\varphi/d\alpha|_{\alpha=0} = 0$, 所以有

$$\int_a^b \left(\frac{\partial F}{\partial y}\eta + \frac{\partial F}{\partial y'}\eta' \right) dx = 0, \quad \forall \eta \in C_0^1([a,b]).$$

上述积分式经过分部积分, 并注意到 $\eta(a) = \eta(b) = 0$, 可得

$$\int_a^b \left[\frac{\partial F}{\partial y} - \frac{d}{dx}\left(\frac{\partial F}{\partial y'} \right) \right] \eta dx = 0, \quad \forall \eta \in C_0^1([a,b]).$$

根据变分法的基本引理, 得到

$$\frac{\partial F}{\partial y} - \frac{d}{dx}\left(\frac{\partial F}{\partial y'} \right) = 0. \tag{1.13}$$

这就是函数 y 在集合 K 内使泛函 $J(w)(\forall w \in K)$ 达到极小的必要条件, 通常, 方程 (1.13) 称为 Euler 方程.

例 1.5 设 K 仍如 (1.10) 式所示, 且

$$J(y) = \frac{1}{2} \int_a^b \left[p(x)\left(\frac{dy}{dx} \right)^2 + q(x)y^2 - 2f(x)y \right] dx,$$

求 $J(w)$ 在 $\forall w \in K$ 的极值. 如果函数 $y \in C^1([a,b])$, 并且使得泛函 $J(y)$ 取到极小值, 则 y 满足的 Euler 方程为

$$-\frac{d}{dx}\left[p(x)\frac{dy}{dx} \right] + q(x)y - f(x) = 0.$$

前面我们根据变分引理得到了变分问题的解所满足的 Euler 方程. 下面对之扩展.

推广 1

(1.11) 式表示的泛函只依赖于一个函数, 这是最简单的情形. 如果我们考虑依赖于多个函数的泛函:

$$J(y_1, \cdots, y_n) = \int_a^b F(x, y_1, \cdots, y_n; y_1', \cdots, y_n') dx,$$

其中

$$(y_1, \cdots, y_n) \in K = \{(y_1, \cdots, y_n) | y_i \in C^1[a, b], y_i(a) = y_{in}, y_i(b) = y_{ib}, i = 1, \cdots, n\}.$$

类似于 (1.13) 式的推导过程, 我们可得: 使得泛函 $J(w_1, w_2, \cdots, w_n)(\forall (w_1, w_2, \cdots, w_n) \in K)$ 在集合 K 内达到极小值的函数 $y_1, y_2, \cdots, y_n$ 满足 Euler 方程

$$\frac{\partial F}{\partial y_i} - \frac{d}{dx}\left(\frac{\partial F}{\partial y_i'}\right) = 0, \quad i = 1, 2, \cdots, n,$$

也就是函数 $y_1, y_2, \cdots, y_n$ 分别满足

$$\begin{aligned}
&\frac{\partial F}{\partial y_1} - \frac{d}{dx}\left(\frac{\partial F}{\partial y_1'}\right) = 0, \\
&\frac{\partial F}{\partial y_2} - \frac{d}{dx}\left(\frac{\partial F}{\partial y_2'}\right) = 0, \\
&\quad\quad \cdots\cdots \\
&\frac{\partial F}{\partial y_n} - \frac{d}{dx}\left(\frac{\partial F}{\partial y_n'}\right) = 0.
\end{aligned} \tag{1.14}$$

这就是函数 $y_1, y_2, \cdots, y_n$ 在集合 K 内使得泛函 $J(w_1, w_2, \cdots, w_n)(\forall (w_1, w_2, \cdots, w_n) \in K)$ 达到极小的必要条件.

推广 2

(1.11) 式表示的泛函中含有的最高阶导数只有一阶, 如果该泛函还依赖于高阶导数, 例如

$$J(y) = \int_a^b F(x, y, y', y'') dx,$$

其中

$$y \in K = \{y | y \in C^2([a, b]), y(a) = y_a, y(b) = y_b, y'(a) = y_a', y'(b) = y_b'\}.$$

这里 $C^2([a, b])$ 表示定义在区间 $[a, b]$ 上的具有直到二阶连续导数的所有函数组成的函数空间. 类似于 (1.13) 式的推导过程, 我们可得

$$\frac{\partial F}{\partial y} - \frac{d}{dx}\left(\frac{\partial F}{\partial y'}\right) + \frac{d^2}{dx^2}\left(\frac{\partial F}{\partial y''}\right) = 0,$$

这是函数 y 在集合 K 内使泛函 $J(w)(\forall w \in K)$ 达到极小的必要条件.

推广 3

(1.11) 式表示的泛函中的函数 $y = y(x)$ 只有一个自变量, 下面我们考虑依赖于多元函数的泛函, 例如

$$J(u) = \int_{\Omega} F(x, y, u, u_x, u_y) dx dy,$$

其中二元函数

$$u = u(x, y) \in K = \{u | u \in C^1(\bar{\Omega}), u|_{\partial\Omega} = \varphi(x, y)\}.$$

对应于这些情形, 都可以分别讨论其极值必要条件, 即 Euler 方程.

事实上, 这里 $u = u(x, y), \Omega$ 是 xOy 平面上一有界区域, $\partial\Omega$ 是 Ω 的边界, $\bar{\Omega} = \Omega \bigcup \partial\Omega$, F 是一个关于 x, y, u, u_x, u_y 的已知函数.

变分问题 (II) 找 $u \in K$ 使得

$$J(u) = \min_{w \in k} J(w), \tag{1.15}$$

这里函数空间 $K = \{u | u \in C^1(\bar{\Omega}), u|_{\partial\Omega} = \varphi\}, \varphi = \varphi(x, y)$ 是一已知函数.

为讨论上述变分问题解所满足的方程, 我们记 $\phi(\alpha) = J(u + \alpha\eta)$, 这里 α 为任意实数, $\eta \in C^1(\bar{\Omega})$ 并且它满足条件

$$\eta|_{\partial\Omega} = 0.$$

当 $u \in K$ 时, 我们知道

$$u + \alpha\eta \in K.$$

当 u 是该变分问题的解时, 我们有 $J(u) \leqslant J(u + \alpha\eta)$, 也就是 $\phi(0) \leqslant \phi(\alpha)$. 因此, $\phi(\alpha)$ 在 $\alpha = 0$ 处取得最小值, 所以我们有 $\phi'(\alpha)|_{\alpha=0} = 0$. 另外

$$\phi(\alpha) = J(u + \alpha\eta) = \int_{\Omega} F(x, y, u + \alpha\eta, u_x + \alpha\eta_x, u_y + \alpha\eta_y) dx dy,$$

故

$$\phi'(\alpha) = \int_{\Omega} (F_u \cdot \eta + F_{u_x} \cdot \eta_x + F_{u_y} \cdot \eta_y) dx dy,$$

上式中的 F_u, F_{u_x}, F_{u_y} 分别是函数 $F = F(x, y, u + \alpha\eta, u_x + \alpha\eta_x, u_y + \alpha\eta_y)$ 整体对第三个变量、第四个变量、第五个变量求偏导. 于是由 $\phi'(\alpha)|_{\alpha=0} = 0$, 可得

$$\int_{\Omega} (F_u \cdot \eta + F_{u_x} \cdot \eta_x + F_{u_y} \cdot \eta_y) dx dy = 0. \tag{1.16}$$

注意到上式中不再带有 α (因为我们已经令 $\alpha = 0$), 上式可变形为

$$\int_{\Omega} \left[F_u - \frac{\partial}{\partial x}(F_{u_x}) - \frac{\partial}{\partial y}(F_{u_y}) \right] \eta dx dy = 0. \tag{1.17}$$

而 $\forall \eta \in C^1(\bar{\Omega})$, 并且 $\eta|_{\partial \Omega} = 0$. 因此根据变分法引理的必要条件, 变分问题中的 u 满足

$$F_u - \frac{\partial}{\partial x}(F_{u_x}) - \frac{\partial}{\partial y}(F_{u_y}) = 0, \tag{1.18}$$

那么从 (1.16) 式是如何得 (1.17) 式的呢? 事实上, 由 Green 公式

$$\int_{\Omega} u \Delta v dx dy = \int_{\partial \Omega} u \frac{\partial v}{\partial \mathbf{n}} ds - \int_{\Omega} \nabla u \cdot \nabla v dx dy,$$

这里 $\mathbf{n}$ 是 $\partial \Omega$ 的外法向单位矢量. 再令 $u = \eta, \nabla v = (F_{u_x}, F_{u_y})$, 这样

$$\Delta v = \mathrm{div}(\nabla v) = \frac{\partial}{\partial x}(F_{u_x}) + \frac{\partial}{\partial y}(F_{u_y}),$$

因此我们有

$$\int_{\Omega} \eta \left[\frac{\partial}{\partial x}(F_{u_x}) + \frac{\partial}{\partial y}(F_{u_y}) \right] dx dy$$
$$= \int_{\partial \Omega} \eta[(F_{u_x}, F_{u_y}) \cdot \mathbf{n}] dS - \int_{\Omega} (\eta_x, \eta_y) \cdot (F_{u_x}, F_{u_y}) dx dy.$$

由于 $\eta|_{\partial \Omega} = 0$, 所以从上式得

$$\int_{\Omega} \eta \left[\frac{\partial}{\partial x}(F_{u_x}) + \frac{\partial}{\partial y}(F_{u_y}) \right] dx dy = - \int_{\Omega} (F_{u_x} \cdot \eta_x + F_{u_y} \cdot \eta_y) dx dy,$$

所以我们从 (1.16) 式得到 (1.17) 式. 再由 (1.17) 式对 $\forall \eta \in C_0^1(\Omega)$ 都成立, 可得变分问题 (1.15) 的解满足下述方程

$$\frac{\partial F}{\partial u} - \frac{\partial}{\partial x}\left(\frac{\partial F}{\partial u_x}\right) - \frac{\partial}{\partial y}\left(\frac{\partial F}{\partial u_y}\right) = 0.$$

上式是函数 $u(x,y)$ 在集合 K 内使得泛函 $J(w)(\forall w \in K)$ 达到极小值的必要条件.

推广 4

我们也可以考虑依赖多个多元函数的泛函, 例如

$$J(u_1, u_2, \cdots, u_n) = \int_{\Omega} F(x, y, u_1, u_2, \cdots, u_n, (u_1)_x, (u_1)_y, (u_2)_x, (u_2)_y,$$
$$\cdots, (u_n)_x, (u_n)_y) dx dy, \tag{1.19}$$

这里 $u_1, u_2, \cdots, u_n$ 均是 x, y 的函数. $(u_1)_x, (u_1)_y$ 分别表示函数 u_1 对 x, y 的偏导数, 其余的定义是相似的. 这里函数 $u_1, u_2, \cdots, u_n$ 属于函数空间

$$K = \{(u_1, u_2, \cdots, u_n) | u_1, u_2, \cdots, u_n \in C^1(\bar{\Omega}), u_i|_{\partial\Omega} = 0, i = 1, 2, \cdots, n\}.$$

类似于 (1.13) 的推导过程, 我们可得

$$\frac{\partial F}{\partial u_1} - \frac{\partial}{\partial x}\left(\frac{\partial F}{\partial((u_1)_x)}\right) - \frac{\partial}{\partial y}\left(\frac{\partial F}{\partial((u_1)_y)}\right) = 0,$$

$$\frac{\partial F}{\partial u_2} - \frac{\partial}{\partial x}\left(\frac{\partial F}{\partial((u_2)_x)}\right) - \frac{\partial}{\partial y}\left(\frac{\partial F}{\partial((u_2)_y)}\right) = 0, \qquad (1.20)$$

$$\cdots\cdots$$

$$\frac{\partial F}{\partial u_n} - \frac{\partial}{\partial x}\left(\frac{\partial F}{\partial((u_n)_x)}\right) - \frac{\partial}{\partial y}\left(\frac{\partial F}{\partial((u_n)_y)}\right) = 0.$$

上面的这些式子是函数 $u_1, u_2, \cdots, u_n$ 在集合 K 内使得泛函 $J(w_1, w_2, \cdots, w_n)$ $(\forall(w_1, w_2, \cdots, w_n) \in K)$ 达到极小值的必要条件.

1.4 微分方程的求解方法

如果能找到一个 (或一族) 具有所要求阶连续导数的解析函数, 将它代入微分方程 (组) 中, 恰好使得方程 (组) 的所有条件都得到满足, 我们就将它称为这个方程 (组) 的解析解 (也称古典解). "微分方程的真解" 或 "微分方程的解" 通常是指解析解. 很久以来, 人们在求解微分方程的过程中, 有一主要目的就是寻找解析解. 关于常微分方程的解析解求解方法可参见 [1], 关于偏微分方程的解析解求解方法可参见 [4], 有很多求解析解的方法, 我们在这里不作一一介绍. 微分方程的解在数学意义上的存在性可以在一定的条件下得到证明, 这已有许多重要的结论. 但从实际应用角度上讲, 人们有时并不需要解在数学中的存在性, 而是关心某个定义范围内, 对应某些特定的自变量的解的取值或是近似值, 这样一组数值称为这个微分方程在该范围内的数值解. 寻找数值解的过程称为数值求解微分方程. 因而, 我们把微分方程的解法分为两类: 解析解法与数值解法. 解析解法就是找到解函数的表达式满足微分方程. 数值解法就是计算解函数在若干离散点处的近似值, 而不必求出解函数的解析表达式.

为什么要研究微分方程的数值求解方法呢? 原因主要如下.

• 在实际问题中我们所能获取的或感兴趣的, 往往只是一个特定点上的数据. 如空间的温度分布只能一个点一个点地测定, 火箭升空传回的控制信息只能以某个确定的时间为间隔, 一个一个地发送和接收, 如此等等. 这些离散点上的函数值对于解决实际问题, 已经足够了, 寻找解析解的一般形式未必必要.

● 在很多情况下, 寻找解析解也无可能. 现实问题中归结的微分方程不满足解析解存在条件的比比皆是, 方程中出现的有些函数连续性都无法保证, 它们并不存在前述意义的解析解. 于是, 求数值解便成了在这种情况下解决问题的重要手段.

● 即使微分方程的解析解存在, 也并不意味可以将它表示为初等函数, 如多项式、对数函数、指数函数、三角函数及它们的不定积分的有限组合形式 —— 显式解. 事实上, 有显式解的微分方程只占解析解存在的微分方程中的非常小的一部分.

● 有时微分方程有解析解, 但也不一定可以直接应用.

例 1.6　对于微分方程

$$u' = 1 - 2tu,$$
$$u(0) = 0,$$

其中 $u = u(t)$, 它的解可以表示成 $u(t) = e^{-t^2} \int_0^t e^{\tau^2} d\tau$. 该微分方程有解析解, 但它的解不可以直接应用于计算.

● 计算机的广泛普及与性能的极大提高使得许多数值解法成为解微分方程的一个重要手段.

因此, 研究微分方程的数值解法具有重要意义. 事实上, 微分方程的数值解法设计与实现过程已成为当今计算数学的一个重要分支. 在本书中, 我们主要讨论微分方程的数值解法 —— 有限差分法的基本思想. 微分方程主要有两种: 常微分方程与偏微分方程. 我们先简要地讨论常微分方程的有限差分法的设计过程, 然后重点讨论各种偏微分方程的有限差分法的设计与实现过程.

求解微分方程的数值方法有很多, 主要包括有限差分法、有限元法、谱方法、有限体积法等 [5–13,20,21,23,24]. 我们这里所讨论的数值方法主要为有限差分法. 在离散微分方程的数值方法中, 有限差分法 (finite difference method) 是一类重要的数值方法. 它的设计过程相对简单、易懂, 已受到广大应用数学工作者的青睐 [9,22]. 设计有限差分法的一个重要过程是: 先假定一个连续的微分方程只在节点处成立, 然后将方程中的未知函数在节点处的导数用相应的有限差商来替换 (例如, 节点处的一阶导数用相应的一阶有限差商来换, 节点处的二阶导数用相应的二阶有限差商来换 ……), 从而得到离散形式的差分方程, 最后通过求解差分方程就可得到未知函数在节点处的近似值.

在第 2 章中, 我们先介绍求解常微分方程初值问题的有限差分法, 然后介绍求解常微分方程边值问题的有限差分法. 通过介绍常微分方程初值问题以及常微分方程边值问题的基本有限差分法, 我们就可以大致了解简单问题的有限差分法的设计过程. 从第 3 章开始我们重点讨论偏微分方程边值问题以及偏微分方程初边值问题的有限差分法.

1.5　小　　结

在本章中, 我们先简要介绍了常微分方程与偏微分方程的基本概念, 然后重点介绍了如何利用变分法推导出微分方程模型, 最后介绍了微分方程的两种求解方法 —— 解析解法与数值解法. 如果想要继续了解常微分方程的一些理论知识, 可以参考 [1]. 如果想要继续了解偏微分方程的一些理论知识与解析求解方法, 可以参考 [4].

1.6　习　　题

1. 试推导下列泛函在集合 K 中达到极值的必要条件, 也就是列出对应的 Euler 方程或 Euler 方程组.

(1)

$$J(y_1, \cdots, y_n) = \int_a^b F(x; y_1, \cdots, y_n; y_1', \cdots, y_n') dx,$$

$$K = \{(y_1, \cdots, y_n) | y_i \in C^2[a,b], y_i(a) = y_{ia}, y_i(b) = y_{ib}, i = 1, \cdots, n\}.$$

这里 $y_1, y_2, \cdots, y_n$ 均是关于 x 的函数, $a, b, y_{ia}, y_{ib}(i = 1, 2, \cdots, n)$ 均为已知常数, $C^2[a,b]$ 表示定义在 $[a,b]$ 上具有直到二阶的连续导数的全体函数组成的集合.

(2)

$$J(y) = \int_a^b F(x; y, y', y'') dx,$$

$$K = \{y | y \in C^3[a,b], y(a) = y_a, y(b) = y_b, y'(a) = y_a', y'(b) = y_b'\}.$$

这里 $y = y(x)$, $a, b, y_a, y_b, y_a', y_b'$ 均为已知常数, $C^3[a,b]$ 表示定义在 $[a,b]$ 上具有直到三阶的连续导数的全体函数组成的集合.

(3)

$$J(u) = \iint_\Omega F\left(x, y; u, \frac{\partial u}{\partial x}, \frac{\partial u}{\partial y}\right) dxdy,$$

$$K = \{u | u \in C^2(\bar{\Omega}), u|_{\partial\Omega} = \varphi(x,y)\}.$$

这里 $u = u(x,y), \varphi(x,y)$ 是一已知函数, Ω 是 xOy 平面上的一有界区域, $C^2(\bar{\Omega})$ 表示定义在 $\bar{\Omega}$ 上具有直到二阶连续偏导数的全体函数组成的集合.

2. 试叙述微分方程通常可以分为哪两大类? 数值求解微分方程有何意义?

3. 微分方程 (常微分方程与偏微分方程) 在给定定义域上的解通常不唯一, 那么通常需要为之添加定解条件, 请问定解条件有哪几种?

4. 微分方程求解的方法有很多, 解析解法与数值解法是其中两种, 试叙述二者之间的联系与区别.

5. 什么叫微分方程的阶? 什么样的方程称为线性微分方程? 什么样的方程称为非线性微分方程? 二者是如何区分的?

第 2 章   常微分方程的有限差分法

学习目标与要求
1. 理解有限差分法的基本概念.
2. 理解有限差分法的设计思想.
3. 掌握常微分方程初值问题的有限差分法的求解过程.
4. 掌握常微分方程边值问题的有限差分法的求解过程.

本章主要讲述常微分方程初值问题的有限差分法设计过程以及常微分方程边值问题的有限差分法实现过程. 这里主要涉及的是单个常微分方程的计算. 实际上, 单个常微分方程的计算方法完全可以推广到常微分方程组的计算中. 特别提到的是, 许多偏微分方程在空间上离散后, 得到的就是常微分方程组, 而常微分方程组的最主要的离散方法就是有限差分法. 所以, 本章所介绍方法对于偏微分方程组的计算有重要意义. 本章通过常微分方程讲述有限差分法的设计过程, 重点讨论如何在计算机中实现该数值方法.

2.1   有限差分的基本概念

根据《数值分析》书中的介绍, 有下面差分的定义:

如果记函数 $u(x)$ 在节点 x_j 的值 u_j(这里 j 是某一整数), 则称

$$\Delta_{+x}u_j = u_{j+1} - u_j$$

为一阶向前差分;

$$\Delta_{-x}u_j = u_j - u_{j-1}$$

为一阶向后差分;

$$\Delta_{0x}u_j = u_{j+1} - u_{j-1}$$

为一阶中心差分 (定义的一种形式);

$$\Delta_x^2 u_j = u_{j+1} - 2u_j + u_{j-1} = \Delta_{+x}\Delta_{-x}u_j = \Delta_{-x}\Delta_{+x}u_j$$

为二阶中心差分.

有了上面差分的定义, 就有下面差商的定义:

称

$$\delta_{+x}u_j = \frac{u_{j+1} - u_j}{h}$$

为一阶向前差商; 称

$$\delta_{-x}u_j = \frac{u_j - u_{j-1}}{h}$$

为一阶向后差商; 称

$$\delta_{0x}u_j = \frac{u_{j+1} - u_{j-1}}{2h} \tag{2.1}$$

为一阶中心差商 (定义的一种形式); 称

$$\delta_{cx}u_j = \frac{u_{j+\frac{1}{2}} - u_{j-\frac{1}{2}}}{h}$$

为一阶中心差商 (定义的另一种形式); 称

$$\delta_x^2 u_j = \frac{u_{j+1} - 2u_j + u_{j-1}}{h^2} \tag{2.2}$$

为二阶中心差商.

类似地, 还可以给出三阶差商、四阶差商等的定义. 在后面的有限差分法构造过程中, 通常把函数在节点处的导数 (或偏导数) 用函数在节点处的相应差商来替换, 例如, 函数在节点处的一阶导数 (或一阶偏导数) 用函数在节点处的一阶差商来替换.

为使用方便, 关于一阶导数 $u'(x)$ 在节点 x_j 处的近似值, 有下面的近似差商公式 (表 2.1).

表 2.1　一阶导数近似差商公式

公式	类型	误差
$\dfrac{u_{j+1} - u_j}{h}$	向前差商	$O(h)$
$\dfrac{u_j - u_{j-1}}{h}$	向后差商	$O(h)$
$\dfrac{u_{j+1} - u_{j-1}}{2h}$	中心差商	$O(h^2)$
$\dfrac{-u_{j+2} + 4u_{j+1} - 3u_j}{2h}$	向前差商	$O(h^2)$
$\dfrac{3u_j - 4u_{j-1} + u_{j-2}}{2h}$	向后差商	$O(h^2)$
$\dfrac{-u_{j+2} + 8u_{j+1} - 8u_{j-1} + u_{j-2}}{12h}$	中心差商	$O(h^4)$

关于二阶导数 $u''(x)$ 在节点 x_j 处的近似值, 有下面的近似差商公式 (表 2.2).

表 2.2 二阶导数近似差商公式

公式	类型	误差
$\dfrac{u_{j+2} - 2u_{j+1} + u_j}{h^2}$	向前差商	$O(h^2)$
$\dfrac{u_j - 2u_{j-1} + u_{j-2}}{h^2}$	向后差商	$O(h^2)$
$\dfrac{u_{j+1} - 2u_j + u_{j-1}}{h^2}$	中心差商	$O(h^2)$
$\dfrac{-u_{j+2} + 16u_{j+1} - 30u_j + 16u_{j-1} - u_{j-2}}{12h^2}$	中心差商	$O(h^4)$
$\dfrac{2u_{j+3} - 27u_{j+2} + 270u_{j+1} - 490u_j + 270u_{j-1} - 27u_{j-2} + 2u_{j-3}}{180h^2}$	中心差商	$O(h^6)$

表 2.1 与表 2.2 中的近似公式可以由 Taylor 展开式得到.

事实上, 根据 Taylor 展开式, 有

$$u(x \pm h) = u(x) \pm hu_x(x) + \frac{h^2}{2}u_{xx}(x) \pm \frac{h^3}{6}u_{xxx}(x) + O(h^4).$$

从而

$$\frac{u(x_j + h) - u(x_j)}{h} = u_x(x_j) + \frac{h}{2}u_{xx}(x_j) + O(h^2), \tag{2.3}$$

$$\frac{u(x_j) - u(x_j - h)}{h} = u_x(x_j) - \frac{h}{2}u_{xx}(x_j) + O(h^2), \tag{2.4}$$

$$\frac{u(x_j + h) - u(x_j - h)}{2h} = u_x(x_j) + \frac{h^2}{6}u_{xxx}(x_j) + O(h^4), \tag{2.5}$$

$$\frac{u(x_j + h/2) - u(x_j - h/2)}{h} = u_x(x_j) + \frac{h^2}{24}u_{xxx}(x_j) + O(h^4), \tag{2.6}$$

$$\frac{u(x_j + h) - 2u(x_j) + u(x_j - h)}{h^2} = u_{xx}(x_j) + \frac{h^2}{12}u_{xxxx}(x_j) + O(h^4). \tag{2.7}$$

因此, 当 $h \to 0$ 时, 在方程 (2.3) 中忽略所有的 $O(h^k)(k \geqslant 1)$ 项, 就得到表 2.1 中的第一行公式; 在方程 (2.4) 中忽略所有的 $O(h^k)(k \geqslant 1)$ 项, 就得到表 2.1 中的第二行公式; 在方程 (2.5) 中忽略所有的 $O(h^k)(k \geqslant 2)$ 项, 就得到表 2.1 中的第三行公式; 在方程 (2.7) 中忽略所有的 $O(h^k)(k \geqslant 2)$ 项, 就得到表 2.2 中的第三行公式.

结合更一般的 Taylor 展开式, 也可分别得到表 2.1 与表 2.2 中的其他近似公式.

2.2　常微分方程初值问题的数值方法

本节主要考虑常微分方程初值问题

$$
\begin{aligned}
&y' = f(t,y), \quad a < t \leqslant b, \\
&y(t = a) = y_0,
\end{aligned}
\tag{2.8}
$$

这里 $y = y(t)$ 是未知函数, y_0 已知.

先在区间 $[a,b]$ 上取若干离散点

$$
a = t_0 < t_1 < t_2 < \cdots < t_{N-1} < t_N = b.
$$

这里 N 是一个给定的正整数.

目标是求出未知函数 $y(t)$ 在这些点处的近似值, 也就是求出

$$
y(t_1), y(t_2), \cdots, y(t_{N-1}), y(t_N)
$$

的近似值

$$
y_1, y_2, \cdots, y_{N-1}, y_N.
$$

为了方便, 通常取求解区间 $[a,b]$ 的等分点作为离散点, 也即

$$
t_n = a + nh, \quad n = 0, 1, 2, \cdots, N, \; h = (b-a)/N,
$$

其中 N 为一给定的正整数, h 称为时间 t 方向上的步长, t_n 通常称为节点. 并且简记 $y_n \approx y(t_n)$, $n = 1, \cdots, N$.

2.2.1　欧拉法

希望从下式

$$
y'|_{t=t_n} = f(t,y)|_{t=t_n}, \quad n = 0, 1, 2, \cdots, N-1
\tag{2.9}
$$

中找到 $y(t_1), y(t_2), \cdots, y(t_{N-1}), y(t_N)$ 的近似值.

离散方程 (2.9) 的数值解法有很多. 根据有限差分法的一个基本设计思想: 将 "导数在节点处的值换为节点处的有限差商".

如果在方程 (2.9) 中利用

$$
y'|_{t=t_n} \approx \frac{y(t_{n+1}) - y(t_n)}{h},
\tag{2.10}
$$

那么可得到近似公式

$$\frac{y(t_{n+1}) - y(t_n)}{h} \approx f(t,y)|_{t=t_n}, \quad n = 0,1,2,\cdots,N-1, \tag{2.11}$$

如果再记

$$y_n \approx y(t_n), \quad n = 1,2,\cdots,N,$$

则方程 (2.11) 可以化为

$$\frac{y_{n+1} - y_n}{h} = f(t_n,y_n), \quad n = 0,1,2,\cdots,N-1,$$

再结合给定的初始条件 y_0, 得到以下递推公式:

$$y_{n+1} = y_n + hf(t_n,y_n), \quad n = 0,1,2,\cdots,N-1,$$

$$y_0 \quad 给定. \tag{2.12}$$

上述公式又称为离散常微分方程初值问题 (2.8) 的向前欧拉法 (Euler method). 向前欧拉法的求解过程十分简单, 从 y_0 出发, 可以通过公式 (2.12) 依次得到近似值 $y_1, y_2, \cdots, y_N$. 很明显, 这里得到的欧拉法是离散方程 (2.9) 的一种特殊有限差分法.

同理, 在离散方程 (2.9) 的过程中, 如果利用

$$y'|_{t=t_n} \approx \frac{y(t_n) - y(t_{n-1})}{h}, \tag{2.13}$$

那么就可以得到公式

$$y_n = y_{n-1} + hf(t_n,y_n), \quad n = 1,2,\cdots,N.$$

再将整数 n 变为 $n+1$, 可得

$$y_{n+1} = y_n + hf(t_{n+1},y_{n+1}), \quad n = 0,1,2,\cdots,N-1. \tag{2.14}$$

上述公式又称为离散常微分方程初值问题 (2.8) 的向后欧拉法.

思考问题:

(1) 在设计数值方法的过程中, 利用上述公式 (2.10) 和 (2.13) 来分别近似函数在节点 t_n 处的一阶导数, 能不能使用别的近似方式?

(2) 如果记

$$y = (y(t_0), y(t_1), \cdots, y(t_{N-1}), y(t_N))^{\mathrm{T}},$$

$$y_h = (y_0, y_1, \cdots, y_{N-1}, y_N)^{\mathrm{T}},$$

那么, 当 $h \to 0$ 时, $\|y - y_h\| \to 0$ 是否成立? 当 $h \to 0$ 时, $\|y - y_h\| \leqslant Ch^{\gamma}, \gamma$ 等于多少?

2.2.2   龙格–库塔法

考察差分 $[y(t_{n+1}) - y(t_n)]/h$, 根据微分中值定理, 存在 $0 \leqslant \theta \leqslant 1$, 使得

$$[y(t_{n+1}) - y(t_n)]/h = y'(t_n + \theta h).$$

于是利用所给方程 $y' = f(t, y)$, 得到

$$y(t_{n+1}) = y(t_n) + hf(t_n + \theta h, y(t_n + \theta h)), \tag{2.15}$$

记 $K^* = f(t_n + \theta h, y(t_n + \theta h))$, 称 K^* 为区间 $[t_n, t_{n+1}]$ 上的平均斜率. 可见, 只要给 K^* 一种算法, 那么由 (2.15) 式便相应地导出一种计算公式.

很显然, 当 $\theta = 0$ 时, 就可以得到向前欧拉法; 当 $\theta = 1$ 时, 就得到向后欧拉法, 它们又称为一阶龙格–库塔法 (Runge Kutta method).

考察区间 $[t_n, t_{n+1}]$ 内的一点: $t_{n+p} = t_n + ph$, $0 < p \leqslant 1$, 希望用 t_n 和 t_{n+p} 两个点的斜率值 K_1 和 K_2 的线性组合得到平均斜率 K^*, 即

$$
\begin{aligned}
K_1 &= f(t_n, y_n), \\
K_2 &= f(t_{n+p}, y_n + phK_1), \\
y_{n+1} &= y_n + h(\lambda_1 K_1 + \lambda_2 K_2).
\end{aligned}
\tag{2.16}
$$

上式含有 3 个待定系数 p, λ_1, λ_2, 下面通过 Taylor 公式选取它们的值, 使得公式具有二阶精度.

事实上, 由 Taylor 公式

$$y(t + h) = y(t) + y'(t)h + y''(t)h^2/2 + y'''(t)h^2/3! + \cdots,$$

又

$$y'(t) = f(t, y), y''(t) = f_t(t, y) + f_y(t, y)y', \cdots,$$

于是有

$$y(t_n + h) = y(t_n) + f(t_n, y_h)h + (f_t(t_n, y_n) + f_y(t_n, y_n)f(t_n, y_n)) h^2/2 + \cdots. \tag{2.17}$$

另外, 由二元 Taylor 公式

$$
\begin{aligned}
&f(t + h, y + h_1) \\
={}&f(t, y) + f_t(t, y)h + f_y(t, y)h_1 + \frac{1}{2}\left(f_{tt}(t, y)h^2 + 2f_{ty}hh_1 + f_{yy}(h_1)^2\right) + \cdots,
\end{aligned}
$$

于是 (2.17) 式中的 K_2 可近似为

$$
\begin{aligned}
&f(t_n + ph, y_n + phK_1) \\
={}&f(t_n, y_n) + f_t(t_n, y_n)h + f_y(t_n, y_n)phK_1 \\
&+ \frac{1}{2}(f_{tt}(t, y)(ph)^2 + 2f_{ty}phphK_1 + f_{yy}(phK_1)^2) + \cdots.
\end{aligned}
\tag{2.18}
$$

因此, 欲使 (2.17) 式具有二阶精度, 比较方程 (2.17) 与 (2.18), 可得

$$\lambda_1 + \lambda_2 = 1, \quad \lambda_2 p = 1/2. \tag{2.19}$$

满足条件 (2.19) 的一族公式 (2.17) 都可以称为二阶龙格–库塔公式. 特别地, 当 $p = 1, \lambda_1 = 1/2, \lambda_2 = 1/2$ 时, 可以得到如下经典的二阶龙格–库塔法 (又称为改进的欧拉法):

$$
\begin{aligned}
K_1 &= f(t_n, y_n), \\
K_2 &= f(t_{n+1}, y_n + hK_1), \\
y_{n+1} &= y_n + \frac{h}{2}(K_1 + K_2).
\end{aligned}
\tag{2.20}
$$

考察区间 $[t_n, t_n + 1]$ 内的两个点: $t_{n+p} = t_n + ph$, $0 < p \leqslant 1$, $t_{n+q} = t_n + qh$, $0 < q \leqslant 1$, 希望用 t_n, t_{n+p} 和 t_{n+q} 三个点的斜率值 K_1, K_2 和 K_3 的线性组合得到平均斜率 K^*, 即

$$
\begin{aligned}
K_1 &= f(t_n, y_n), \\
K_2 &= f(t_{n+p}, y_n + phK_1), \\
K_3 &= f(t_{n+q}, y_n + qhK_2), \\
y_{n+1} &= y_n + h(\lambda_1 K_1 + \lambda_2 K_2 + \lambda_3 K_3).
\end{aligned}
\tag{2.21}
$$

上式含有 5 个待定系数 $p, q, \lambda_1, \lambda_2, \lambda_3$, 下面通过 Taylor 公式选取它们的值, 使得公式具有三阶精度. 事实上, 欲使 (2.21) 式具有三阶精度, 只要下式成立:

$$
\begin{aligned}
\lambda_1 + \lambda_2 + \lambda_3 &= 1, \\
p\lambda_2 + q\lambda_3 &= 1/2, \\
p^2\lambda_2 + q^2\lambda_3 &= 1/3.
\end{aligned}
\tag{2.22}
$$

满足条件 (2.22) 的一族公式 (2.21) 都可以称为三阶龙格–库塔法. 特别地, 当 $p = 1/2, q = 1, \lambda_1 = 1/6, \lambda_2 = 2/3, \lambda_3 = 1/6$ 时, 可以得到典型的三阶龙格–库塔公式:

$$
\begin{aligned}
K_1 &= f(t_n, y_n), \\
K_2 &= f(t_{n+1/2}, y_n + h/2K_1), \\
K_3 &= f(t_{n+1}, y_n + hK_2), \\
y_{n+1} &= y_n + \frac{h}{6}(K_1 + 4K_2 + K_3).
\end{aligned}
\tag{2.23}
$$

如果在三阶龙格–库塔公式中, 不取中点和终点的斜率, 即 $p \neq 1/2, q \neq 1$, 而取区间 $[t_n, t_{n+1}]$ 上其他任意两点的斜率, 就可以得到各种不同形式的三阶龙格–库塔法.

与三阶类似, 也可推导出典型的四阶龙格–库塔法:

$$K_1 = f(t_n, y_n),$$
$$K_2 = f\left(t_{n+1/2}, y_n + \frac{h}{2}K_1\right),$$
$$K_3 = f\left(t_{n+1/2}, y_n + \frac{h}{2}K_2\right), \tag{2.24}$$
$$K_4 = f(t_{n+1}, y_n + hK_3),$$
$$y_{n+1} = y_n + \frac{h}{6}(K_1 + 2K_2 + 2K_3 + K_4).$$

2.2.3　Crank-Nicolson 法

解常微分方程初值问题 (2.8) 的 Crank-Nicolson 公式为

$$\frac{y_{n+1} - y_n}{h} = \frac{1}{2}\left(f(t_n, y_n) + f(t_{n+1}, y_{n+1})\right). \tag{2.25}$$

它是这样得到的:

先在方程 (2.8) 两边对 t 求区间 $[t_n, t_{n+1}]$ 的定积分, 得

$$\int_{t_n}^{t_{n+1}} y' dt = \int_{t_n}^{t_{n+1}} f(t, y(t)) dt. \tag{2.26}$$

然后对上式的右边采用数值分析中讲的梯形公式 [14−16], 就可得 (2.25) 式.

公式 (2.25) 是隐式的. 下面讨论如何利用公式 (2.25) 求解常微分方程初值问题 (2.8).

如果不能从 (2.25) 中直接解得 y_{n+1}, 则通常需要用迭代法求解. 下面就是用迭代法求 y_{n+1} 的详细过程 (在 y_n 为已知的条件下).

先从公式 (2.25) 中构造迭代公式

$$\frac{y_{n+1}^{(k+1)} - y_n}{h} = \frac{1}{2}(f(t_n, y_n) + f(t_{n+1}, y_{n+1}^{(k)})), \tag{2.27}$$

这里的 $k = 0, 1, \cdots$.

设用向前的欧拉公式得到: $y_{n+1}^{(0)} = y_n + hf(t_n, y_n)$.

在给出迭代初值 $y_{n+1}^{(0)}$ 后, 用它代入 (2.27) 的右端, 使之转化为显式, 直接计算得

$$y_{n+1}^{(1)} = y_n + 0.5h[f(t_n, y_n) + f(t_{n+1}, y_{n+1}^{(0)})].$$

然后再用 $y_{n+1}^{(1)}$ 代入 (2.27) 式, 又有

$$y_{n+1}^{(2)} = y_n + 0.5h[f(t_n, y_n) + f(t_{n+1}, y_{n+1}^{(1)})].$$

如此反复进行得

$$y_{n+1}^{(k+1)} = y_n + 0.5h[f(t_n, y_n) + f(t_{n+1}, y_{n+1}^{(k)})] \quad (k = 0, 1, 2, \cdots).$$

如果迭代过程收敛, 则极限值 $\lim_{k \to \infty} y_{n+1}^{(k)}$ 满足隐式方程 (2.25). 该极限值可当作 Crank-Nicolson 公式的中的 y_{n+1} 的近似值.

2.2.4 截断误差

(1) 在向前欧拉法设计过程中, 利用

$$y'|_{t=t_n} \approx \frac{y(t_{n+1}) - y(t_n)}{h},$$

这样一个离散过程在点 $t = t_n$ 处就产生了截断误差. 事实上, 如果记

$$\begin{aligned} L_h(t) &:= \left\{ \frac{y(t+h) - y(t)}{h} \right\} - f(t, y(t)), \\ L(t) &= y' - f(t, y). \end{aligned} \tag{2.28}$$

这样, 这种离散方法在点 $t = t_n$ 处就产生的截断误差为

$$T(t)|_{t=t_n} := L_h(t)|_{t=t_n} - L(t)|_{t=t_n}.$$

通过 Taylor 展开式, 不难发现在点 $t = t_n$ 处的截断误差为

$$T(t)|_{t=t_n} = O(h).$$

(2) 在向后欧拉法设计过程中, 利用

$$y'|_{t=t_n} \approx \frac{y(t_n) - y(t_{n-1})}{h},$$

这样一个离散过程在点 $t = t_n$ 处就产生了截断误差. 事实上, 如果记

$$\begin{aligned} L_h(t) &:= \left\{ \frac{y(t) - y(t-h)}{h} \right\} - f(t, y(t)), \\ L(t) &= y' - f(t, y). \end{aligned} \tag{2.29}$$

这样, 这种离散方法在点 $t = t_n$ 处就产生的截断误差为

$$T(t)|_{t=t_n} := L_h(t)|_{t=t_n} - L(t)|_{t=t_n}.$$

通过 Taylor 展开式, 不难发现在点 $t = t_n$ 处的截断误差为

$$T(t)|_{t=t_n} = O(h).$$

(3) 为找到二阶龙格–库塔法离散公式的截断误差, 记

$$L_h(t) := \left\{ \frac{y(t+h) - y(t)}{h} \right\} - (K_1 + K_2)/2,$$

$$L(t) = y' - f(t, y). \tag{2.30}$$

这里

$$K_1 = f(t, y),$$

$$K_2 = f(t + h, y(t) + hK_1).$$

这样, 这种离散方法在点 $t = t_n$ 处就产生的截断误差为

$$T(t)|_{t=t_n} := L_h(t)|_{t=t_n} - L(t)|_{t=t_n}.$$

通过 Taylor 展开式, 不难发现在点 $t = t_n$ 处的截断误差为

$$T(t)|_{t=t_n} = O(h^2).$$

(4) 为找到三阶龙格–库塔法离散公式的截断误差, 记

$$L_h(t) := \left\{ \frac{y(t+h) - y(t)}{h} \right\} - (K_1 + 4K_2 + K_3)/6,$$

$$L(t) = y' - f(t, y). \tag{2.31}$$

这里

$$K_1 = f(t, y(t)),$$

$$K_2 = f\left(t + \frac{h}{2}, y(t) + \frac{h}{2}K_1\right),$$

$$K_3 = f(t + h, y(t) + hK_2),$$

这样, 这种离散方法在点 $t = t_n$ 处就产生的截断误差为

$$T(t)|_{t=t_n} := L_h(t)|_{t=t_n} - L(t)|_{t=t_n}.$$

通过 Taylor 展开式, 不难发现在点 $t = t_n$ 处的截断误差为

$$T(t)|_{t=t_n} = O(h^3).$$

(5) 为找到四阶龙格–库塔法离散公式的截断误差, 记

$$L_h(t) := \left\{ \frac{y(t+h) - y(t)}{h} \right\} - (K_1 + 2K_2 + 2K_3 + K_4)/6,$$

$$L(t) = y' - f(t, y). \tag{2.32}$$

这里

$$K_1 = f(t, y(t)),$$
$$K_2 = f\left(t + \frac{h}{2}, y(t) + \frac{h}{2}K_1\right),$$
$$K_3 = f\left(t + \frac{h}{2}, y(t) + \frac{h}{2}K_2\right),$$
$$K_4 = f(t + h, y(t) + hK_3).$$

这样, 这种离散方法在点 $t = t_n$ 处产生的截断误差为

$$T(t)|_{t=t_n} := L_h(t)|_{t=t_n} - L(t)|_{t=t_n}.$$

通过 Taylor 展开式, 不难发现在点 $t = t_n$ 处的截断误差为

$$T(t)|_{t=t_n} = O(h^4).$$

(6) 为得到 Crank-Nicolson 公式的截断误差, 记

$$L_h(t) := \frac{y(t+h) - y(t)}{h} - \frac{1}{2}\left(f(t, y(t)) + f(t+h, y(t+h))\right), \tag{2.33}$$
$$L(t) = y' - f(t, y).$$

这样, 这种离散方法在点 $t = t_n$ 处产生的截断误差为

$$T(t)|_{t=t_n} := L_h(t)|_{t=t_n} - L(t)|_{t=t_n}.$$

通过 Taylor 展开式, 不难发现在点 $t = t_n$ 处的截断误差为

$$T(t)|_{t=t_n} = O(h^2).$$

2.2.5 计算例子

例 2.1 考虑常微分方程初值问题

$$y' = f(t, y) = 2y/t + t^2 e^t, \quad 1 < t \leqslant 2,$$
$$y(t=1) = 0, \tag{2.34}$$

这里 $y = y(t)$ 是未知函数. 此常微分方程初值问题有一准确解 $y_{\text{exact}}(t) = t^2(e^t - e)$. 可利用前几节介绍的数值方法 (包括向前欧拉法、向后欧拉法、二阶龙格–库塔法及 Crank-Nicolson 法) 来离散它, 并比较这些方法的计算误差.

下面讨论向前欧拉求解常微分方程初值问题的具体过程:

(1) 输入 $a = 1, b = 2, N$ 的值以及计算 $h = (b - a)/N$;

(2) 再计算 $t_n, n = 0, 1, \cdots, N-1, N$;

(3) 定义函数 $f(t,y)$;

(4) 取初始条件为 $y_0 = 0$;

(5) 根据公式 (2.12), 分别依次得到 $y_1, y_2, \cdots, y_N$. 它们就是期望求得的近似值.

类似地, 也可为向后欧拉法、二阶龙格–库塔法及 Crank-Nicolson 法构造上述具体求解过程.

图 2.1 展示了向前欧拉法与向后欧拉法分别得到的数值结果. 在计算过程中, 取 $N = 40$.

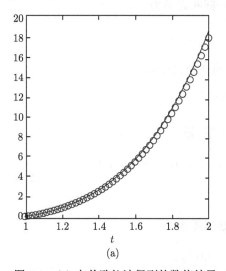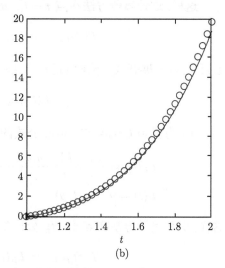

图 2.1　(a) 向前欧拉法得到的数值结果; (b) 向后欧拉法得到的数值结果. 实线代表准确解形成的图像, 圈点代表近似解形成的图像

图 2.2 展示了 Crank-Nicolson 法与二阶龙格–库塔法分别得到的数值结果. 在计算过程中, 取 $N = 40$.

2.2.6　单步法的收敛性与稳定性

前面几节所构造的常微分方程初值问题有限差分法的基本思想是通过某种离散化的手段, 将常微分方程转化为不同的差分公式. 这里得到的差分公式可以写成一般形式为

$$y_{n+1} = y_n + h\varphi(t_n, y_n, h), \tag{2.35}$$

其中 φ 是某个已知函数. 因为只涉及两个时间层的近似值, 差分格式 (2.35) 又称为求解初值问题 (2.8) 的单步法.

下面讨论与差分公式 (2.35) 相关的三个重要概念: 收敛性、精确度与稳定性.

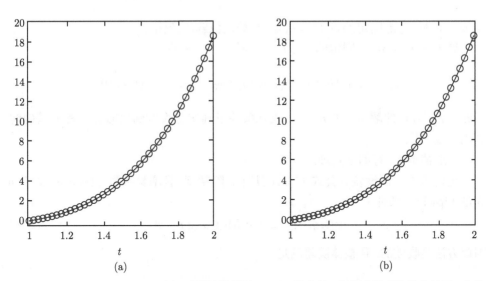

图 2.2 (a) Crank-Nicolson 法得到的数值结果; (b) 二阶龙格–库塔法得到的数值结果. 实线
代表准确解形成的图像, 圈点代表近似解形成的图像

1. 收敛性

通常, 将函数 $y(t)$ 在 t_n 处的近似解记为 y_n, 而函数在 t_n 处的精确解为 $y(t_n)$,
收敛性就是讨论当 $t = t_n$ 固定且 $h \to 0$ 时, 近似值与精确解之间的误差 $e_n = y(t_n) - y_n \to 0$ 的问题.

定义 2.1 若某数值方法对任意固定的节点 $t_n = t_0 + nh(n = 0, 1, 2, \cdots)$, 当
$h \to 0$ 时有 $y_n \to y(t_n)$, 则称该方法是收敛的.

2. 精确度

一般来说, 从一个差分格式可得到近似向量 $y = (y_0, y_1, \cdots, y_N)$. 另外, 记准确
值组成的向量为 $Y = (y(t_0), y(t_1), \cdots, y(t_N))$(对某一固定的整数 M). 当 $\|y - Y\| = O(h^p)$ 时, 称差分格式在 t 方向上具有 p 阶精准度 (这里 p 为非负整数).

例 2.2 初值问题

$$y' = \lambda y,$$
$$y(0) = y_0$$

的精确解为 $y(t) = y_0 e^{\lambda t}$. 如果采用向前欧拉方法求解, 其计算公式为

$$y_{n+1} = (1 + \lambda h)y_n.$$

从 $n = 0$ 开始, 有

$$y_1 = (1 + \lambda h)y_0, \ y_2 = (1 + \lambda h)^2 y_0, \cdots, \ y_n = (1 + \lambda h)^n y_0.$$

当 $h \to 0$ 时, 考虑固定的点 $t^* = t_0 + nh$ 处近似解的变化.

设 $t^* = t_0 + nh$ 是固定的. 当 $h \to 0$ 时, $n \to \infty$, 有

$$y_n = (1 + \lambda h)^n y_0 = (1 + \lambda h)^{\frac{t^*}{h}} y_0 \to y_0 e^{\lambda t^*} \quad (h \to 0).$$

因此, 差分方程的解 y_n 在 $h \to 0$ 成立条件下确实是收敛到原微分方程的精确解 $y(t^*) = y_0 e^{\lambda t^*}$.

一般情形下, 有如下定理.

定理 2.1　假设差分公式 (2.35) 具有 p 阶精度, 且增量函数 $\varphi(x, y, h)$ 关于 y 满足 Lipschitz 条件

$$|\varphi(t, y, h) - \varphi(t, \bar{y}, h)| \leqslant L_\varphi |y - \bar{y}|. \tag{2.36}$$

则该方法是收敛的, 且整体误差满足

$$y(t_n) - y_n = O(h^p). \tag{2.37}$$

证: 设初值 y_0 是准确的, 即 $y_0 = y(t_0)$, 先证其整体截断误差为

$$e_n = y(t_n) - y_n = O(h^p). \tag{2.38}$$

设以 $\bar{y}_{n+1}$ 表示取 $y_n = y(t_n)$ 用 (2.35) 式求得的结果, 即

$$\bar{y}_{n+1} = y(t_n) + h\varphi(t_n, y(t_n), h), \tag{2.39}$$

则 $y(t_{n+1}) - \bar{y}_{n+1}$ 为局部截断误差. 由于所给方法具有 p 阶精度, 所以存在常数 C, 使

$$|y(t_{n+1}) - \bar{y}_{n+1}| \leqslant Ch^{p+1}, \tag{2.40}$$

又由 (2.39) 式和 (2.35) 式, 得

$$|\bar{y}_{n+1} - y_{n+1}| \leqslant |y(t_n) - y_n| + h|\varphi(t_n, y(x_n), h) - \varphi(t_n, y_n, h)|,$$

利用假设条件 (2.36), 有

$$|\bar{y}_{n+1} - y_{n+1}| \leqslant (1 + hL_\varphi)|y(t_n) - y_n|, \tag{2.41}$$

从而有

$$|y(t_{n+1}) - y_{n+1}| \leqslant |\bar{y}_{n+1} - y_{n+1}| + |y(t_{n+1}) - \bar{y}_{n+1}|$$
$$\leqslant (1 + hL_\varphi)|y(t_n) - y_n| + Ch^{p+1},$$

即对整体截断误差 $e_n = y(t_n) - y_n$ 存在如下递推关系式:

$$|e_{n+1}| \leqslant (1 + hL_\varphi)|e_n| + Ch^{p+1}.$$

由此不等式反复递推可得

$$|e_n| \leqslant (1 + hL_\varphi)^n |e_0| + \frac{Ch^p}{L_\varphi}[(1 + hL_\varphi)^n - 1].$$

再注意到 $t_n - t_0 = nh \leqslant T$ 时,

$$(1 + hL_\varphi)^n \leqslant (e^{hL_\varphi})^n \leqslant e^{TL_\varphi},$$

最终得下列估计式

$$|e_n| \leqslant |e_0| e^{TL_\varphi} + \frac{Ch^p}{L_\varphi}(e^{TL_\varphi} - 1).$$

由此可以断定, 如果初值是准确的, 即 $e_0 = 0$ 成立条件下, (2.38) 式成立. 由 (2.38) 式可知, 当 $h \to 0$ 时, $y_n \to y(t_n)$, 所以单步法 (2.35) 收敛. 定理证毕.

依据这一定理, 判断单步法 (2.35) 的收敛性, 归结为验证增量函数 φ 能否满足 Lipschitz 条件 (2.36).

对于欧拉方法, 由于其增量函数 φ 就是 $f(t,y)$, 故当 $f(t,y)$ 关于 y 满足 Lipschitz 条件时, 它是收敛的.

再考虑改进的欧拉方法, 其增量函数为

$$\varphi(t_n, y_n, h) = \frac{1}{2}[f(t_n, y_n) + f(t_n + h, y_n + hf(t_n, y_n))], \tag{2.42}$$

故

$$\begin{aligned}|\varphi(t, y, h) - \varphi(t, \bar{y}, h)| \leqslant &\frac{1}{2}[|f(t,y) - f(t,\bar{y})| \\ &+ |f(t+h, y+hf(t,y)) - f(t+h, \bar{y}+hf(t,\bar{y}))|].\end{aligned}$$

假设 $f(t,y)$ 关于 y 满足 Lipschitz 条件, 记 Lipschitz 常数为 L, 则由上式推得

$$|\varphi(t, y, h) - \varphi(t, \bar{y}, h)| \leqslant L\left(1 + \frac{h}{2}L\right)|y - \bar{y}|. \tag{2.43}$$

限定 $h \leqslant h_0(h_0$ 为常数), 上式表明 φ 有关于 y 的 Lipschitz 常数

$$L_\varphi = L\left(1 + \frac{h_0}{2}L\right),$$

因此改进的欧拉方法也是收敛的.

类似地, 不难验证龙格–库塔方法的收敛性.

3. 稳定性

前面关于收敛性的讨论有个前提, 就是必须假定数值方法本身的计算是准确的. 但实际情形并不是这样, 差分方程的求解还会有计算误差, 如由数字舍入而引起的小扰动. 这类小扰动在传播过程中会不会恶性增长, 以至于"淹没了"差分方程的"真解". 这就是差分方程的稳定性问题. 在实际计算时, 希望某一步产生的扰动值, 在后面的计算中能够被控制, 甚至是逐步衰减的.

数值稳定性的分析有些复杂, 它不仅与方法本身有关, 而且总跟方程的右端 $f(t, y)$ 以及步长有关, 所以对于较一般的常微分方程初值问题的数值解法稳定性, 研究它很困难. 事实上研究数值方法是否稳定, 不可能也不必对每个不同的右端函数 $f(t, y)$ 进行讨论.

为方便起见, 通常讨论下述简单模型方程的稳定性

$$y' = \lambda y \tag{2.44}$$

(也就是假定 $f(t, y) = \lambda y$, 其中 λ 为某一复数, 并假定实部 $\mathrm{Re}\lambda < 0$). 即研究模型方程 (2.44) 的数值方法是否数值稳定. 这种思想来源于如下判断: 若一个数值方法对如此简单的方程都不是绝对稳定的话, 那么, 就难于用此数值方法来解一般的微分方程. 不言而喻, 某一数值方法对模型方程是绝对稳定的, 对一般方程不一定也是绝对稳定的, 但模型方程在一定程度上还是反映了数值方法的特征.

例如, 用向前欧拉方法得到的差分公式 $y_{n+1} = y_n + hf(t_n, y_n)(n = 0, 1, 2, \cdots)$ 解模型方程 (2.44), 得

$$y_{n+1} = y_n + \lambda h y_n = (1 + \lambda h)y_n \quad (n = 0, 1, 2, \cdots),$$

若 y_n 的实际计算值为 $\bar{y}_n$, 则由误差 $\delta_n = y_n - \bar{y}_n$ 引起 y_{n+1} 的误差为 $\delta_{n+1} = (1 + \lambda h)\delta_n$. 故要对一切 n, 总有 $|\delta_m| < |\delta_n|(m > n)$, 只要取 $|1 + \lambda h| < 1$ 时, 欧拉方法是绝对稳定的. 若记 $\mu = \lambda h$, 即当 $|1 + \mu| < 1$ 时, 欧拉方法是绝对稳定的.

进一步分析发现: 当 $\lambda < 0$ 时, 可得 $0 < h < -2/\lambda$ 时, 欧拉方法绝对稳定; 当 λ 为复数时, 在 $\mu = \lambda h$ 的复平面上, $|1 + \mu| < 1$ 表示以 $(-1, 0)$ 为圆心, 1 为半径的单位圆内欧拉方法绝对稳定.

对于向后欧拉方法得到的差分公式 $y_{n+1} = y_n + hf(t_{n+1}, y_{n+1})$ 解模型方程 (2.44), 得

$$y_{n+1} = y_n + \lambda h y_{n+1} = \frac{1}{1 - \lambda h}y_n, \tag{2.45}$$

则对于后退的欧拉方法, δ_n 满足 $\delta_{n+1} = \delta_n/(1 - \lambda h)$, 可见它的绝对稳定区域是 $|1 - \mu| > 1$, 在 $\mu = \lambda h$ 的复平面上, 这是以 $(1, 0)$ 为圆心, 1 为半径的圆外部. 从这里的讨论可知, 向后欧拉方法的绝对稳定区域比向前欧拉方法的大得多. 可证明

两种方法的阶数相同, 只是向前欧拉方法是显式方法, 而向后欧拉方法是隐式方法, 这也说明隐式方法的绝对稳定性一般比同阶的显式方法好得多.

如果将二阶龙格–库塔方法 (即改进的欧拉方法), 用于解模型方程 (2.44), 得

$$y_{n+1} = y_n + \frac{1}{2}[\lambda h y_n + \lambda h(y_n + \lambda h y_n)] = \left[1 + \lambda h + \frac{(\lambda h)^2}{2}\right] y_n.$$

令 $\mu = \lambda h$, 则得

$$y_{n+1} = \left(1 + \mu + \frac{1}{2}\mu^2\right) y_n,$$

显然, 当 $|1 + \mu + 1/2\mu^2| < 1$ 时, 方法绝对稳定, 这时方法的绝对稳定域是曲线 $|1 + \mu + \mu^2/2| = 1$ 围成的区域内部.

类似地, 对于标准的四阶龙格–库塔方法可推得

$$y_{n+1} = \left[1 + \lambda h + \frac{1}{2}(\lambda h)^2 + \frac{1}{6}(\lambda h)^3 + \frac{1}{24}(\lambda h)^4\right] y_n,$$

所以, 其绝对稳定区域为 $|1 + \mu + \mu^2/2! + \mu^3/3! + \mu^4/4!| < 1$, 若设 $\lambda < 0$, 由上式可近似得到当 $0 < h < -2.78/\lambda$ 时, 四阶龙格–库塔方法绝对稳定.

针对模型方程 (2.44), 还有下面零稳定性 (zero-stability) 定义[9].

定义 2.2 若某数值方法在 y_n 有大小为 δ 的扰动, 于以后各节点值 $y_m(m > n)$ 上产生的偏差均不超过 δ, 则称该方法是稳定的. 或者说, 若一个数值方法用于解模型方程 (2.44), 所得到的实际结果为 y_n, 且由误差 $\delta_n = y(t_n) - y_n$ 引起以后节点处 $y_m(m > n)$ 的误差为 δ_m, 如果总有 $|\delta_m| \leqslant |\delta_n|$, 则称该数值方法是绝对稳定的. 若在 $\mu = \lambda h$ 的复平面上的某个区域 R 中, 该方法都是绝对稳定的, 而在域 R 外, 方法是不稳定的, 则称区域 R 是该数值方法的绝对稳定域. 显然, 绝对稳定域越大, 该方法的绝对稳定性越好.

从上面稳定性讨论可以看出: 把某一数值方法应用于模型方程, 为了保证数值稳定, 步长 h 要受到一定的限制.

在 2.2 节中, 讲到了求解常微分方程初值问题的几种不同差分格式. 通常情况下, 在利用这些差分格式进行计算时, 一般是按照时间层逐层推进的, 也就是从 $\{y^n\}$ 到 $\{y^{n+1}\}$ 的值. 那么 t_n 时间层的值 $\{y^n\}$ 的误差必然会影响到 t_{n+1} 时间层的值 $\{y^{n+1}\}$. 因而, 要分析这种误差传播的情况, 并希望误差的影响不至于越来越大, 并且不影响差分格式的解的准确性, 这就是所谓差分格式的稳定性问题. 多数情况下, 考虑差分格式是否按初值稳定 (有些书称之为绝对稳定[9]).

总之, 收敛性和稳定性是数值求解微分方程过程中两个重要的概念, 在计算数学的不同分支, 它们的含义可以不同, 这里介绍的收敛性反映数值公式本身的截断

误差对计算结果的影响. 稳定性是和步长密切相关的, 对于一种步长是稳定的数值公式, 若将步长改大可能就不稳定, 只有既收敛又稳定的数值方法才可以在实际计算中放心使用. 因此, 选择步长时不但要考虑截断误差, 还应考虑绝对稳定性. 原则上是在满足稳定性及截断误差要求的前提下, 步长应尽可能取大一些.

2.3　常微分方程边值问题的数值方法

考虑如下二阶常微分方程边值问题

$$u'' + p(x)u' + q(x)u = f(x), \quad a < x < b,$$
$$u(x = a) = P, \quad u(x = b) = Q \tag{2.46}$$

的一种有限差分离散方法. 在方程 (2.46) 中, 假定函数 $p(x), q(x), f(x)$ 均为已知函数, a, b, P, Q 均为已知常数, 而函数 $u = u(x)$ 为未知函数.

首先在区间 $[a, b]$ 上取若干离散点

$$a = x_0 < x_1 < x_2 < \cdots < x_{M-1} < x_M = b,$$

这里 M 是一个给定的正整数, 通常取 $x_j = a + jh(h = (b-a)/M, j = 0, 1, \cdots, M)$.

目标是求出未知函数 $u(x)$ 在这些离散点处的值, 也就是求出

$$u(x_0), u(x_1), u(x_2), \cdots, u(x_{M-1}), u(x_M)$$

的近似值

$$u_0, u_1, u_2, \cdots, u_{M-1}, u_M.$$

不希望求得未知函数 $u(x)$ 在 $[a, b]$ 上所有点的值.

为了方便, 通常取求解区间 $[a, b]$ 的等分点作为离散点, 也即

$$x_j = a + jh, \quad j = 0, 1, 2, \cdots, M, h = (b-a)/M,$$

其中 h 又称为空间 x 方向上的步长, M 是一给定的正整数.

希望得到下式

$$[u'' + p(x)u' + q(x)u]|_{x=x_j} = f(x)|_{x=x_j}, \quad a < x_j < b, j = 1, 2, \cdots, M-1$$

的一个近似.

如果分别利用近似公式 (2.2) 和 (2.1), 可得

$$\frac{u(x_{j+1}) - 2u(x_j) + u(x_{j-1})}{h^2} + p(x_j)\frac{u(x_{j+1}) - u(x_{j-1})}{2h} + q(x_j)u(x_j)$$
$$= f(x_j), \quad j = 1, 2, \cdots, M-1. \tag{2.47}$$

这里同样应用了"节点处的导数值换为节点处的有限差商"这种基本思想.

如果记

$$u_j \approx u(x_j), \quad j = 0, 1, 2, \cdots, M,$$

则方程 (2.47) 可以简化为

$$\frac{u_{j+1} - 2u_j + u_{j-1}}{h^2} + p(x_j)\frac{u_{j+1} - u_{j-1}}{2h} + q(x_j)u_j$$
$$= f(x_j), \quad j = 1, 2, \cdots, M - 1, \tag{2.48}$$

另外还可以从方程 (2.46) 轻易得到

$$u_0 = P, \quad u_M = Q. \tag{2.49}$$

综合方程 (2.48) 和方程 (2.49), 发现 $u_1, u_2, \cdots, u_{M-1}$ 满足下述线性方程组:

$$AU = F, \tag{2.50}$$

这里 $U = (u_1, u_2, \cdots, u_{M-1})^{\mathrm{T}}$, $F = (\tilde{f}_1, f_2, \cdots, f_{M-2}, \tilde{f}_{M-1})^{\mathrm{T}}$, 其中 $f_j = f(x_j)(j = 0, 1, 2, \cdots, M)$, $\tilde{f}_1 = f_1 - u_0/h^2 + p(x_1)u_0/(2h)$, $\tilde{f}_{M-1} = f_{M-1} - u_M/h^2 - p(x_{M-1})u_M/(2h)$. 而矩阵 A 为

$$\begin{pmatrix} b_1 & a_1 & 0 & \cdots & & 0 \\ c_2 & b_2 & a_2 & & & \vdots \\ 0 & \ddots & \ddots & \ddots & & 0 \\ \vdots & & c_{M-2} & b_{M-2} & a_{M-2} \\ 0 & \cdots & & 0 & c_{M-1} & b_{M-1} \end{pmatrix},$$

而且

$$b_j = -2/h^2 + q(x_j), \quad j = 1, 2, \cdots, M - 1,$$
$$a_j = 1/h^2 + p(x_j)/(2h), \quad j = 1, 2, \cdots, M - 2,$$
$$c_j = 1/h^2 - p(x_j)/(2h), \quad j = 2, \cdots, M - 1.$$

因而只要求出线性方程组 (2.50) 的解, 就可以得到未知函数 $u(x)$ 在点 x_1, $x_2, \cdots, x_{M-1}$ 处的近似值

$$u_1, u_2, \cdots, u_{M-1}.$$

最终, 常微分方程边值问题 (第一边值问题) 的具体求解过程如下:

(1) 输入 a, b, α, β, M 的值以及计算 $h = (b - a)/M$;

(2) 再计算 x_j 与 $f_j = f(x_j), j = 0, 1, \cdots, M-1, M$;

(3) 取边界条件为 $u_0 = \alpha, u_M = \beta$;

(4) 计算方程组 (2.50) 中的矩阵 A 以及右端项 F.

(5) 求解方程组 (2.50), 得到向量 U, 它的分量就是期望求得的近似值

$$u_1, u_2, \cdots, u_{M-1}.$$

2.3.1　截断误差

在上述离散过程中, 将 $d^2u/dx^2|_{x=x_j}$ 变为 $(u_{j+1} - 2u_j + u_{j-1})/h^2$. 也将 $du/dx|_{x=x_j}$ 变为 $(u_{j+1} - u_{j-1})/(2h)$. 这样一个离散过程在点 $x = x_j$ 处就产生了截断误差.

实际上, 如果记

$$L_h(x) = \frac{u(x+h) - 2u(x) + u(x-h)}{h^2}$$
$$+ p(x)\frac{u(x+h) - u(x-h)}{2h} + q(x)u - f(x), \tag{2.51}$$
$$L(x) = u_{xx} + p(x)u_x + q(x)u - f(x).$$

这样, 在点 $x = x_j$ 处就产生的截断误差为

$$T(x)|_{x=x_j} = L_h(x)|_{x=x_j} - L(x)|_{x=x_j}. \tag{2.52}$$

通过 Taylor 展开式, 不难发现在点 $x = x_j$ 处的截断误差为

$$T(x)|_{(x=x_j)} = O(h^2). \tag{2.53}$$

2.3.2　收敛性

通过求解方程组 (2.48), 就可以得到近似解 $u_j(j = 1, 2, \cdots, M-1)$. 但是这样得到的近似解 u_j 与真解 $u(x_j)$ 之间到底差别多大呢? 因为近似解 u_j 依赖于区间长度 h, 所以需要考虑下面问题: 当 $h \to 0$ 时, $||U - U_h|| \to 0$ 是否成立. 这里 $U_h = (u_0, u_1, \cdots, u_M)^{\mathrm{T}}$, $U = (u(x_0), u(x_1), \cdots, u(x_M))^{\mathrm{T}}$. 事实上, 当 $h \to 0$ 时, $||U - U_h|| \to 0$, 说差分格式收敛; 当 $h \to 0$ 时, $||U - U_h|| = O(h^p)$, 说差分格式具有 p 阶精度.

思考问题:

(1) 在设计数值方法的过程中, 利用公式 (2.1) 和 (2.2) 来分别近似函数在节点 x_j 处的一阶导数、二阶导数, 能不能使用别的近似方式?

(2) 若记

$$u = (u(x_0), u(x_1), \cdots, u(x_{M-1}), u(x_M))^{\mathrm{T}},$$
$$u_h = (u_0, u_1, \cdots, u_{M-1}, u_M)^{\mathrm{T}},$$

(i) 当 $h \to 0$ 时, $\|u - u_h\| \to 0$ 是否成立?

(ii) 当 $h \to 0$ 时, $\|u - u_h\| \leqslant Ch^\gamma, \gamma$ 等于多少?

(iii) 若 $f \to \tilde{f} = f + \varepsilon$ 时, $\|\tilde{u}_h - u_h\| \leqslant C_0\varepsilon$ 是否成立 (这里 C_0 为某一常数).

2.4 微分方程数值求解方法概述

数值求偏微分方程通常分为下面四大步:

• **区域剖分** 把整个定义域分成若干个小块, 以便对每小块上的点或片求出近似值, 这样按一定规律对定义域分切的过程称为区域剖分.

• **微分方程的离散** 区域剖分完毕后, 依据原来的微分方程去形成关于这些离散点或片的函数值的递推公式或方程. 这时它们的未知量已不是一个连续函数, 而成了若干个离散的未知值的某种组合, 这个步骤称为微分方程离散.

• **初始和边界条件处理** 离散后系统是一个递推公式, 那它需要若干个初值才能启动. 若是一个方程组, 那它所含的方程个数一般少于未知量的个数, 要想求解还需要补充若干个方程. 这些需要补充的初值和方程往往可以通过微分方程的初始条件和边界条件来得到, 这就是初始和边界条件处理过程.

• **离散系统的性态研究** 主要研究: 这个系统是否可解, 即解的存在性、唯一性问题; 它与精确解的差距有多大, 这个差距当区域剖分的尺寸趋于零时, 是否也会趋于零, 趋于零的速度多快, 即解的收敛性和收敛速度问题; 当外界对数据有所干扰时, 所得的解是否会严重背离离散系统的固有的解, 即解的稳定性问题.

最后, 可以为离散系统编写程序, 将程序在计算机上去实际计算.

2.5 计 算 例 子

例 2.3 考虑两点边值问题

$$\begin{aligned}
-u_{xx}(x) &= f(x), \quad a < x < b, \\
u(a) &= \alpha, \quad u(b) = \beta,
\end{aligned} \tag{2.54}$$

试利用有限差分法为它设计一种二阶差分格式.

(1) 区域剖分 (这里是区间剖分).

取 $M+1$ 个节点

$$a = x_0 < x_1 < \cdots < x_j < \cdots < x_M = b,$$

它们将区间 $I = [a,b]$ 分成 M 个小区间

$$I_j : x_{j-1} \leqslant x \leqslant x_j, \quad j = 1, 2, \cdots, M.$$

于是得一个区间 I 的网格剖分, 记 $h_j = x_j - x_{j-1}(j = 1, 2, \cdots, M)$. 下面仅仅考虑 $h_j = h(j = 1, 2, \cdots, M)$, 也就是均匀网格剖分.

(2) 微分方程的离散及边界条件处理.

如果记

$$u(x_0), u(x_1), \cdots, u(x_j), \cdots, u(x_M)$$

的近似解分别为

$$u_0(= \alpha), u_1, \cdots, u_j, \cdots, u_M(= \beta).$$

则用有限差分法离散本例题的微分方程的一种形式为

$$
\begin{aligned}
&-\frac{u_{j-1} - 2u_j + u_{j+1}}{h^2} = f(x_j) \equiv f_j, \\
&j = 1, 2, \cdots, M - 1, \\
&u_0 = \alpha, \quad u_M = \beta.
\end{aligned}
\tag{2.55}
$$

上面的式子就是一种离散两点边值问题的二阶差分格式.

(3) 离散系统的求解.

差分得到的方程组可改写为

$$
\begin{aligned}
&2u_1 - u_2 = h^2 f(x_1) + \alpha, \\
&-u_1 + 2u_2 - u_3 = h^2 f(x_2), \\
&-u_2 + 2u_3 - u_4 = h^2 f(x_3), \\
&\cdots\cdots \\
&-u_{M-3} + 2u_{M-2} - u_{M-1} = h^2 f(x_{M-2}), \\
&-u_{M-2} + 2u_{M-1} = h^2 f(x_{M-1}) + \beta.
\end{aligned}
\tag{2.56}
$$

上述方程组可改写为

$$AU = F, \tag{2.57}$$

这里

$$A = \begin{pmatrix} 2 & -1 & 0 & \cdots & 0 \\ -1 & 2 & -1 & & \vdots \\ 0 & \ddots & \ddots & \ddots & 0 \\ \vdots & & -1 & 2 & -1 \\ 0 & \cdots & 0 & -1 & 2 \end{pmatrix},$$

(2.58)

$$U = \begin{pmatrix} u_1 \\ u_2 \\ u_3 \\ \vdots \\ u_{M-2} \\ u_{M-1} \end{pmatrix}, \quad F = \begin{pmatrix} h^2 f(x_1) + \alpha \\ h^2 f(x_2) \\ h^2 f(x_3) \\ \vdots \\ h^2 f(x_{M-2}) \\ h^2 f(x_{M-1}) + \beta \end{pmatrix}.$$

(2.59)

上面的方程组可以用数值分析中介绍的追赶法来求解. 从而可以得到近似解:

$$u_0(=\alpha), u_1, \cdots, u_j, \cdots, u_M(=\beta).$$

2.6 离散常微分边值问题的紧致差分格式

有限差分法通常要构造关系式逼近未知函数 $f(x)$ 在节点 x_i(i 为整数) 处的导数值. 为了简单起见, 采用等距的空间剖分. 如果用 h 表示空间 x 方向上的单位剖分距离, 用 M 表示在空间 x 方向上的节点数. 那么在节点 x_i 处的函数值 $f(x_i)$、一阶导函数值 $f'(x_i)$ 及二阶导函数值 $f''(x_i)$ 可分别记为

$$x_i = ih, \quad 0 \leqslant i \leqslant M,$$

$$f_i := f(x_i),$$

$$f_i' := \left(\frac{df}{dx}\right)(x_i),$$

$$f_i'' := \left(\frac{d^2 f}{dx^2}\right)(x_i),$$

传统的有限差分格式可以直接用 f_{i-1}, f_{i+1} 来显式地逼近一阶导数 f_i', 直接用 f_{i-2}, $f_{i-1}, f_{i+1}, f_{i+2}$ 来显式地逼近二阶导数 f_i''. 紧致差分格式的构造思想也是利用节点的函数值来逼近导数值, 但是它采用的是隐式的逼近方法. 下面分别介绍一阶和二阶导数的紧致差分格式的构造方法.

2.6.1   一阶导数的紧致差分格式

目标是想从下式中得到一阶导数的一种高阶近似

$$\beta f'_{i-2} + \alpha f'_{i-1} + f'_i + \alpha f'_{i+1} + \beta f'_{i+2}$$
$$= c\frac{f_{i+3} - f_{i-3}}{6h} + b\frac{f_{i+2} - f_{i-2}}{4h} + a\frac{f_{i+1} - f_{i-1}}{2h}, \tag{2.60}$$

其中, 系数 α, β 和系数 a, b, c 均是待定的参数. 根据 Taylor 级数展开式

$$f(x_i \pm h) = f(x_i) \pm f'(x_i)h + f''(x_i)\frac{h^2}{2!} \pm \cdots,$$
$$f(x_i \pm 2h) = f(x_i) \pm f'(x_i)2h + f''(x_i)\frac{(2h)^2}{2!} \pm \cdots, \tag{2.61}$$
$$f(x_i \pm 3h) = f(x_i) \pm f'(x_i)3h + f''(x_i)\frac{(3h)^2}{2!} \pm \cdots,$$

以及

$$f'(x_i \pm h) = f'(x_i) \pm f''(x_i)h + f'''(x_i)\frac{h^2}{2!} \pm \cdots,$$
$$f'(x_i \pm 2h) = f'(x_i) \pm f''(x_i)2h + f'''(x_i)\frac{(2h)^2}{2!} \pm \cdots, \tag{2.62}$$

然后将 (2.61) 式与 (2.62) 式代入 (2.60) 式中, 最后比较所得式子中的两边不含 h 的项的系数、含 h^2 的项的系数、含 h^4 的项的系数 $\cdots\cdots$ 可得

$$a + b + c = 1 + 2\alpha + 2\beta, \tag{2.63}$$
$$a + 2^2 b + 3^2 c = 2\frac{3!}{2!}(\alpha + 2^2\beta), \tag{2.64}$$
$$a + 2^4 b + 3^4 c = 2\frac{5!}{4!}(\alpha + 2^4\beta), \tag{2.65}$$

那么, 当 a, b, c, α, β 满足 (2.63) 式时, 由 (2.60) 式可以得到一种具有二阶精度的紧致差分格式; 同样, 当 a, b, c, α, β 同时满足 (2.63) 式与 (2.64) 式时, 由 (2.60) 式可以得到一种具有四阶精度的紧致差分格式; 当 a, b, c, α, β 同时满足 (2.63)—(2.65) 式时, 由 (2.60) 式可以得到一种具有六阶精度的紧致差分格式.

例如, 先取

$$\beta = 0, \quad a = \frac{2}{3}(\alpha + 2), \quad b = \frac{1}{3}(4\alpha - 1), \quad c = 0, \tag{2.66}$$

再令 $b = 0$, 则从 (2.66) 式中可以得到

$$\alpha = 1/4, \quad \beta = 0, \quad a = 3/2, \quad b = 0, \quad c = 0. \tag{2.67}$$

再将上式中的参数代入 (2.60) 式, 就得到如下一种具有四阶精度的紧致差分格式

$$\frac{1}{4}f'_{i-1} + f'_i + \frac{1}{4}f'_{i+1} = \frac{3}{4h}(f_{i+1} - f_{i-1}). \tag{2.68}$$

很明显, (2.67) 式所确定的 a, b, c, α, β 同时满足 (2.63) 式和 (2.64) 式, 但是它们不满足 (2.65) 式. 当然, 如果取 a, b, c, α, β 为其他的一些特点常数, 还可以得到更多形式的紧致差分格式, 详细内容参阅文献 [17].

2.6.2 二阶导数的紧致差分格式

目标是想从下式中得到二阶导数的一种高阶近似

$$\beta f''_{i-2} + \alpha f''_{i-1} + f''_i + \alpha f''_{i+1} + \beta f''_{i+2}$$
$$= c\frac{f_{i+3} - 2f_i + f_{i-3}}{9h^2} + b\frac{f_{i+2} - 2f_i + f_{i-2}}{4h^2} + a\frac{f_{i+1} - 2f_i + f_{i-1}}{h^2}, \tag{2.69}$$

其中, 系数 α, β 和系数 a, b, c 也均是待定的参数. 通过合理地选择系数 α, β 和 a, b, c, 就可以构造出不同精度的紧致差分格式.

事实上, 由 Taylor 级数展开式

$$f''(x_i \pm h) = f''(x_i) \pm f'''(x_i)h + f^{(4)}(x_i)\frac{h^2}{2!} \pm \cdots,$$
$$f''(x_i \pm 2h) = f''(x_i) \pm f'''(x_i)2h + f^{(4)}(x_i)\frac{(2h)^2}{2!} \pm \cdots, \tag{2.70}$$

然后将 (2.61) 式与 (2.70) 式代入 (2.69) 式, 最后比较所得式子中的两边不含 h 的项的系数、含 h^2 的项的系数、含 h^4 的项的系数 $\cdots\cdots$ 就可分别得到

$$a + b + c = 1 + 2\alpha + 2\beta, \tag{2.71}$$

$$a + 2^2b + 3^2c = \frac{4!}{2!}(\alpha + 2^2\beta), \tag{2.72}$$

$$a + 2^4b + 3^4c = \frac{6!}{4!}(\alpha + 2^4\beta). \tag{2.73}$$

因此, 当 a, b, c, α, β 满足 (2.71) 式时, 由 (2.69) 式可以得到一种具有二阶精度的紧致差分格式; 同样, 当 a, b, c, α, β 同时满足 (2.71) 式与 (2.72) 式时, 由 (2.69) 式可以得到一种具有四阶精度的紧致差分格式; 当 a, b, c, α, β 同时满足 (2.71)—(2.73) 式时, 由 (2.69) 式可以得到一种具有六阶精度的紧致差分格式.

特别地, 如果取 $\alpha = 1/10, \beta = 0, a = 6/5, b = 0, c = 0$, 它们满足 (2.71) 式与 (2.72) 式, 但它们不满足 (2.73) 式. 进一步限制 $b = 0$, 则可以构造出如下的四阶精度的紧致差分格式[17]:

$$\frac{1}{10}f''_{i-1} + f''_i + \frac{1}{10}f''_{i+1} = \frac{6}{5} \cdot \frac{f_{i+1} - 2f_i + f_{i-1}}{h^2}. \tag{2.74}$$

同样, 如果选取 a, b, c, α, β 为其他的一些常数, 还可以得到更多形式的紧致差分格式.

在给定的边界条件下, 可从方程组 (2.68)($1 \leqslant i \leqslant M - 1$) 中得到一阶导函数 $f'(x)$ 在节点 $x_i(0 \leqslant i \leqslant M)$ 处的近似; 也可从方程组 (2.74)($1 \leqslant i \leqslant M - 1$) 中得到二阶导函数 $f''(x)$ 在节点 $x_i(0 \leqslant i \leqslant M)$ 处的近似.

例 2.4　考虑两点边值问题

$$
\begin{aligned}
& -u_{xx}(x) = f(x), \quad a < x < b, \\
& u(a) = \alpha, \quad u(b) = \beta,
\end{aligned} \tag{2.75}
$$

试利用有限差分法为它设计一种四阶紧致差分格式.

对于 $u_j'' \approx u_{xx}(x_j)$, 有如下的四阶近似公式

$$
u_{j-1}'' + 10u_j'' + u_{j+1}'' = \frac{12}{h^2}(u_{j-1} - 2u_j + u_{j+1}), \quad 1 \leqslant j \leqslant M - 1. \tag{2.76}
$$

因此

(1) 如果考虑零边界条件, 也就是, $u_0'' = 0, u_M'' = 0, u_0 = 0, u_M = 0$, 可将 (2.76) 式化为如下矩阵形式:

$$
M_3 U'' = A_3 U, \tag{2.77}
$$

这里

$$
U = \begin{pmatrix} u_1 \\ \vdots \\ u_{M-1} \end{pmatrix}, \quad U'' = \begin{pmatrix} u_1'' \\ \vdots \\ u_{M-1}'' \end{pmatrix}, \tag{2.78}
$$

并且

$$
M_3 = \begin{pmatrix} 10 & 1 & 0 & \cdots & 0 \\ 1 & 10 & 1 & & \vdots \\ 0 & \ddots & \ddots & \ddots & 0 \\ \vdots & & 1 & 10 & 1 \\ 0 & \cdots & 0 & 1 & 10 \end{pmatrix}, \quad A_3 = \frac{12}{h^2} \begin{pmatrix} -2 & 1 & 0 & \cdots & 0 \\ 1 & -2 & 1 & & \vdots \\ 0 & \ddots & \ddots & \ddots & 0 \\ \vdots & & 1 & -2 & 1 \\ 0 & \cdots & 0 & 1 & -2 \end{pmatrix}. \tag{2.79}
$$

于是得到如下离散格式

$$
-(M_3)^{-1} A_3 U = F, \tag{2.80}
$$

这里 $U = (u_1, u_2, \cdots, u_{M-1})^{\mathrm{T}}$, $F = (f_1, f_2, \cdots, f_{M-1})^{\mathrm{T}}$, $f_j = f(x_j)(1 \leqslant j \leqslant M - 1)$. 通过求解线性方程组 (2.80), 就可以得到近似值 $U = (u_1, u_2, \cdots, u_{M-1})^{\mathrm{T}}$.

(2) 如果考虑非零边界条件, 也就是, $-u_0'' \neq 0$, $-u_M'' \neq 0$, 那么上面的计算过程不能进行下去. 此时, 如果假设 $-u_0'' = f_0$, $-u_M'' = f_M$, 我们可将 (2.76) 式化为如下矩阵形式:

$$-M_3 F = A_3 U + G, \tag{2.81}$$

这里 $U = (u_1, u_2, \cdots, u_{M-1})^{\mathrm{T}}$, $F = (f_1, f_2, \cdots, f_{M-1})^{\mathrm{T}}$, $f_j = f(x_j)(1 \leqslant j \leqslant M-1)$. $G = (f_1 + 12u_0/h^2, 0, \cdots, 0, f_M + 12u_M/h^2)^{\mathrm{T}}$. 通过求解线性方程组 (2.81), 就可以得到近似值 $U = (u_1, u_2, \cdots, u_{M-1})^{\mathrm{T}}$.

例 2.5 考虑两点边值问题

$$
\begin{aligned}
-u_{xx}(x) &= \pi^2 \cos(\pi x), \quad 0 < x < 1, \\
u(0) &= 1, \quad u(1) = -1.
\end{aligned}
\tag{2.82}
$$

此问题有准确解 $u_{\mathrm{exact}}(x) = \cos(\pi x)$. 利用上面介绍的中心差分格式离散, 并且将区间 [0,1] 平均分成 40 份 (也就是 $M = 40$). 这样, 得到节点 $x_j = 0 + jh (j = 0, 1, \cdots, 40)$, 方程组 (2.57) 中的 $h = 1/40$, $M = 40$. 通过求解方程组 (2.57), 得到 39 个离散点处的近似值: $u_1 = 0.9969, u_2 = 0.9877, \cdots, u_{39} = -0.9969$. 表 2.3 展示了中心差分格式在求解非零边值问题 (2.82) 时的误差. 图 2.3(a) 展示了 $u(x)$ 在这些节点处的近似值, 图 2.3(b) 展示了 $u(x)$ 在这些节点处的近似值与准确值之差.

表 2.3 中心差分格式在求解非零边值问题 (2.82) 时的误差

h	$\dfrac{1}{4}$	$\dfrac{1}{8}$	$\dfrac{1}{16}$	$\dfrac{1}{32}$
误差	0.011	0.0027	6.6667e−4	1.6916e−4

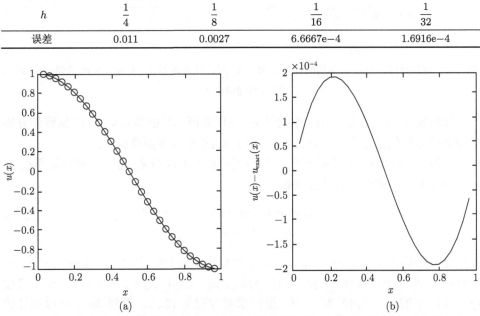

图 2.3 中心差分格式得到的数值结果: (a) 圈点代表近似值, 实线代表准确解; (b) 近似值与准确值之差

　　四阶紧致差分格式离散后得到线性方程组 (2.81), 通过求解它, 也得到未知函数在节点处的值. 表 2.4 展示了四阶紧致差分格式在求解非零边值问题 (2.82) 时的误差. 图 2.4(a) 展示了 $u(x)$ 在这些节点处的近似值, 图 2.4(b) 展示了 $u(x)$ 在这些节点处的近似值与准确值之差.

表 2.4　四阶紧致差分格式在求解非零边值问题 (2.82) 时的误差

h	$\dfrac{1}{4}$	$\dfrac{1}{8}$	$\dfrac{1}{16}$	$\dfrac{1}{32}$
误差	3.3657e−4	2.0648e−5	1.2846e−6	8.1513e−8

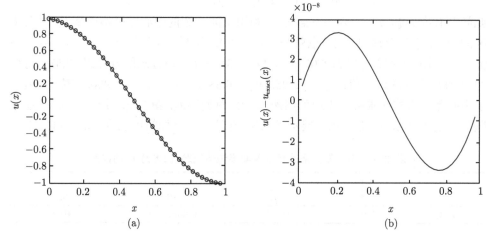

图 2.4　四阶紧致差分格式得到的数值结果: (a) 圈点代表近似值, 实线代表准确解; (b) 近似值与准确值之差

　　比较图 2.3(b) 与图 2.4(b) 中的结果, 发现采用同样的节点数, 四阶紧致差分格式得到的数值结果比中心差分公式得到的数值结果精度要高很多.

　　从表 2.4 可以看出, 四阶紧致差分格式的精度要高得多, 并且具有四阶精度.

　　例 2.6　再考虑两点边值问题

$$-u_{xx}(x) = \pi^2 \sin(\pi x), \quad 0 < x < 1,$$
$$u(0) = 0, \quad u(1) = 0. \tag{2.83}$$

此问题有准确解 $u_{\text{exact}}(x) = \sin(\pi x)$. 下面利用上面介绍的中心差分格式离散, 同样将区间 [0,1] 平均分成 40 份. 这样, 得到节点 $x_j = 0 + jh (j = 0, 1, \cdots, 40)$, 方程组 (2.57) 中的 $h = 1/40$, $M = 40$. 通过求解方程组 (2.57), 得到 39 个离散点处的近似值: $u_1 = 0.9969, u_2 = 0.9877, \cdots, u_{39} = -0.9969$. 表 2.5 展示了中心差分格式在求解零边值问题 (2.83) 时的误差. 图 2.5(a) 展示了 $u(x)$ 在这些节点处的近似值,

图 2.5(b) 展示了 $u(x)$ 在这些节点处的近似值与准确值之差.

表 2.5 中心差分格式在求解零边值问题 (2.83) 时的误差

h	$\dfrac{1}{40}$	$\dfrac{1}{80}$	$\dfrac{1}{160}$	$\dfrac{1}{320}$
误差	5.1420e−4	1.2852e−4	3.2128e−5	8.0319e−6

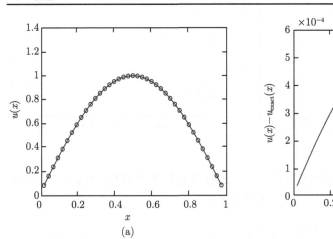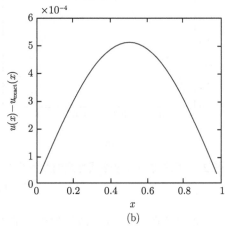

图 2.5 中心差分格式得到的数值结果: (a) 圈点代表近似值, 实线代表准确解; (b) 近似值与准确值之差

四阶紧致差分格式离散后得到线性方程组 (2.80), 通过求解它, 也得到未知函数在节点处的值. 表 2.6 展示了四阶紧致差分格式在求解零边值问题 (2.83) 时的误差. 图 2.6(a) 展示了 $u(x)$ 在这些节点处的近似值, 图 2.6(b) 展示了 $u(x)$ 在这些节点处的近似值与准确值之差.

表 2.6 四阶紧致差分格式在求解零边值问题 (2.83) 时的误差

h	$\dfrac{1}{40}$	$\dfrac{1}{80}$	$\dfrac{1}{160}$	$\dfrac{1}{320}$
误差	1.5858e−7	9.9095e−9	6.1906e−10	3.7518e−11

比较图 2.5(b) 与图 2.6(b) 中的结果, 发现采用同样的节点数, 四阶紧致差分格式得到的数值结果比中心差分公式得到的数值结果精度要高很多.

从表 2.6 可以看出, 四阶紧致差分格式的精度要高得多, 并且具有四阶精度.

2.6.3 高阶紧致差分格式的进一步介绍

考虑如下的常微分方程

$$-\frac{d^2\phi}{dx^2} + c\frac{d\phi}{dx} = f, \tag{2.84}$$

构造一种四阶紧致差分格式, 方程中未知函数 $\phi = \phi(x)$, 其余的函数 $c = c(x), f = f(x)$ 都是已知的.

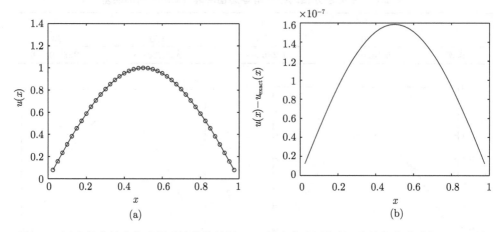

图 2.6　四阶紧致差分格式得到的数值结果: (a) 圈点代表近似值, 实线代表准确解; (b) 近似
值与准确值之差

取定节点 $x_i = x_0 + ih$(i 为给定的整数, h 为步长), 简记 $\phi_i = \phi(x_i)$, $f_i = f(x_i)$, $c_i = c(x_i)$, 如果利用常用的中心差分格式, 可得如下的离散格式

$$-\delta_x^2 \phi_i + c_i \delta_x \phi_i - \tau_i = f_i, \tag{2.85}$$

这里

$$\delta_x^2 \phi_i = \frac{\phi_{i+1} - 2\phi_i + \phi_{i-1}}{h^2}, \quad \delta_x \phi_i = \frac{\phi_{i+1} - \phi_{i-1}}{2h},$$

τ_i 为

$$\tau_i = \frac{h^2}{12}\left[2c\frac{d^3\phi}{dx^3} - \frac{d^4\phi}{dx^4}\right]_i + O(h^4). \tag{2.86}$$

下面近似上式中的三阶导数项与四阶导数项, 希望得到一种四阶的差分格式.

事实上, 从原方程出发, 求其一阶导数, 可得

$$\frac{d^3\phi}{dx^3}\bigg|_i = \left[c\frac{d^2\phi}{dx^2} + \frac{dc}{dx}\frac{d\phi}{dx} - \frac{df}{dx}\right]_i, \tag{2.87}$$

它可用下式来近似

$$\frac{d^3\phi}{dx^3}\bigg|_i = c_i \delta_x^2 \phi_i + \delta_x c_i \delta_x \phi_i - \delta_x f_i + O(h^2). \tag{2.88}$$

同样, 得到四阶导数的近似

$$\frac{d^4\phi}{dx^4}\Big|_i = \left[c\frac{d^3\phi}{dx^3} + 2\frac{dc}{dx}\frac{d^2\phi}{dx^2} + \frac{d^2c}{dx^2}\frac{d\phi}{dx} - \frac{d^2f}{dx^2}\right]_i$$

$$= c_i\frac{\partial^3\phi}{\partial x^3}\Big|_i + 2\delta_x c_i\delta_x^2\phi_i + \delta_x^2 c_i\delta_x\phi_i - \delta_x^2 f_i + O(h^2). \tag{2.89}$$

将式 (2.88), (2.89) 与 (2.86) 结合, 就可以得到 τ_i 的近似

$$\tau_i = \frac{h^2}{12}[(c_i^2 - 2\delta_x c_i)\delta_x^2\phi_i + (c_i\delta_x c_i - \delta_x^2 c_i)\delta_x\phi_i$$
$$- c_i\delta_x f_i + \delta_x^2 f_i] + O(h^4).$$

最后, 再将上式代入 (2.85) 式中, 就得到了原常微分方程 (2.84) 的一种四阶紧致差分格式

$$-A_i\delta_x^2\phi_i + C_i\delta_x\phi_i = F_i + O(h^4), \tag{2.90}$$

这里

$$A_i = 1 + \frac{h^2}{12}(c_i^2 - 2\delta_x c_i),$$
$$C_i = c_i + \frac{h^2}{12}(\delta_x^2 c_i - c_i\delta_x c_i),$$
$$F_i = f_i + \frac{h^2}{12}(\delta_x^2 f_i - c_i\delta_x f_i).$$

从上面的讨论可以看出, 这里构造紧致差分格式的方法与前一节所介绍的方法并不一样. 但总体思想是一样的: 都是想用比较少的点得到高精度的差分格式.

可考虑一计算例子, 在常微分方程 (2.84) 中假设 $c(x) = c = 10, f(x) = 0$, 并且有边界条件 $\phi(0) = 0, \phi(1) = 1$. 可在区间 [0,1] 上求解此常微分方程边值问题, 并将得到的数值解与该问题的解析解 $\phi(x) = (e^{cx} - 1)/(e^c - 1)$ 相互比较. 这里留给读者编制程序去验算它.

2.7 小　　结

本章重点介绍了常微分方程的初值问题的有限差分法, 讨论了初值问题的有限差分法的详细设计过程. 同时, 也讨论了有限差分法的稳定性、收敛性、截断误差等数学概念. 需注意的是, 这里讨论的有限差分法都是单步法, 未讨论多步法; 本章未讨论常微分方程组的初值问题的有限差分法, 但是, 这里所讨论的有限差分法完全可以平行推广到常微分方程组的初值问题的求解过程中. 另一方面, 本章通过例子详细地介绍了常微分方程的边值问题的有限差分法设计过程, 与之相关, 也讨论了收敛性、截断误差等数学概念. 本章还通过例子详细讨论了如何为常微分方程边值问题设计高阶紧致差分格式.

2.8　习　　题

1. 用改进的欧拉法计算初值问题

$$y' = \frac{1}{x}y - \frac{1}{x}y^2, \quad 1 < x \leqslant 1.5,$$
$$y(1) = 0.5,$$

在计算过程中取 $h = 0.1$, 并将近似解与精确解 $y(x) = x/(1+x)$ 在 $x = 1.5$ 处的值作比较.

2. 取步长 $h = 0.2$, 试分别用二阶的龙格–库塔法、三阶的龙格–库塔法、四阶的龙格–库塔法阶初值问题

$$y' = -y - xy^2, \quad 0 < x \leqslant 0.6,$$
$$y(0) = 1,$$

3. 试建立求解初值问题

$$y' = f(x, y),$$
$$y(x_0) = a$$

的如下差分格式

$$y_{n+1} = y_n + \frac{h}{2}(3f_n - f_{n-1}).$$

4. 证明: 求解初值问题

$$y' = f(x, y),$$
$$y(x_0) = a$$

有如下一种线性多步法

$$y_{n+1} + (b-1)y_n - by_{n-1} = \frac{1}{4}h[(b+3)f_{n+1} + (3b+1)f_{n-1}].$$

当 $b \neq 1$ 时, 该方法为二阶的, 当 $b = 1$ 时, 该方法为三阶的.

5. 对常微分方程 $y' = \lambda y$ (这里 λ 是实数, 它满足 $\lambda < 0$), 讨论向前欧拉法和向后欧拉法的稳定性.

提示: 设计算 y_n 时有扰动 δ_n, 计算 y_{n+1} 时偏差为 δ_{n+1}.

(1) 向前欧拉法

$$y_{n+1} = y_n + hf(x_n, y_n), \quad y_{n+1} = y_n + h\lambda y_n = (1 + h\lambda)y_n,$$

故

$$y_{n+1} + \delta_{n+1} = (1 + h\lambda)(y_n + \delta_n) = (1 + h\lambda)y_n + (1 + h\lambda)\delta_n,$$

所以

$$\delta_{n+1} = (1 + h\lambda)\delta_n,$$

从而, 当 $|1 + h\lambda| < 1$ 时欧拉方法稳定.

(2) 向后欧拉法

$$y_{n+1} = y_n + hf(x_{n+1}, y_{n+1}) = y_n + h\lambda y_{n+1}$$
$$\Rightarrow y_{n+1} = \frac{y_n}{1 - h\lambda}$$
$$\Rightarrow y_{n+1} + \delta_{n+1} = \frac{y_n + \delta_n}{1 - h\lambda} = \frac{y_n}{1 - h\lambda} + \frac{\delta_n}{1 - h\lambda},$$

所以

$$|\delta_{n+1}| = \left| \frac{\delta_n}{1 - h\lambda} \right| < |\delta_n|,$$

即向后欧拉法绝对稳定.

6. 试利用有限差分法离散下述常微分方程第三边值问题 (Robin 边界条件)

$$-u_{xx}(x) = f(x), \quad a < x < b,$$
$$u'(a) + \gamma_1 u(a) = \alpha, \quad u'(b) + \gamma_2 u(b) = \beta.$$

这里 $\alpha, \beta, \gamma_1 \neq 0, \gamma_2 \neq 0$ 均为已知常数.

7. 试利用有限差分法求解如下的含有变系数的问题

$$-(a(x)u_x(x))_x = f(x), \quad a < x < b,$$
$$u(a) = \alpha, \quad u(b) = \beta.$$

这里 $a(x) > 0$, $f(x), a(x)$ 均为已知函数.

第3章 椭圆型方程的有限差分法

学习目标与要求

1. 了解椭圆型方程的特点.
2. 了解有限差商的相关概念.
3. 理解椭圆型方程边值问题的有限差分法的设计过程.
4. 理解有限差分法的收敛性与精度等概念.
5. 掌握如何求解差分法离散后的方程组.

本章主要介绍椭圆型方程的有限差分法. 椭圆型方程的一般形式为

$$-\nabla \cdot (a(\mathbf{x})\nabla u(\mathbf{x})) + b(\mathbf{x}) \cdot \nabla u(\mathbf{x}) + c(\mathbf{x})u(\mathbf{x}) = f(\mathbf{x}),$$

这里 $\mathbf{x} \in R^n$, 函数 $u = u(\mathbf{x})$ 是未知函数, 函数 $a(\mathbf{x}), b(\mathbf{x}), f(\mathbf{x})$ 已知, 且 $a(\mathbf{x}) > 0$.

本章按照如下方式安排: 先介绍有限差分法的相关概念, 然后分别介绍直角坐标系下的椭圆型方程的有限差分法、变系数椭圆型方程的有限差分法、极坐标系下的椭圆型方程的有限差分法, 最后介绍椭圆型方程离散后的差分方程组的快速求解方法. 在讨论数值方法过程中, 为方便, 主要考虑典型的椭圆型方程 ——Poisson 方程的有限差分法设计过程.

3.1 有限差分的相关概念

如果记二元函数 $u(x,y)$ 在区域 $[a,b] \times [c,d]$ 上有下述节点 (x_i, y_j), 其中

$$a = x_0 < x_1 < x_2 < \cdots < x_i < \cdots < x_{M-1} < x_M = b,$$

这里 $h_x = (b-a)/M$, $x_i = x_0 + ih_x (i = 0, 1, \cdots, M)$.

另外

$$c = y_0 < y_1 < y_2 < \cdots < y_j < \cdots < y_{N-1} < y_N = d,$$

这里 $h_y = (d-c)/N$, $y_j = y_0 + jh_y$ $(j = 0, 1, \cdots, N)$.

利用 Taylor 展开式, 对于二元函数 $u(x,y)$, 我们有

$$u(x \pm h, y) = u(x,y) \pm hu_x(x,y) + \frac{h^2}{2!}u_{xx}(x,y) \pm \frac{h^3}{3!}u_{xxx}(x,y) + O(h^4), \quad (3.1)$$

从而

$$\frac{u(x_i + h, y) - u(x_i, y)}{h} = u_x(x_i, y) + \frac{h}{2!}u_{xx}(x_i, y) + O(h^2),$$

$$\frac{u(x_i, y) - u(x_j - h, y)}{h} = u_x(x_i, y) - \frac{h}{2!}u_{xx}(x_i, y) + O(h^2),$$

$$\frac{u(x_i + h, y) - u(x_i - h, y)}{2h} = u_x(x_i, y) + \frac{h^2}{6}u_{xxx}(x_i, y) + O(h^4), \tag{3.2}$$

$$\frac{u\left(x_i + \dfrac{h}{2}, y\right) - u\left(x_j - \dfrac{h}{2}, y\right)}{h} = u_x(x_i, y) + \frac{h^2}{24}u_{xxx}(x_i, y) + O(h^4),$$

$$\frac{u(x_i + h, y) - 2u(x_i, y) + u(x_j - h, y)}{h^2} = u_{xx}(x_i, y) + \frac{h^2}{12}u_{xxxx}(x_i, y) + O(h^4).$$

如果函数 $u(x, y)$ 在节点 (x_i, y_j) 的近似值记为 u_{ij} (这里 i, j 均是整数), 则称

$$\Delta_{+x}u_{ij} = u_{i+1,j} - u_{ij}$$

为一阶向前差分;

$$\Delta_{-x}u_{ij} = u_{ij} - u_{i-1,j}$$

为一阶向后差分;

$$\Delta_{0x}u_{ij} = u_{i+1,j} - u_{i-1,j}$$

为一阶中心差分 (定义的一种形式);

$$\Delta_x^2 u_{ij} = u_{i+1,j} - 2u_{ij} + u_{i-1,j} = \Delta_{+x}\Delta_{-x}u_{ij} = \Delta_{-x}\Delta_{+x}u_{ij}$$

为二阶中心差分.

有了上面差分的定义, 在 x 方向上, 我们有下面差商的定义:

称

$$\delta_{+x}u_{ij} = \frac{u_{i+1,j} - u_{ij}}{h_x} \tag{3.3}$$

为一阶向前差商; 称

$$\delta_{-x}u_{ij} = \frac{u_{ij} - u_{i-1,j}}{h_x} \tag{3.4}$$

为一阶向后差商; 称

$$\delta_{0x}u_{ij} = \frac{u_{i+1,j} - u_{i-1,j}}{2h_x} \tag{3.5}$$

为一阶中心差商 (定义的一种形式); 称

$$\delta_{cx}u_{ij} = \frac{u_{i+\frac{1}{2},j} - u_{i-\frac{1}{2},j}}{h_x} \tag{3.6}$$

为一阶中心差商 (定义的另一种形式); 称

$$\delta_x^2 u_{ij} = \frac{u_{j+1,j} - 2u_{ij} + u_{i-1,j}}{h_x^2} \tag{3.7}$$

为二阶中心差商.

　　由于上面的 Taylor 公式, 数值计算过程通常用上面的一阶差商、二阶差商来分别近似函数 $u(x,y)$ 在节点 (x_i, y_j) 处对 x 的一阶偏导数、二阶偏导数. 例如, 利用 (3.3) 式来近似 u_x 在节点 (x_i, y_j) 处的值; 利用 (3.7) 式来近似 u_{xx} 在节点 (x_i, y_j) 处的值.

　　同样, 在 y 方向上, 有下面差商的定义:
　　称

$$\delta_{+y} u_{ij} = \frac{u_{i,j+1} - u_{ij}}{h_y} \tag{3.8}$$

为一阶向前差商; 称

$$\delta_{-y} u_{ij} = \frac{u_{ij} - u_{i,j-1}}{h_y} \tag{3.9}$$

为一阶向后差商; 称

$$\delta_{0y} u_{ij} = \frac{u_{i,j+1} - u_{i,j-1}}{2h_y} \tag{3.10}$$

为一阶中心差商 (定义的一种形式); 称

$$\delta_{cy} u_{ij} = \frac{u_{i,j+\frac{1}{2}} - u_{i,j-\frac{1}{2}}}{h_y} \tag{3.11}$$

为一阶中心差商 (定义的另一种形式); 称

$$\delta_y^2 u_{ij} = \frac{u_{i,j+1} - 2u_{ij} + u_{i,j-1}}{h_y^2} \tag{3.12}$$

为二阶中心差商.

　　在数值计算中常用上面的一阶差商、二阶差商来分别近似函数 $u(x,y)$ 在节点 (x_i, y_j) 处对 y 的一阶偏导数、二阶偏导数. 例如, 利用 (3.8) 式来近似 u_y 在节点 (x_i, y_j) 处的值; 利用 (3.12) 式来近似 u_{yy} 在节点 (x_i, y_j) 处的值.

　　总之, 注意到表 2.1 与表 2.2, 关于一阶偏导数 $\partial u/\partial x$ 在节点 (x_i, y_j) 处的近似值, 由 Taylor 展开式, 可得下面的近似公式 (表 3.1).

表 3.1　一阶偏导数 $\partial u/\partial x$ 近似差商公式

公式	类型	误差
$\dfrac{u_{i+1,j} - u_{ij}}{h}$	向前差商	$O(h)$
$\dfrac{u_{ij} - u_{i-1,j}}{h}$	向后差商	$O(h)$
$\dfrac{u_{i+1,j} - u_{i-1,j}}{2h}$	中心差商	$O(h^2)$
$\dfrac{-u_{i+2,j} + 4u_{i+1,j} - 3u_{ij}}{2h}$	向前差商	$O(h^2)$
$\dfrac{3u_{ij} - 4u_{i-1,j} + u_{i-2,j}}{2h}$	向后差商	$O(h^2)$
$\dfrac{-u_{i+2,j} + 8u_{i+1,j} - 8u_{i-1,j} + u_{i-2,j}}{12h}$	中心差商	$O(h^4)$

关于一阶偏导数 $\partial u/\partial y$ 在节点 (x_i, y_j) 处的近似值, 由 Taylor 展开式, 可得下面的近似公式 (表 3.2).

表 3.2　一阶偏导数 $\partial u/\partial y$ 近似差商公式

公式	类型	误差
$\dfrac{u_{i,j+1} - u_{ij}}{h}$	向前差商	$O(h)$
$\dfrac{u_{ij} - u_{i,j-1}}{h}$	向后差商	$O(h)$
$\dfrac{u_{i,j+1} - u_{i,j-1}}{2h}$	中心差商	$O(h^2)$
$\dfrac{-u_{i,j+2} + 4u_{i,j+1} - 3u_{ij}}{2h}$	向前差商	$O(h^2)$
$\dfrac{3u_{ij} - 4u_{i,j-1} + u_{i,j-2}}{2h}$	向后差商	$O(h^2)$
$\dfrac{-u_{i,j+2} + 8u_{i,j+1} - 8u_{i,j-1} + u_{i,j-2}}{12h}$	中心差商	$O(h^4)$

关于二阶偏导数 $\partial^2 u/\partial x^2$ 在节点 (x_i, y_j) 处的近似值, 由 Taylor 展开式, 可得下面的近似公式 (表 3.3).

表 3.3　二阶偏导数 $\partial^2 u/\partial x^2$ 近似差商公式

公式	类型	误差
$\dfrac{u_{i+2,j} - 2u_{i+1,j} + u_{ij}}{h^2}$	向前差商	$O(h^2)$
$\dfrac{u_{ij} - 2u_{i-1,j} + u_{i-2,j}}{h^2}$	向后差商	$O(h^2)$
$\dfrac{u_{i+1,j} - 2u_{ij} + u_{i-1,j}}{h^2}$	中心差商	$O(h^2)$
$\dfrac{-u_{i+2,j} + 16u_{i+1,j} - 30u_{ij} + 16u_{i-1,j} - u_{i-2,j}}{12h^2}$	中心差商	$O(h^4)$
$\dfrac{2u_{i+3,j} - 27u_{i+2,j} + 270u_{i+1,j} - 490u_{ij} + 270u_{i-1,j} - 27u_{i-2,j} + 2u_{i-3,j}}{180h^2}$	中心差商	$O(h^6)$

关于二阶偏导数 $\partial^2 u / \partial y^2$ 在节点 (x_i, y_j) 处的近似值, 由 Taylor 展开式, 可得下面的近似公式 (表 3.4).

表 3.4　二阶偏导数 $\partial^2 u / \partial y^2$ 近似差商公式

公式	类型	误差
$\dfrac{u_{i,j+2} - 2u_{i,j+1} + u_{ij}}{h^2}$	向前差商	$O(h^2)$
$\dfrac{u_{ij} - 2u_{i,j-1} + u_{i,j-2}}{h^2}$	向后差商	$O(h^2)$
$\dfrac{u_{i,j+1} - 2u_{ij} + u_{i,j-1}}{h^2}$	中心差商	$O(h^2)$
$\dfrac{-u_{i,j+2} + 16u_{i,j+1} - 30u_{ij} + 16u_{i,j-1} - u_{i,j-2}}{12h^2}$	中心差商	$O(h^4)$
$\dfrac{2u_{i,j+3} - 27u_{i,j+2} + 270u_{i,j+1} - 490u_{ij} + 270u_{i,j-1} - 27u_{i,j-2} + 2u_{i,j-3}}{180h^2}$	中心差商	$O(h^6)$

3.2　二维椭圆型方程的有限差分法

考虑二维 Poisson 方程及第一边值条件:

$$-\Delta u = f(x,y), \quad (x,y) \in D,$$
$$u(x,y) = \alpha(x,y), \quad (x,y) \in \Gamma, \tag{3.13}$$

D 是平面上一有界区域 $(a,b) \times (c,d)$. $\Gamma = \partial D$ 是区域 D 的边界 $(a,b,c,d$ 均是已知常数). 函数 $u = u(x,y)$ 是未知函数, 而函数 $f = f(x,y)$, $\alpha = \alpha(x,y)$ 均是给定的已知函数.

(1) 区域剖分.

在 x 方向上取 $M+1$ 个点

$$a = x_0 < x_1 < \cdots < x_i < \cdots < x_M = b.$$

它们将区间 $I = [a,b]$ 分成 M 个小区间

$$I_i : x_{i-1} \leqslant x \leqslant x_i, \quad i = 1,2,\cdots,M,$$

这里 M 为一给定的整数.

在 y 方向上取 $N+1$ 个点

$$c = y_0 < y_1 < \cdots < y_j < \cdots < y_N = d.$$

它们将区间 $I = [c,d]$ 分成 N 个小区间

$$J_j : y_{j-1} \leqslant y \leqslant y_j, \quad j = 1,2,\cdots,N,$$

这里 N 也为一给定的整数.

再过点 x_j 作平行于 y 轴的平行线, 过点 y_k 作平行于 x 轴的平行线, 于是我们得到区域 D 的一个网格剖分. 网格节点记为 (x_i, y_j) $(i = 0, 1, 2, \cdots, M, j = 0, 1, 2, \cdots, N)$. 下面仅仅考虑均匀网格剖分, 也就是 $x_i = a + ih_x(h_x = (b-a)/M)$, $y_j = c + jh_y(h_y = (d-c)/N)$.

(2) 微分方程的离散及边界条件处理.

记 $u(x_i, y_j)$ 的近似解分别为 u_{ij}, 从方程 (3.13) 易得

$$
\begin{aligned}
-\Delta u|_{(x,y)=(x_i,y_j)} &= f(x,y)|_{(x,y)=(x_i,y_j)}, \quad (x_i, y_j) \in D, \\
u(x,y)|_{(x,y)=(x_i,y_j)} &= \alpha(x,y)|_{(x,y)=(x_i,y_j)}, \quad (x_i, y_j) \in \Gamma.
\end{aligned}
\tag{3.14}
$$

如果利用近似公式 (3.7) 和 (3.12), 可以得到离散边值问题 (3.13) 的一种二阶差分格式

$$
-\left[\frac{u_{i+1,j} - 2u_{ij} + u_{i-1,j}}{h_x^2} + \frac{u_{i,j+1} - 2u_{ij} + u_{i,j-1}}{h_y^2} \right] = f_{ij},
$$
$$
i = 1, 2, \cdots, M-1, \quad j = 1, 2, \cdots, N-1,
$$
$$
u_{0j} = \alpha_{0j}, \quad u_{Mj} = \alpha_{Mj}, \quad u_{i0} = \alpha_{i0}, \quad u_{iN} = \alpha_{iN},
$$
$$
i = 0, 1, \cdots, M, \quad j = 0, 1, \cdots, N.
\tag{3.15}
$$

这里 $u_{ij} \approx u(x_i, y_j)$, $f_{ij} = f(x_i, y_j)$, $\alpha_{ij} = \alpha(x_i, y_j)$.

(3) 离散后的方程组的求解.

因为 $u_{ij}(i = 1, 2, \cdots, M-1, j = 1, 2, \cdots, N-1)$ 满足方程组 (3.15), 需要通过求解线性方程组 (3.15) 得到 $u_{ij}(i = 1, 2, \cdots, M-1, j = 1, 2, \cdots, N-1)$.

(a) 特别地, 如果假定 $\alpha(x, y) = 0$, $a = c$, $b = d$, $h_x = h_y = h$ 以及 $M = N$, 则式 (3.15) 可以化简为

$$
-\left[\frac{u_{i+1,j} - 2u_{ij} + u_{i-1,j}}{h^2} + \frac{u_{i,j+1} - 2u_{ij} + u_{i,j-1}}{h^2} \right] = f_{ij},
$$
$$
i = 1, 2, \cdots, M-1, \quad j = 1, 2, \cdots, M-1,
$$
$$
u_{0j} = 0, \quad u_{Mj} = 0, \quad u_{i0} = 0, \quad u_{iM} = 0,
$$
$$
i = 0, 1, \cdots, M, \quad j = 0, 1, \cdots, M.
$$

上述问题变为求解下述线性方程组的矩阵形式

$$
Au = F,
\tag{3.16}
$$

这里

$$A = \frac{1}{h^2} \begin{pmatrix} T & -I & 0 & \cdots & \\ -I & T & -I & 0 & \cdots \\ & \ddots & \ddots & \ddots & \\ \cdots & -I & T & -I \\ \cdots & 0 & -I & T \end{pmatrix}, \tag{3.17}$$

$$T = \begin{pmatrix} 4 & -1 & 0 & \cdots & \\ -1 & 4 & -1 & 0 & \cdots \\ & \ddots & \ddots & \ddots & \\ \cdots & -1 & 4 & -1 \\ \cdots & 0 & -1 & 4 \end{pmatrix}, \tag{3.18}$$

其中 A 是一个 $M-1$ 行 $M-1$ 列分块阵, T 是一个 $M-1$ 行 $M-1$ 列矩阵, I 是一个 $M-1$ 行 $M-1$ 列单位矩阵. A 的生成可以利用矩阵的 $\otimes$ 定义来实现 (在 MATLAB 中, 调用函数 kron.m 就可). 另外, $(M-1)^2$ 维向量 F, u 的定义分别为

$$F = [f_{11}, f_{21}, \cdots, f_{M-1,1}, \cdots, f_{1,M-1}, \cdots, f_{M-1,M-1}]^{\mathrm{T}},$$
$$u = [u_{11}, u_{21}, \cdots, u_{M-1,1}, \cdots, u_{1,M-1}, \cdots, u_{M-1,M-1}]^{\mathrm{T}}.$$

因而, 只需要求解方程组 (3.16), $u = A^{-1}F$, 就可以得到近似解 $u_{ij}(i = 1, 2, \cdots, M-1, j = 1, 2, \cdots, M-1)$.

(b) 也可通过下述 Jacobi 迭代法求解方程组 (3.16).

(i) 先猜一个已知值 $u_{ij}^{(0)}(i = 1, 2, \cdots, M-1, j = 1, 2, \cdots, N-1)$;

(ii) 然后按照下式

$$-\left[\frac{u_{i+1,j}^{(m)} - 2u_{ij}^{(m+1)} + u_{i-1,j}^{(m)}}{h_x^2} + \frac{u_{i,j+1}^{(m)} - 2u_{ij}^{(m+1)} + u_{i,j-1}^{(m)}}{h_y^2}\right] = f_{ij} \tag{3.19}$$

构造一序列 $u_{ij}^{(m)}(i = 1, 2, \cdots, M-1, j = 1, 2, \cdots, N-1, m = 0, 1, \cdots)$;

(iii) 最后令 $\lim_{m\to\infty} u_{ij}^{(m)} = u_{ij}$ $(i = 1, 2, \cdots, M-1, j = 1, 2, \cdots, N-1)$.

3.2.1 计算例子

例 3.1　考虑离散下述二维 Poisson 方程边值问题的有限差分法 (3.15)

$$\begin{aligned} &-u_{xx} - u_{yy} = (-1 + \pi^2)e^x \sin(\pi y), \quad (x, y) \in D, \\ &u = e^x \sin(\pi y), \quad (x, y) \in \partial D, \end{aligned} \tag{3.20}$$

这里 $D = \{(x, y) | 1 < x < 2, -1 < y < 1\}$, ∂D 为 D 的边界.

此时, 二维 Poisson 方程边值问题的离散求解方法过程如下.

(1) 输入参数 $a = 1$, $b = 2$, $c = -1$, $d = 1$, M, N 及 $h_x = (b-a)/M$, $h_y = (d-c)/N$ 的值.

(2) 定义函数 $f(x,y) = (-1+\pi^2)e^x \sin(\pi y)$, $\alpha(x,y) = e^x \sin(\pi y)$.

(3) 计算节点值 $x_i, i = 0, \cdots, M; y_j, j = 0, \cdots, N; f_{ij} = f(x_i, y_j), i = 1, \cdots, M-1, j = 1, \cdots, N-1$.

(4) 输入边界条件的值, 也就是 $u_{0j} = \alpha(x_0, y_j), j = 0, \cdots, N; u_{Mj} = \alpha(x_M, y_j)$, $j = 0, \cdots, N; u_{i0} = \alpha(x_i, y_0), i = 0, \cdots, M; u_{iN} = \alpha(x_i, y_N), i = 0, \cdots, M$.

(5) 求解线性方程组 (3.16)(可以利用直接解法或迭代法求解), 得到近似值 u_{ij} (这里整数 $i = 1, \cdots, M-1; j = 1, \cdots, N-1$).

图 3.1 给出了 $M = N = 32$ 时的近似计算结果.

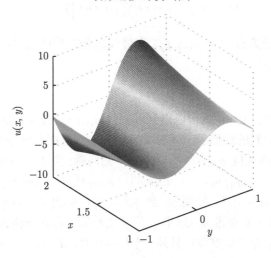

图 3.1 差分格式得到的近似解

3.2.2 截断误差

在上述离散过程中, 将方程

$$-\Delta u|_{(x,y)=(x_i,y_j)} = f(x,y)|_{(x,y)=(x_i,y_j)}$$

变为差分方程

$$-\left[\frac{u_{i+1,j} - 2u_{ij} + u_{i-1,j}}{h_x^2} + \frac{u_{i,j+1} - 2u_{ij} + u_{i,j-1}}{h_y^2}\right] = f_{ij}.$$

如果记

$$L_h(x,y) := \left\{ -\left[\frac{u(x+h_x,y) - 2u(x,y) + u(x-h_x,y)}{h_x^2} \right] \right.$$

$$\left. -\left[\frac{u(x,y+h_x) - 2u(x,y) + u(x,y-h_y)}{h_y^2} \right] - f(x,y) \right\}, \quad (3.21)$$

$$L(x,y) := [-\Delta u - f(x,y)].$$

这样一个离散过程在点 (x_i, y_j) 处就产生了截断误差

$$T(x,y)|_{(x_i,y_j)} := L_h(x,y)|_{(x_i,y_j)} - L(x,y)|_{(x_i,y_j)}. \quad (3.22)$$

通过 Taylor 展开式, 我们不难发现在点 $(x,y) = (x_i, y_j)$ 处的截断误差为

$$T(x,y)|_{(x_i,y_j)} = O(h_x^2) + O(h_y^2).$$

注意, 在用微分方程的解 $u(x_i, y_j)$ 去替代差分方程中的全部近似解 u_{ij} 之后, 就可以得到截断误差.

3.2.3　收敛性

通过求解方程组 (3.16), 就可以得到近似解 $u_{ij}(i = 1, 2, \cdots, M-1; j = 1, 2, \cdots, N-1)$. 但是这样得到的近似解 u_{ij} 与真解 $u(x_i, y_j)$ 之间到底差别多大呢? 因为近似解 u_{ij} 依赖于区间长度 h, 所以需要考虑下面问题: 当 $h \to 0$ 时, $\|U - U_h\| \to 0$ 是否成立, 这里 $U_h = (u_{00}, u_{01}, \cdots, u_{0N}, \cdots, u_{MN})^{\mathrm{T}}$, $U = (u(x_0, y_0), u(x_0, y_1), \cdots, u(x_0, y_M), \cdots, u(x_M, y_N))^{\mathrm{T}}$. 特别地, 当 $\|U - U_h\| = O(h_x^p) + O(h_y^q)$ 时, 称差分格式在 x 方向上具有 p 阶精准度 (这里 p 为非负整数), 称差分格式在 y 方向上具有 q 阶精确度 (这里 q 为非负整数); 另外, 当 $h \to 0$ 时, $\|U - U_h\| \to 0$, 说由差分格式得到的近似解收敛于真解.

3.3　三维椭圆型方程的有限差分法

考虑三维 Poisson 方程及第一边值条件:

$$\begin{aligned} -\Delta u &= F(x,y,z), \quad (x,y,z) \in D, \\ u(x,y,z) &= \alpha(x,y,z), \quad (x,y,z) \in \Gamma, \end{aligned} \quad (3.23)$$

D 是三维中一有界柱体 $(a,b) \times (c,d) \times (e,f)$. $\Gamma = \partial D$ 是柱体 D 的边界 (这里 a,b,c,d,e,f 均是已知常数). 函数 $u = u(x,y,z)$ 是未知函数, 而函数 $F = F(x,y,z)$, $\alpha = \alpha(x,y,z)$ 均是给定的已知函数.

(1) 区域剖分.

在 x 方向上取 $M+1$ 个点

$$a = x_0 < x_1 < \cdots < x_i < \cdots < x_M = b,$$

它们将区间 $I = [a,b]$ 分成 M 个小区间

$$x_{i-1} \leqslant x \leqslant x_i, \quad i = 1, 2, \cdots, M,$$

这里 M 为一给定的整数.

在 y 方向上取 $N+1$ 个点

$$c = y_0 < y_1 < \cdots < y_j < \cdots < y_N = d,$$

它们将区间 $I = [c,d]$ 分成 N 个小区间

$$y_{j-1} \leqslant y \leqslant y_j, \quad j = 1, 2, \cdots, N,$$

这里 N 也为一给定的整数.

在 z 方向上取 $L+1$ 个点

$$e = z_0 < z_1 < \cdots < z_k < \cdots < z_L = f,$$

它们将区间 $I = [c,d]$ 分成 L 个小区间

$$z_{k-1} \leqslant z \leqslant z_k, \quad k = 1, 2, \cdots, L,$$

这里 L 也为一给定的整数.

再过点 x_i 作平行于 yOz 平面, 过点 y_j 作平行于 xOz 平面, 过点 z_k 作平行于 xOy 平面, 于是得到柱体 D 的一个网格剖分. 网格节点记为 (x_i, y_j, z_k) $(i = 0, \cdots, M, j = 0, \cdots, N, k = 0, \cdots, L)$. 下面我们仅仅考虑均匀网格剖分, 也就是 $x_i = a + ih_x(h_x = (b-a)/M), y_j = c + jh_y(h_y = (d-c)/N), z_k = e + kh_z(h_z = (f-e)/L)$.

(2) 微分方程的离散及边界条件处理.

记 $u(x_i, y_j, z_k)$ 的近似解分别为 u_{ijk}, 从方程 (3.23) 易得

$$
\begin{aligned}
&-\Delta u|_{(x,y,z)=(x_i,y_j,z_k)} = f(x,y,z)|_{(x,y,z)=(x_i,y_j,z_k)}, \quad (x_i, y_j, z_k) \in D, \\
&u(x,y)|_{(x,y,z)=(x_i,y_j,z_k)} = \alpha(x,y)|_{(x,y,z)=(x_i,y_j,z_k)}, \quad (x_i, y_j, z_k) \in \partial D,
\end{aligned}
\tag{3.24}
$$

于是可以得到离散边值问题 (3.23) 的一种二阶差分格式

$$
-\left[\frac{u_{i+1,jk} - 2u_{ijk} + u_{i-1,jk}}{h_x^2} + \frac{u_{i,j+1,k} - 2u_{ijk} + u_{i,j-1,k}}{h_y^2}\right.
$$

$$
\left.+\frac{u_{ij,k+1} - 2u_{ijk} + u_{ij,k-1}}{h_z^2}\right] = F_{ijk},
$$

$$
i = 1, 2, \cdots, M-1, \quad j = 1, 2, \cdots, N-1, \quad k = 1, \cdots, L-1, \quad (3.25)
$$

$$
u_{0jk} = \alpha_{0jk}, \quad u_{Mjk} = \alpha_{Mjk}, \quad u_{i0k} = \alpha_{i0k}, \quad u_{iNk} = \alpha_{iNk},
$$

$$
u_{ij0} = \alpha_{ij0}, \quad u_{ijL} = \alpha_{ijL},
$$

$$
i = 0, 1, \cdots, M, \quad j = 0, 1, \cdots, N, \quad k = 0, \cdots, L.
$$

这里 $u_{ijk} \approx u(x_i, y_j, z_k)$, $F_{ijk} = F(x_i, y_j, z_k)$, $\alpha_{ijk} = \alpha(x_i, y_j, z_k)$.

(3) 离散后的方程组的求解.

由于 $u_{ijk}(i = 1, 2, \cdots, M-1, j = 1, 2, \cdots, N-1, k = 1, \cdots, L-1)$ 满足方程组 (3.25). 需要通过求解线性方程组 (3.25) 得到 u_{ijk}.

可以构造下面的 Jacobi 迭代法求解方程组 (3.23).

(i) 先猜一个已知值 $u_{ijk}^{(0)}$ $(i = 1, 2, \cdots, M-1, j = 1, 2, \cdots, N-1, k = 1, \cdots, L-1)$;

(ii) 然后按照下式

$$
-\left[\frac{u_{i+1,jk}^{(m)} - 2u_{ijk}^{(m+1)} + u_{i-1,jk}^{(m)}}{h_x^2} + \frac{u_{i,j+1,k}^{(m)} - 2u_{ijk}^{(m+1)} + u_{i,j-1,k}^{(m)}}{h_y^2}\right.
$$

$$
\left.+\frac{u_{ij,k+1}^{(m)} - 2u_{ijk}^{(m+1)} + u_{ij,k-1}^{(m)}}{h_z^2}\right] = F_{ijk} \tag{3.26}
$$

构造一序列 $u_{ijk}^{(m)}(i = 1, 2, \cdots, M-1, j = 1, 2, \cdots, N-1, k = 1, \cdots, L-1, m = 0, 1, \cdots)$;

(iii) 最后令 $\lim_{m \to \infty} u_{ijk}^{(m)} = u_{ijk}$ $(i = 1, 2, \cdots, M-1, j = 1, 2, \cdots, N-1, k = 1, \cdots, L-1)$.

3.4　变系数椭圆型方程的有限差分法

先考虑变系数椭圆型方程及第一边值条件:

$$
\frac{\partial}{\partial x}\left(a(x,y)\frac{\partial u}{\partial x}\right) + \frac{\partial}{\partial y}\left(b(x,y)\frac{\partial u}{\partial y}\right) - c(x,y)u = f(x,y), \quad (x,y) \in D,
$$

$$
u(x,y) = \alpha(x,y), \quad (x,y) \in \Gamma, \tag{3.27}
$$

D 是平面上一有界区域 $(a,b) \times (c,d)$. $\Gamma = \partial D$ 是区域 D 的边界.

对于方程 (3.27), 采用类似于上一节的区域剖分方法, 在节点处, 用差商来近似偏导数, 则可以得到差分方程组

$$\delta_{cx}(a_{ij}\delta_{cx}u_{ij}) + \delta_{cy}(b_{ij}\delta_{cy}u_{ij}) - c_{ij}u_{ij} = f_{ij}, \tag{3.28}$$

或

$$\frac{1}{h_x^2}\left(a_{i+1/2,j}u_{i+1,j} - (a_{i+1/2,j} + a_{i-1/2,j})u_{ij} + a_{i-1/2,j}u_{i-1,j}\right)$$
$$+ \frac{1}{h_y^2}\left(a_{i,j+1/2}u_{i,j+1} - (a_{i,j+1/2} + a_{i,j-1/2})u_{ij} + a_{i,j-1/2}u_{i,j-1}\right) - c_{ij}u_{ij} = f_{ij},$$

这里 $i = 1, \cdots, M-1, j = 1, \cdots, N-1, u_{ij} \approx u(x_i, y_j), a_{ij} = a(x_i, y_j), b_{ij} = b(x_i, y_j),$ $a_{i+1/2,j} = a(x_{i+1/2}, y_j), a_{i,j+1/2} = a(x_i, y_{j+1/2}), x_{i+1/2} = x_i + h_x/2, y_{y+1/2} = y_j + h_y/2.$

通过对边值条件 $u(x,y) = \alpha(x,y), (x,y) \in \Gamma$ 的离散后, 我们可得

$$\begin{aligned}
u_{ij} &= \alpha_{ij}, \quad i = 0, \quad j = 0, 1, \cdots, N-1, N, \\
u_{ij} &= \alpha_{ij}, \quad i = M, \quad j = 0, 1, \cdots, N-1, N, \\
u_{ij} &= \alpha_{ij}, \quad i = 0, 1, \cdots, M-1, M, \quad j = 0, \\
u_{ij} &= \alpha_{ij}, \quad i = 0, 1, \cdots, M-1, M, \quad j = N.
\end{aligned} \tag{3.29}$$

差分方程组 (3.28)—(3.29) 的求解方法与上一节中介绍的方法相似.

3.5 极坐标形式下的 Poisson 方程的有限差分法

下面讨论极坐标形式下的 Poisson 方程的一种有限差分法的离散过程, 也就是求解边值问题

$$\begin{aligned}
&-u_{xx} - u_{yy} = -\frac{1}{r}\frac{\partial}{\partial r}\left(r\frac{\partial u}{\partial r}\right) - \frac{1}{r^2}\frac{\partial^2 u}{\partial \theta^2} = f(r, \theta), \\
&0 < R_0 < r < R_1, \quad 0 \leqslant \theta \leqslant 2\pi, \\
&u(R_1, \theta) = g(R_1, \theta), \quad u(R_0, \theta) = g(R_0, \theta), \quad 0 \leqslant \theta \leqslant 2\pi,
\end{aligned} \tag{3.30}$$

这里 R_0, R_1 均是已知常数, 函数 $f(r, \theta)g(r, \theta)$ 是已知的, $u = u(r, \theta)$ 是极坐标形式的未知函数, 注意到 $x = r\cos\theta, y = r\sin\theta$.

先将函数的定义域 $[R_0, R_1] \times [0, 2\pi]$ 进行剖分, 得到

(1) 空间步长 $h_r = \Delta r = (R_1 - R_0)/M, h_\theta = \Delta \theta = (2\pi - 0)/N$;

(2) r 方向节点为 $r_j = R_0 + jh_r, j = 0, 1, \cdots, M$, 并且定义 $r_{j-1/2} = r_j - h_r/2, j = 1, 2, \cdots, M$;

(3) θ 方向节点为 $\theta_l = 0 + lh_\theta, l = 0, 1, \cdots, N$, 并且定义 $\theta_{l-1/2} = \theta_l - h_\theta/2, l = 0, 1, \cdots, N + 1$;

(4) 网格节点为 $(r_j, \theta_l), j = 0, 1, \cdots, M, l = 0, 1, \cdots, N$, 并且我们记 $u(r_j, \theta_l), j = 0, 1, \cdots, N$ 为准确解, 而记 $u_{jl}, l = 0, 1, \cdots, M, l = 0, 1, \cdots, N$ 为函数 $u(r, \theta)$ 在节点 (r_j, θ_l) 处的近似值.

由于 $R_0 > 0$, 通过离散, 可以得到如下的差分方程组

$$
\begin{aligned}
&- \frac{r_{j-1/2}u_{j-1,l} - (r_{j-1/2} + r_{j+1/2})u_{jl} + r_{j+1/2}u_{j+1,l}}{h_r^2 r_j} \\
&- \frac{u_{j,l-1} - 2u_{jl} + u_{j,l+1}}{r_j^2 h_\theta^2} = f(r_j, \theta_l), \\
&j = 1, 2, \cdots, M-1, \quad l = 1, 2, \cdots, N, \\
&u_{0l} = g(R_0, \theta_l), \quad u_{M,l} = g(R_1, \theta_l), \quad l = 1, \cdots, N, \\
&u_{jN} = u_{j0}, \quad u_{j,N+1} = u_{j1}, \quad j = 1, \cdots, M-1.
\end{aligned}
\tag{3.31}
$$

若要求解如下边值问题 (注意此边值问题与上面的边值问题的边界条件不同)

$$
\begin{aligned}
&- \frac{1}{r}\frac{\partial}{\partial r}\left(r\frac{\partial u}{\partial r}\right) - \frac{1}{r^2}\frac{\partial^2 u}{\partial \theta^2} = f(r, \theta), \quad 0 < r < R_1, 0 \leqslant \theta \leqslant 2\pi, \\
&u(R_1, \theta) = g(R_1, \theta), \quad 0 \leqslant \theta \leqslant 2\pi,
\end{aligned}
\tag{3.32}
$$

通过离散, 类似可以得到如下的差分方程组:

$$
\begin{aligned}
&- \frac{r_j u_{j-1/2,l} - (r_j + r_{j+1})u_{j+1/2,l} + r_{j+1}u_{j+3/2,l}}{h_r^2 r_{j+1/2}} \\
&- \frac{u_{j+1/2,l-1} - 2u_{j+1/2,l} + u_{j+1/2,l+1}}{r_{j+1/2}^2 h_\theta^2} = f(r_{j+1/2}, \theta_l), \\
&j = 0, 1, \cdots, M-1, \quad l = 1, 2, \cdots, N, \\
&\frac{u_{M+1/2,l} + u_{M-1/2,l}}{2} = g(R_1, \theta_l), \quad l = 1, \cdots, N, \\
&u_{j-1/2,N} = u_{j-1/2,0}, \quad u_{j-1/2,N+1} = u_{j-1/2,1}, \quad j = 1, \cdots, M+1.
\end{aligned}
\tag{3.33}
$$

如果将 u_{jl} 换成 $u(r, \theta)$, 然后利用 Taylor 展开式, 可知

$$
L_h(r, \theta) - L_h(r, \theta) = \cdots = O(h^2).
$$

因此上面的差分方程组都具有二阶精度.

而且也可以得到下面误差估计结果

$$\|u - u^h\|_\infty = \max_{0 \leqslant j \leqslant M, 0 \leqslant l \leqslant N} |u(r_j, \theta_l) - u_{jl}| \leqslant Ch^2.$$

这里得到的差分方程组可以利用直接法或迭代法求解, 具体求解方法与 3.2 节中介绍的方法类似.

3.6 离散 Poisson 方程边值问题的紧致差分格式

节点处的二阶导数的紧致差分格式可通过下式得到:

$$\begin{aligned}
&\beta f''_{i-2} + \alpha f''_{i-1} + f''_i + \alpha f''_{i+1} + \beta f''_{i+2} \\
&= c\frac{f_{i+3} - 2f_i + f_{i-3}}{9h^2} + b\frac{f_{i+2} - 2f_i + f_{i-2}}{4h^2} + a\frac{f_{i+1} - 2f_i + f_{i-1}}{h^2}.
\end{aligned} \tag{3.34}$$

合理的选择系数 α, β 和 a, b, c 可以构造出不同精度的紧致差分格式. 我们重点关注四阶的紧致差分格式, 其限制条件如下:

$$a + 2^2b + 3^2c = \frac{4!}{2!}(a + 2^2\beta), \tag{3.35}$$

进一步限制 $b = 0$, 则可以构造出如下的四阶精度的紧致差分格式:

$$\frac{1}{10}f''_{i-1} + f''_i + \frac{1}{10}f''_{i+1} = \frac{6}{5} \cdot \frac{f_{i+1} - 2f_i + f_{i-1}}{h^2}. \tag{3.36}$$

下面利用四阶紧致差分格式 (3.36) 求解边值问题 (3.13). 为了使得数值计算表示更方便, 先对边值问题 (3.13) 的定义域剖分. 如果令 $h_x = a/M, h_y = b/N$ 分别是 x, y 方向上单位剖分距离, M, N 分别是 x, y 方向上的节点数, 那么节点 x_i, y_j 和节点处的函数值 $u(x_i, y_j)$ 以及 x, y 方向的二阶偏导数值 $u_{xx}(x_i, y_j), u_{yy}(x_i, y_j)$ 分别表示如下:

$$\begin{aligned}
x_i &= 0 + ih_x \quad (i = 0, 1, 2, \cdots, M), \\
y_j &= 0 + jh_y \quad (j = 0, 1, 2, \cdots, N), \\
u_{ij} &\approx u(x_i, y_j) \quad (0 \leqslant i \leqslant M, 0 \leqslant j \leqslant N), \\
u^{xx}_{ij} &\approx u_{xx}(x_i, y_j) \quad (0 \leqslant i \leqslant M, 0 \leqslant j \leqslant N), \\
u^{yy}_{ij} &\approx u_{yy}(x_i, y_j) \quad (0 \leqslant i \leqslant M, 0 \leqslant j \leqslant N).
\end{aligned}$$

由于所求解的边值问题并没有给出未知函数在端点处的二阶偏导数值, 为了更好地利用四阶的紧致差分格式, 这里先假定函数在端点处的二阶偏导数值同时为 0, 也即假定: 对于所有的整数 $0 \leqslant j \leqslant N$, $u''_{0j} = u''_{Mj} = 0$; 对于所有的整数 $0 \leqslant i \leqslant M$, $u''_{i0} = u''_{iN} = 0$.

利用 (3.36) 的简单变形, 可分别构造 x, y 方向上二阶偏导数的四阶紧致差分格式:

$$u_{i-1,j}^{xx} + 10u_{ij}^{xx} + u_{i+1,j}^{xx} = \frac{12}{h_x^2}(u_{i-1,j} - 2u_{ij} + u_{i+1,j}), \tag{3.37}$$

$$u_{i,j-1}^{yy} + 10u_{ij}^{yy} + u_{i,j+1}^{yy} = \frac{12}{h_y^2}(u_{i,j-1} - 2u_{ij} + u_{i,j+1}). \tag{3.38}$$

在 (3.37) 式和 (3.38) 式中对应参数 i, j 的取值分别为 $i = 1, 2, \cdots, M-1, j = 1, 2, \cdots, N-1$ 和 $i = 1, 2, \cdots, M-1, j = 1, 2, \cdots, N-1$. 此时利用 Kronecker 张量内积 $\otimes$ 定义, 可以将 (3.37) 和 (3.38) 对应的方程组, 分别表示如下:

$$A \otimes I \, U^{xx} = \frac{12}{h_x^2} B \otimes I \, U, \tag{3.39}$$

$$I \otimes A \, U^{yy} = \frac{12}{h_y^2} I \otimes B \, U, \tag{3.40}$$

其中

$$A = \begin{pmatrix} 10 & 1 & 0 & \cdots & 0 \\ 1 & 10 & 1 & & \vdots \\ 0 & \ddots & \ddots & \ddots & 0 \\ \vdots & & 1 & 10 & 1 \\ 0 & \cdots & 0 & 1 & 10 \end{pmatrix}, \quad B = \begin{pmatrix} -2 & 1 & 0 & \cdots & 0 \\ 1 & -2 & 1 & & \vdots \\ 0 & \ddots & \ddots & \ddots & 0 \\ \vdots & & 1 & -2 & 1 \\ 0 & \cdots & 0 & 1 & -2 \end{pmatrix}, \quad (3.41)$$

$$U^{xx} = \begin{pmatrix} u_{11}^{xx} \\ u_{12}^{xx} \\ \vdots \\ u_{1,N-1}^{xx} \\ u_{21}^{xx} \\ \vdots \\ u_{2,N-1}^{xx} \\ \vdots \\ u_{M-1,1}^{xx} \\ \vdots \\ u_{M-1,N-1}^{xx} \end{pmatrix}, \quad U^{yy} = \begin{pmatrix} u_{11}^{yy} \\ u_{12}^{yy} \\ \vdots \\ u_{1,N-1}^{yy} \\ u_{21}^{yy} \\ \vdots \\ u_{2,N-1}^{yy} \\ \vdots \\ u_{M-1,1}^{yy} \\ \vdots \\ u_{M-1,N-1}^{yy} \end{pmatrix}, \quad U = \begin{pmatrix} u_{11} \\ u_{12} \\ \vdots \\ u_{1,N-1} \\ u_{21} \\ \vdots \\ u_{2,N-1} \\ \vdots \\ u_{M-1,1} \\ \vdots \\ u_{M-1,N-1} \end{pmatrix},$$

$$\tag{3.42}$$

这里矩阵 A, B 是 $M-1$ 阶的方阵, 矩阵 I 为 $N-1$ 阶的单位方阵.

进一步, 令

$$A_1 = A \otimes I, \quad A_2 = I \otimes A,$$
$$B_1 = B \otimes I, \quad B_2 = I \otimes B.$$

则 (3.39) 式和 (3.40) 式可以改写为

$$A_1 U^{xx} = \frac{12}{h_x^2} B_1 U, \tag{3.43}$$

$$A_2 U^{yy} = \frac{12}{h_y^2} B_2 U. \tag{3.44}$$

从上面式子, 我们得

$$U^{xx} = \frac{12}{h_x^2} A_1^{-1} B_1 U, \tag{3.45}$$

$$U^{yy} = \frac{12}{h_y^2} A_2^{-1} B_2 U, \tag{3.46}$$

这里 A_1^{-1} 与 A_2^{-1} 分别是 A_1 与 A_2 的逆矩阵.

另外, 由 Poisson 方程我们可知其在节点 (x_i, y_j) 处可以离散为

$$-(U_{ij}^{xx} + U_{ij}^{yy}) = F_{ij}, \quad i = 1, \cdots, M-1, j = 1, \cdots, N-1, \tag{3.47}$$

或

$$-(U^{xx} + U^{yy}) = F, \tag{3.48}$$

这里 $F = (f_{11}, f_{12}, \cdots, f_{1,N-1}, f_{21}, \cdots, f_{2,N-1}, \cdots, f_{M-1,1}, \cdots, f_{M-1,N-1})^{\mathrm{T}}$.

再结合 (3.48) 式,(3.45) 式以及 (3.46) 式, 有

$$\left(\frac{12}{h_x^2} A_1^{-1} B_1 + \frac{12}{h_y^2} A_2^{-1} B_2 \right) U = -F. \tag{3.49}$$

如果进一步令 $C = 12/h_y^2 A_1^{-1} B_1 + 12/h_x^2 A_2^{-1} B_2$, 则最终二维 Poisson 方程的边值问题 (3.13) 中的未知函数在节点处的近似解满足

$$U = -C^{-1} F. \tag{3.50}$$

最后通过求解方程组 (3.50), 就可以得到未知函数在节点处的近似值.

下面考虑利用四阶紧致差分格式离散如下三维 Poisson 方程问题:

$$\begin{aligned} &-\Delta u = f(x,y,z), \quad a < x < b, c < y < d, e < z < f, \\ &u(a,y,z) = 0, \quad u(b,y,z) = 0, \quad u(x,y,e) = 0, \\ &u(x,c,z) = 0, \quad u(x,d,z) = 0, \quad u(x,y,f) = 0. \end{aligned} \tag{3.51}$$

为了离散方便, 我们将计算区域 $[a,b] \times [c,d] \times [e,f]$ 作均匀剖分得: 空间 x,y,z 方向上的步长分别为 $h_x = (b-a)/M, h_y = (d-c)/N, h_z = (f-e)/P$ (M,N,P 为取定的正整数), 节点 (x_i, y_j, z_p) ($x_i = a + ih_x$ ($i = 0,1,\cdots,M$), $y_j = c + jh_y$ ($j = 0,1,\cdots,N$), $z_p = e + ph_z$ ($p = 0,1,\cdots,P$)). 我们定义 $u_{ijp}, u_{ijp}^{xx}, u_{ijp}^{yy}, u_{ijp}^{zz}$ 分别表示函数 $u(x,y,z), u_{xx}(x,y,z), u_{yy}(x,y,z), u_{zz}(x,y,z)$ 在节点 (x_i, y_j, z_p) 处的近似值.

根据四阶紧致差分格式, 可知 $u_{ijk}^{xx}, u_{ijk}^{yy}$ 与 u_{ijk}^{zz} 可以通过下面式子近似得到:

$$u_{i-1,jp}^{xx} + 10u_{ijp}^{xx} + u_{i+1,jp}^{xx} = \frac{12}{h_x^2}(u_{i-1,jp} - 2u_{ijp} + u_{i+1,jp}),$$

$$u_{i,j-1,p}^{yy} + 10u_{ijp}^{yy} + u_{i,j+1,p}^{yy} = \frac{12}{h_y^2}(u_{i,j-1,p} - 2u_{ijp} + u_{i,j+1,p}), \tag{3.52}$$

$$u_{ij,p-1}^{zz} + 10u_{ijp}^{zz} + u_{ij,p+1}^{zz} = \frac{12}{h_z^2}(u_{ij,p-1} - 2u_{ijp} + u_{ij,p+1}),$$

这里 $i = 1,2,\cdots,M-1, j = 1,2,\cdots,N-1, p = 1,2,\cdots,P-1$.

另外, 如果方程 (3.51) 在节点 (x_i, y_j, z_p) 取值, 可得

$$-(u_{ijp}^{xx} + u_{ijp}^{yy} + u_{ijp}^{zz}) = f_{ijp}. \tag{3.53}$$

类似地, 方程组 (3.53) 可转化为矩阵形式

$$-\left(\frac{12}{h_x^2}(A_1)^{-1}B_1 + \frac{12}{h_y^2}(A_2)^{-1}B_2 + \frac{12}{h_z^2}(A_3)^{-1}B_3\right)U = F. \tag{3.54}$$

这里矩阵 $A_1 = I_z \otimes I_y \otimes A_x, B_1 = I_z \otimes I_y \otimes B_x, A_2 = I_z \otimes A_y \otimes I_x, B_2 = I_z \otimes B_y \otimes I_x, A_3 = A_z \otimes I_y \otimes I_x, B_3 = B_z \otimes I_y \otimes I_x$. 列向量 U 是按照如下形式得到的: 首先定义 $(M-1)$ 维向量 U_{jk},

$$U_{jk} = (u(x_1, y_j, z_k), \cdots, u(x_{M-1}, y_j, z_k))^{\mathrm{T}}, \tag{3.55}$$

这里 $j = 1,\cdots,N-1, k = 1,\cdots,P-1$.

再定义 $(M-1) \times (N-1)$ 维向量 U_k 为

$$U_k = (U_{1k}, \cdots, U_{N-1,k})^{\mathrm{T}}, \quad k = 1,\cdots,P-1, \tag{3.56}$$

最后 $(M-1) \times (N-1) \times (P-1)$ 维向量 U 的定义如下:

$$U = (U_1, \cdots, U_{P-1})^{\mathrm{T}}. \tag{3.57}$$

方程 (3.54) 中的矩阵 A_x, A_y, A_z 分别是维数为 $(M-1) \times (M-1), (N-1) \times (N-1), (P-1) \times (P-1)$ 的方阵; 方程 (3.54) 中的矩阵 B_x, B_y, B_z 也分别是维数为

$(M-1) \times (M-1)$, $(N-1) \times (N-1)$, $(P-1) \times (P-1)$ 的方阵; 矩阵 $A_j(j=x,y,z)$ (或 $B_j(j=x,y,z)$) 有类似于矩阵 A (或 B) 的形式, 后者的定义见 (3.41). 另外, 矩阵 I_x, I_y, I_z 分别是 x, y 与 z 方向上的单位阵, 它们的维数分别与矩阵 A_x, A_y, A_z 相同. 最后向量 F 的定义与 $(M-1) \times (N-1) \times (P-1)$ 维向量 U 的定义方法相同, 但是它的基本元为 f_{ijk}, 而不是 u_{ijk}.

例 3.2 考虑如下的二维椭圆型方程边值问题:

$$\begin{aligned} -\Delta u &= 2\pi^2 \sin(\pi x) \sin(\pi y), \quad (x,y) \in D = (0,2) \times (0,2), \\ u(x,y) &= 0, \quad (x,y) \in \partial D. \end{aligned} \tag{3.58}$$

此边值问题的解析解为 $u_{\text{exact}}(x,y) = \sin(\pi x) \sin(\pi y)$.

先采用二阶中心差分格式来求解它. 在具体计算中, 我们选用 x 和 y 方向的节点数分别为 $M = 40$, $N = 40$, 得到的数值结果如图 3.2 所示. 从图 3.2 结果上来看, 数值解与准确解的误差的量级为 10^{-3}.

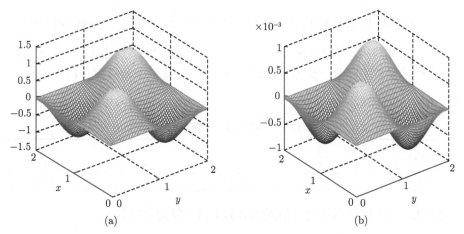

图 3.2 (a) 中心差分格式得到边值问题的近似解; (b) 中心差分格式得到的误差

另一方面, 在假定 x 和 y 方向的节点数相同的情况下, 我们选取节点数分别为 $M = N = 4, 8, 16, 32, 64$, 做了如表 3.5 所示的误差分析. 从表 3.5 得到的误差分析可以看出, 中心差分格式在 x 和 y 方向具有的精度是二阶.

表 3.5 中心差分格式得到的误差

$h = h_x = h_y$	$\dfrac{1}{2}$	$\dfrac{1}{4}$	$\dfrac{1}{8}$	$\dfrac{1}{16}$	$\dfrac{1}{32}$
误差	0.2337	0.0530	0.0130	0.0032	8.0358e−4

再采用四阶紧致差分格式求解同样的二维边值问题 (3.58). 其数值结果如

图 3.3 所示. 从图 3.3 可以看出, 使用同样的节点数, 四阶紧致差分格式所得到
的误差比中心差分格式得到的误差要小, 并且误差达到量级 10^{-6}.

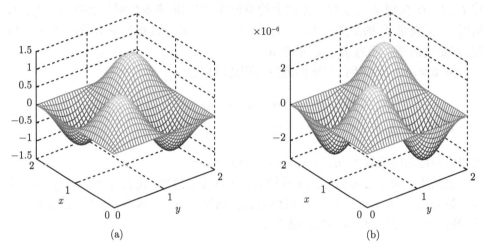

(a)　　　　　　　　　　　　　　　　(b)

图 3.3　(a) 紧致差分格式得到边值问题的近似解; (b) 紧致差分格式得到的误差

同时, 对此四阶紧致差分格式, 做了如表 3.6 所示的误差分析. 从表 3.6 的结
果上看, 计算误差随着节点数的增加急剧减小, 并且这里的紧致差分格式具有四阶
精度.

表 3.6　四阶紧致差分格式求解二维边值问题得到的误差

$h = h_x = h_y$	$\dfrac{1}{2}$	$\dfrac{1}{4}$	$\dfrac{1}{8}$	$\dfrac{1}{16}$
误差	0.0281	0.0016	9.9699e−5	6.2026e−6

类似地, 采用四阶紧致差分格式求解如下的三维边值问题

$$- \Delta u = 3\pi^2 \sin(\pi x) \sin(\pi y) \sin(\pi z), \quad 0 < x < 2, 0 < y < 4, 0 < z < 8,$$
$$u(x, y, z) = 0, \quad (x, y, z) \in \partial D, \tag{3.59}$$

这里 $D = (0, 2) \times (0, 4) \times (0, 8)$. 该问题的解析解为 $u_{\text{exact}}(x, y, z) = \sin(\pi x) \sin(\pi y) \cdot \sin(\pi z)$. 对此四阶紧致差分格式, 做了如表 3.7 所示的误差分析. 从表 3.7 的结果上
看, 计算误差随着节点数的增加急剧减小, 并且这里的紧致差分格式具有四阶精度.

表 3.7　四阶紧致差分格式求解三维边值问题得到的误差

$M = N = Q$	32	64	128	256
误差	0.0016	1.0020e−4	6.2357e−6	3.8931e−7

3.7 差分方程组的快速求解方法

3.7.1 基于 Sine 变换

先将下面边值问题:

$$-u_{xx}(x) = f(x), \quad a < x < b,$$
$$u(a) = \alpha, \quad u(b) = \beta \tag{3.60}$$

用有限差分法离散, 得到如下差分格式

$$-\frac{u_{j-1} - 2u_j + u_{j+1}}{h^2} = f(x_j) \equiv f_j, \quad j = 1, 2, \cdots, M-1, \tag{3.61}$$
$$u_0 = \alpha, \quad u_M = \beta.$$

它可以化为下面形式的线性方程组

$$AU = F.$$

事实上, 可以通过解线性方程组的方法求解它.

但在下面的讨论中, 先假设 $\alpha = 0, \beta = 0$. 将讨论如何利用 Sine 变换来快速求解差分方程组 (3.61). 因为连续的 Sine 变换为下式

$$u(x) = \sum_{l=1}^{\infty} \hat{u}_l \sin(\mu_l(x-a)), \quad a \leqslant x \leqslant b,$$

这里

$$\mu_l = \frac{l\pi}{b-a}, \quad \hat{u}_l = \frac{2}{b-a} \int_a^b u(x) \sin(\mu_l(x-a)) dx, \quad l \geqslant 1.$$

并且 Sine 函数满足如下的正交关系:

$$\int_a^b \sin(\mu_l(x-a)) \sin(\mu_k(x-a)) dx = \frac{b-a}{2} \delta_{lk}, \quad l, k \geqslant 1.$$

将之代入 (3.60) 式, 得

$$\sum_{l=1}^{\infty} \hat{u}_l \mu_l^2 \sin(\mu_l(x-a)) = f(x), \quad a < x < b.$$

在上式两边同时乘以函数 $\sin(\mu_k(x-a))$, 然后再求 $[a,b]$ 上的定积分, 注意到函数 $\sin(\mu_k(x-a))_{k=1}^{\infty}$ 所满足的正交关系, 可知

$$\hat{u}_l = \frac{1}{\mu_l^2} \hat{f}_l = \frac{1}{\mu_l^2} \frac{2}{b-a} \int_a^b f(x) \sin(\mu_l(x-a)) dx, \quad l \geqslant 1.$$

下面讨论利用离散的 Sine 变换来求解上述差分方程组 (3.61).

如果记向量 $u^h = (u_0, u_1, \cdots, u_M)^{\mathrm{T}}$, 其中 $u_0 = u_M = 0$. 于是

$$u_j = \sum_{l=1}^{M-1} \hat{u}_l \sin(\mu_l(x_j - a)) = \sum_{l=1}^{M-1} \hat{u}_l \sin\left(\frac{lj\pi}{M}\right), \quad 0 \leqslant j \leqslant M, \tag{3.62}$$

这里

$$\hat{u}_l = \frac{2}{N} \sum_{j=1}^{M-1} u_j \sin\left(\frac{lj\pi}{M}\right), \quad l = 1, \cdots, M-1.$$

由于有下面的离散正交关系

$$\sum_{j=1}^{M-1} \sin\left(\frac{lj\pi}{M}\right) \sin\left(\frac{kj\pi}{M}\right) = \frac{M}{2}\delta_{lk}, \quad 1 \leqslant l, k \leqslant M-1.$$

将 (3.62) 式代入差分方程组 (3.61), 可得

$$-\sum_{l=1}^{M-1} \hat{u}_l \frac{\sin\left(\frac{l(j-1)\pi}{M}\right) - 2\sin\left(\frac{lj\pi}{M}\right) + \sin\left(\frac{l(j+1)\pi}{M}\right)}{h^2}$$

$$= \sum_{l=1}^{M-1} \hat{u}_l \frac{2 - 2\cos(l\pi/M)}{h^2} \sin\left(\frac{lj\pi}{M}\right)$$

$$= \sum_{l=1}^{M-1} \hat{u}_l \frac{4}{h^2} \sin^2\left(\frac{l\pi}{2M}\right) \sin\left(\frac{lj\pi}{M}\right)$$

$$= f(x_j) = \sum_{l=1}^{M-1} \hat{f}_l \sin\left(\frac{lj\pi}{M}\right), \quad j = 1, \cdots, M-1.$$

从中得

$$\hat{u}_l = \frac{\hat{f}_l}{\lambda_l}, \quad \lambda_l = \frac{4}{h^2} \sin^2\left(\frac{l\pi}{2M}\right), \quad l = 1, \cdots, M-1.$$

于是, 基于 Sine 变换的差分方程组 (3.61) 的快速求解方法如下.

(1) 输入 a, b, M 以及计算 $h = (b-a)/M$.

(2) 计算 x_j 和 $f_j = f(x_j), j = 1, \cdots, M-1$ 的值.

(3) 通过快速 Sine 逆变换计算 $f(x_j)$, 也就是

$$\hat{f}_l = \frac{2}{N} \sum_{j=1}^{M-1} f(x_j) \sin\left(\frac{lj\pi}{M}\right), \quad l = 1, \cdots, M-1.$$

(4) 计算

$$\lambda_l = \frac{4}{h^2} \sin^2\left(\frac{l\pi}{2M}\right), \quad \hat{u}_l = \frac{\hat{f}_l}{\lambda_l}, \quad l = 1, \cdots, M-1.$$

(5) 再通过快速 Sine 变换计算 u_j, 也就是

$$u_j = \sum_{l=1}^{M-1} \hat{u}_l \sin\left(\frac{lj\pi}{M}\right), \quad j = 1, \cdots, M-1.$$

(6) 取 $u_0 = u_M = 0$.

当 α 或 β 不是 0 时, 我们采用如下的办法将边界变为零, 设

$$\tilde{u}_j = \begin{cases} u_0 - \alpha, & j = 0, \\ u_j, & 1 < j < M-1, \\ u_M - \beta, & j = M. \end{cases}$$

将它们代入差分方程组, 可得到

$$-\frac{\tilde{u}_{j-1} - 2\tilde{u}_j + \tilde{u}_{j+1}}{h^2} \equiv \tilde{f}_j, \quad j = 1, 2, \cdots, M-1,$$
$$\tilde{u}_0 = 0, \quad \tilde{u}_M = 0,$$

这里

$$\tilde{f}_j = \begin{cases} f(x_1) + \dfrac{\alpha}{h^2}, & j = 1, \\ f(x_j), & 1 < j < M-1, \\ f\left(x_{M-1} + \dfrac{\beta}{h^2}\right), & j = M-1. \end{cases}$$

于是可从 $\tilde{u}_j$ 得到 u_j.

此时, 该差分方程组的快速求解方法过程为

(1) 输入 a, b, M 以及计算 $h = (b-a)/M$;

(2) 再计算 x_j 与 $f_j = f(x_j), j = 1, \cdots, M-1$;

(3) 取边界条件为 $u_0 = \alpha, u_M = \beta$;

(4) 按如下方式将边界条件变为零

$$f_1 \to f_1 + \frac{u_0}{h^2}, \quad f_{M-1} \to f_{M-1} + \frac{u_M}{h^2};$$

(5) 求 $f(x_j)$ 的快速 Sine 逆变换, 也就是

$$\hat{f}_l = \frac{2}{N} \sum_{j=1}^{M-1} f(x_j) \sin\left(\frac{lj\pi}{M}\right), \quad l = 1, \cdots, M-1;$$

(6) 计算

$$\lambda_l = \frac{4}{h^2} \sin^2\left(\frac{l\pi}{2M}\right), \quad \hat{u}_l = \frac{\hat{f}_l}{\lambda_l}, l = 1, \cdots, M-1;$$

(7) 再通过快速 Sine 变换计算 u_j, 也就是

$$u_j = \sum_{l=1}^{M-1} \hat{u}_l \sin\left(\frac{lj\pi}{M}\right), \quad j = 1, \cdots, M-1.$$

下面讨论二维 Poisson 方程第一边值问题的快速求解方法, 将考虑如下的边值问题

$$-u_{xx} - u_{yy} = f(x,y), \quad a < x < b, c < y < d,$$
$$u(x,c) = g(x,c), \quad u(x,d) = g(x,d), \quad a \leqslant x \leqslant b, \tag{3.63}$$
$$u(a,y) = g(a,y), \quad u(b,y) = g(b,y), \quad c \leqslant y \leqslant d$$

的快速求解方法.

对此方程, 知道有如下的差分方程组:

$$-\frac{u_{j-1,l} - 2u_{jl} + u_{j+1,l}}{h_x^2} - \frac{u_{j,l-1} - 2u_{jl} + u_{j,l+1}}{h_y^2} = f(x_j,y_l),$$

$$j = 1,2,\cdots,M-1, \quad l = 1,2,\cdots,L-1,$$

$$u_{j0} = g(x_j,c), \quad u_{jL} = g(x_j,d), \quad j = 0,1,\cdots,M,$$

$$u_{0l} = g(a,y_l), \quad u_{Ml} = g(b,y_l), \quad l = 0,1,\cdots,L.$$

有如下的 Sine 变换:

$$u_{jl} = \sum_{k=1}^{M-1}\sum_{i=1}^{L-1} \hat{u}_{ki} \sin(u_k^x(x_j-a))\sin(u_i^y(y_l-c))$$

$$= \sum_{k=1}^{M-1}\sum_{i=1}^{L-1} \hat{u}_{ki} \sin\left(\frac{kj\pi}{M}\right)\sin\left(\frac{il\pi}{L}\right),$$

$$j = 0,1,\cdots,M, \quad l = 0,1,\cdots,L.$$

$$f_{jl} = \sum_{k=1}^{M-1}\sum_{i=1}^{L-1} \hat{f}_{ki} \sin\left(\frac{kj\pi}{M}\right)\sin\left(\frac{il\pi}{L}\right),$$

$$j = 1,\cdots,M-1, \quad l = 1,\cdots,L-1.$$

将它们代入差分方程组, 可得

$$\hat{u}_{ki} = \frac{\hat{f}_{ki}}{\lambda_k^x + \lambda_i^y}, \quad \lambda_k^x = \frac{4}{h_x^2}\sin^2\left(\frac{k\pi}{2M}\right), \quad \lambda_i^y = \frac{4}{h_y^2}\sin^2\left(\frac{i\pi}{2L}\right),$$

$$k = 1,\cdots,M-1, \quad i = 1,\cdots,L-1.$$

再分别求二维 Sine 可逆变换, 就可以得到 u_{jl} 的值.

于是, 二维 Poisson 方程的快速求解方法过程为

(1) 输入参数 a, b, c, d, M, L 及 $h_x = (b-a)/M, h_y = (d-c)/L$ 的值.

(2) 计算 $x_j, j = 0, \cdots, M; y_l, l = 0, \cdots, L; f_{jl} = f(x_j, y_l), j = 1, \cdots, M-1, l = 1, \cdots, L-1$.

(3) 输入边界条件

$$u_{j0} = g(x_j, c), \quad u_{jL} = g(x_j, d), \quad j = 0, 1, \cdots, M,$$
$$u_{0l} = g(a, y_l), \quad u_{Ml} = g(b, y_l), \quad l = 0, 1, \cdots, L.$$

(4) 利用下式将边界条件变换为零

$$
\begin{aligned}
&f_{1l} \to f_{1l} + \frac{u_{0l}}{h_x^2}, \quad f_{M-1,l} \to f_{M-1,l} + \frac{u_{Ml}}{h_x^2}, \\
&l = 1, \cdots, L-1, \\
&f_{j1} \to f_{j1} + \frac{u_{j0}}{h_y^2}, \quad f_{j,L-1} \to f_{j,L-1} + \frac{u_{jL}}{h_y^2}, \\
&j = 1, \cdots, M-1.
\end{aligned}
\tag{3.64}
$$

(5) 求 f_{jl} 的 Sine 逆变换, 也就是

$$
\hat{f}_{ki} = \frac{4}{ML} \sum_{j=1}^{M-1} \sum_{l=1}^{L-1} f_{jl} \sin\left(\frac{kj\pi}{M}\right) \sin\left(\frac{il\pi}{L}\right),
$$
$$
k = 1, \cdots, M-1, \quad i = 1, \cdots, L-1.
$$

(6) 再计算

$$
\lambda_k^x = \frac{4}{h_x^2} \sin^2\left(\frac{k\pi}{2M}\right), \quad k = 1, \cdots, M-1,
$$
$$
\lambda_i^y = \frac{4}{h_y^2} \sin^2\left(\frac{i\pi}{2L}\right), \quad i = 1, \cdots, L-1,
$$
$$
\hat{u}_{ki} = \frac{\hat{f}_{ki}}{\lambda_k^x + \lambda_i^y}, \quad k = 1, \cdots, M-1, i = 1, \cdots, L-1.
$$

(7) 最后求 u_{jl} 的 Sine 变换, 也就是

$$
u_{jl} = \sum_{k=1}^{M-1} \sum_{i=1}^{L-1} \hat{u}_{ki} \sin\left(\frac{kj\pi}{M}\right) \sin\left(\frac{il\pi}{L}\right), \quad j = 1, \cdots, M-1, l = 1, \cdots, L-1.
$$

这里谈到的快速算法优点是: 它是直接算法, 非常高效与快速, 不需要更多的内存. 缺点是: 求解区间是规则的, 需要均匀网格, 不能推广到变系数问题的求解.

3.7.2　基于 Cosine 变换

下面讨论 Poisson 方程第二边值问题 (含 Neumann 边界条件) 的求解, 也就是求解

$$- u_{xx}(x) = f(x), \quad a < x < b,$$
$$u'(a) = \alpha, \quad u'(b) = \beta. \tag{3.65}$$

该方程中的函数 $f(x)$ 需要满足下面条件:

$$\int_a^b f(x)dx = \int_a^b -u_{xx}(x)dx = -u_x(x)|_{x=a}^{x=b} = \alpha - \beta.$$

而且该问题没有唯一解, 可添加如下条件:

$$\int_a^b u(x)dx = 0, \tag{3.66}$$

使得问题只有唯一解.

先将方程 (3.65)-(3.66) 在半点上离散, 得到如下的差分格式

$$- \frac{u_{j-1/2} - 2u_{j+1/2} + u_{j+3/2}}{h^2} = f(x_{j+1/2}),$$
$$j = 0, 1, \cdots, M-1,$$
$$\frac{u_{1/2} - u_{-1/2}}{h} = \alpha, \quad \frac{u_{M+1/2} - u_{M-1/2}}{h} = \beta, \tag{3.67}$$
$$u_{1/2} + u_{3/2} + \cdots + u_{M-1/2} = 0.$$

当 $\alpha = \beta = 0$ 时, 知道函数 $u(x)$ 满足 $u'(a) = u'(b) = 0$, 而且它可以用 Cosine 函数展开, 也就是

$$u(x) = \frac{\hat{u}_0}{2} + \sum_{l=1}^{\infty} \hat{u}_l \cos(\mu_l(x-a)), \quad a \leqslant x \leqslant b,$$

这里

$$\mu_l = \frac{l\pi}{b-a}, \quad \hat{u}_l = \frac{2}{b-a} \int_a^b u(x) \cos(\mu_l(x-a))dx, \quad l \geqslant 0.$$

Cosine 函数满足如下的正交关系

$$\int_a^b \cos(\mu_l(x-a)) \cos(\mu_k(x-a))dx = c_l \frac{b-a}{2} \delta_{lk},$$
$$l, k \geqslant 0, \quad c_0 = 2, \quad c_l = 1, \quad l \geqslant 1.$$

下面利用 Cosine 变换来求解离散差分方程组 (3.67).

向量 $u^h = (u_{-1/2}, u_{1/2}, \cdots, u_{M-1/2}, u_{M+1/2})^{\mathrm{T}}$ 满足 $u_{-1/2} = u_{1/2}$ 及 $u_{M-1/2} = u_{M+1/2}$. 于是它可以展开为 Cosine 函数序列形式, 也就是

$$
\begin{aligned}
u_{j+1/2} &= \sum_{l=0}^{M-1} \alpha_l \hat{u}_l \cos(\mu_l(x_{j+1/2} - a)) \\
&= \sum_{l=0}^{M-1} \alpha_l \hat{u}_l \cos \frac{(2j+1)l\pi}{2M}, \quad 0 \leqslant j \leqslant M,
\end{aligned} \tag{3.68}
$$

这里

$$
\begin{aligned}
& u_l = \frac{l\pi}{M}, \quad l = 0, 1, \cdots, M, \\
& \alpha_l = \begin{cases} 1/\sqrt{2}, & l = 0, M, \\ 1, & 1 \leqslant l \leqslant M-1, \end{cases} \\
& \hat{u}_l = \frac{2}{M} \alpha_l \sum_{j=0}^{M-1} u_{j+1/2} \cos \frac{(2j+1)l\pi}{2M}, \quad -1 \leqslant j \leqslant M-1.
\end{aligned}
$$

将 (3.68) 式代入差分方程组 (3.67), 得到

$$
\hat{u}_l \frac{4}{h^2} \sin^2 \frac{l\pi}{2M} = \hat{f}_l, \quad l = 1, 2, \cdots, M-1.
$$

从中, 我们又得

$$
\hat{u}_0 = 0, \quad \hat{u}_l = \frac{\hat{f}_l}{\lambda_l}, \quad \lambda_l = \frac{4}{h^2} \sin^2 \frac{l\pi}{2M}, \quad 1 \leqslant l \leqslant M-1.
$$

类似地, 也可以得到基于 Cosine 变换的差分方程组 (3.67) 的快速求解过程, 这留给读者作为练习.

上面的方程中是零 Neumann 边界条件, 对于非零 Neumann 边界条件, 可以先将方程的边界条件变为 Neumann 边界条件, 然后再构造于 Cosine 变换的差分方程组 (3.67) 的快速求解过程, 这也留给读者作为练习.

上面的过程可以推广到的二维 Poisson 方程的快速求解过程, 也就是求解问题

$$
\begin{aligned}
& -u_{xx} - u_{yy} = f(x, y), \quad a < x < b, \quad c < y < d, \\
& \frac{\partial u(x, c)}{\partial \mathbf{n}} = g(x, c), \quad \frac{\partial u(x, d)}{\partial \mathbf{n}} = g(x, d), \quad a \leqslant x \leqslant b, \\
& \frac{\partial u(a, y)}{\partial \mathbf{n}} = g(a, y), \quad \frac{\partial u(b, y)}{\partial \mathbf{n}} = g(b, y), \quad c \leqslant x \leqslant d.
\end{aligned}
$$

这里 $\mathbf{n}$ 是区域 $D = [a, b] \times [c, d]$ 的外法向单位矢量, 并且我们需要函数 f 满足条件

$$\int_a^b \int_c^d f(x,y)dydx = \int_a^b \int_c^d [-u_{xx} - u_{yy}]dydx$$

$$= \int_c^d [-g(b,y) - g(a,y)]dy + \int_a^b [-g(x,d) - g(x,c)]dx.$$

另外, 该问题在满足下式后解是唯一的:

$$\int_a^b \int_c^d u(x,y)dydx = 0.$$

如何构造 Cosine 变换的二维 Poisson 方程的快速求解过程? 这将留给读者作为练习.

3.7.3　基于 Fourier 变换

先将下面边值问题:

$$-u_{xx}(x) = f(x), \quad a < x < b,$$
$$u(a) = \alpha, \quad u(b) = \beta. \tag{3.69}$$

利用有限差分法离散, 得到如下差分格式:

$$-\frac{u_{j-1} - 2u_j + u_{j+1}}{h^2} = f(x_j) \equiv f_j, \quad j = 1, 2, \cdots, M-1,$$
$$u_0 = \alpha, \quad u_M = \beta. \tag{3.70}$$

它可以化为下面形式的线性方程组

$$AU = F. \tag{3.71}$$

事实上, 也可以通过解线性方程组的方法直接求解它.

先假设 $\alpha = \beta$, 也就是边界条件具有周期性. 下面讨论如何利用 Fourier 变换来快速求解差分方程组 (3.71).

如果记向量 $u^h = (u_0, u_1, \cdots, u_M)^{\mathrm{T}}$, 其中 $u_0 = u_M$. 于是

$$u_j = \sum_{l=-M/2}^{M/2-1} \hat{u}_l e^{i(\mu_l(x_j-a))} = \sum_{l=-M/2}^{M/2-1} \hat{u}_l e^{i\left(\frac{2lj\pi}{M}\right)}, \quad 0 \leqslant j \leqslant M-1. \tag{3.72}$$

这里 i 为复数单位, $i^2 = -1$, 且

$$\hat{u}_l = \frac{1}{M} \sum_{j=0}^{M-1} u_j e^{-i\left(\frac{2lj\pi}{M}\right)}, \quad l = -M/2, \cdots, M/2-1.$$

由于有下面的离散正交关系:

$$\sum_{j=0}^{M-1} e^{i(\frac{2lj\pi}{M})} e^{-i(\frac{2kj\pi}{M})} = M\delta_{lk}, \quad -M/2 \leqslant l, k \leqslant M/2 - 1.$$

将 (3.72) 式代入差分方程组, 可得

$$-\sum_{l=-M/2}^{M/2-1} \hat{u}_l \frac{e^{(i\frac{2l(j-1)\pi}{M})} - 2e^{i(\frac{2lj\pi}{M})} + e^{i(\frac{2l(j+1)\pi}{M})}}{h^2}$$

$$= \sum_{l=-M/2}^{M/2-1} \hat{u}_l \frac{2 - 2\cos(2l\pi/M)}{h^2} e^{i(\frac{2lj\pi}{M})}$$

$$= \sum_{l=-M/2}^{M/2-1} \hat{u}_l \frac{4}{h^2} \sin^2\left(\frac{l\pi}{M}\right) e^{i(\frac{2lj\pi}{M})}$$

$$= f(x_j) = \sum_{l=-M/2}^{M/2-1} \hat{f}_l e^{i(\frac{2lj\pi}{M})}, \quad j = 1, \cdots, M-1.$$

从中得

$$\hat{u}_l = \frac{\hat{f}_l}{\lambda_l}, \quad \lambda_l = \frac{4}{h^2} \sin^2\left(\frac{l\pi}{M}\right), \quad l = -M/2, \cdots, M/2 - 1.$$

于是, 基于离散 Fourier 变换的一维差分方程组 (3.71) 的快速求解方法如下.

(1) 输入 a, b, M 以及计算 $h = (b-a)/M$.

(2) 计算 x_j 和 $f_j = f(x_j), j = 0, 1, \cdots, M-1$ 的值.

(3) 通过离散 Fourier 逆变换计算 $f(x_j)$, 也就是

$$\hat{f}_l = \frac{1}{M} \sum_{j=0}^{M-1} f(x_j) e^{-i(\frac{2lj\pi}{M})}, \quad l = -M/2, \cdots, M/2 - 1.$$

(4) 计算

$$\lambda_l = \frac{4}{h^2} \sin^2\left(\frac{l\pi}{M}\right), \quad \hat{u}_l = \frac{\hat{f}_l}{\lambda_l}, \quad l = -M/2, \cdots, M/2 - 1.$$

(5) 再通过离散 Fourier 变换计算 u_j, 也就是

$$u_j = \sum_{l=-M/2}^{M/2-1} \hat{u}_l e^{i(\frac{2lj\pi}{M})}, \quad j = 0, 1, \cdots, M-1.$$

(6) 取 $u_M = u_0$.

考虑如下的二维 Poisson 方程边值问题

$$-u_{xx} - u_{yy} = f(x,y), \quad a < x < b, c < y < d,$$

$$u(x,c) = g(x,c), \quad u(x,d) = g(x,d), \quad a \leqslant x \leqslant b,$$

$$u(a,y) = g(a,y), \quad u(b,y) = g(b,y), \quad c \leqslant y \leqslant d \tag{3.73}$$

的快速求解方法.

对此方程, 有如下的差分方程组

$$-\frac{u_{j-1,l} - 2u_{jl} + u_{j+1,l}}{h_x^2} - \frac{u_{j,l-1} - 2u_{jl} + u_{j,l+1}}{h_y^2} = f(x_j, y_l),$$

$$j = 1, 2, \cdots, M-1, \quad l = 1, 2, \cdots, L-1,$$

$$u_{j0} = g(x_j, c), \quad u_{jL} = g(x_j, d), \quad j = 0, 1, \cdots, M, \tag{3.74}$$

$$u_{0l} = g(a, y_l), \quad u_{Ml} = g(b, y_l), \quad l = 0, 1, \cdots, L.$$

如何基于 Fourier 变换, 构造二维 Poisson 方程的差分方程组的快速求解过程?
将二维 Fourier 变换

$$u_{jl} = \sum_{p=-M/2}^{M/2-1} \sum_{q=-L/2}^{L/2-1} \hat{u}_{pq} e^{i(u_p^x(x_j-a))} e^{i(u_q^y(y_l-c))}$$

$$= \sum_{p=-M/2}^{M/2-1} \sum_{q=-L/2}^{L/2-1} \hat{u}_{pq} e^{\frac{2\pi i p j}{M}} e^{\frac{2\pi i q l}{L}}$$

$$j = 0, 1, \cdots, M-1, \quad l = 0, 1, \cdots, L-1.$$

$$f_{jl} = \sum_{p=-M/2}^{M/2-1} \sum_{q=-L/2}^{L/2-1} \hat{f}_{pq} e^{\frac{2\pi i p j}{M}} e^{\frac{2\pi i q l}{L}},$$

$$j = 1, \cdots, M-1, \quad l = 1, \cdots, L-1$$

代入差分方程组, 就可得到

$$\hat{u}_{pq} = \frac{\hat{f}_{pq}}{\lambda_p^x + \lambda_q^y}, \quad \lambda_p^x = \frac{4}{h_x^2} \sin^2\left(\frac{p\pi}{M}\right), \quad \lambda_q^y = \frac{4}{h_y^2} \sin^2\left(\frac{q\pi}{L}\right),$$

$$p = 0, 1, \cdots, M-1, \quad q = 0, 1, \cdots, L-1.$$

再分别求 Fourier 逆变换, 就可以得到 u_{jl} 的值.

于是, 二维差分方程组 (3.74) 的快速求解方法过程如下.

(1) 输入参数 a, b, c, d, M, L 及 $h_x = (b-a)/M, h_y = (d-c)/L$ 的值.

(2) 计算 $x_j, j = 0, \cdots, M; y_l, l = 0, \cdots, L; f_{jl} = f(x_j, y_l), j = 1, \cdots, M-1, l = 1, \cdots, L-1.$

(3) 输入边界条件

$$u_{j0} = g(x_j, c), \quad u_{jL} = g(x_j, d), \quad j = 0, 1, \cdots, M,$$

$$u_{0l} = g(a, y_l), \quad u_{Ml} = g(b, y_l), \quad l = 0, 1, \cdots, L.$$

(4) 求 f_{jl} 的 Fourier 逆变换, 也就是

$$\hat{f}_{pq} = \frac{1}{ML} \sum_{j=1}^{M-1} \sum_{l=1}^{L-1} f_{jl} e^{-\frac{2\pi i p j}{M}} e^{-\frac{2\pi i q l}{L}},$$

$$p = -M/2, \cdots, M/2 - 1, \quad q = -L/2, \cdots, L/2 - 1.$$

(5) 再计算

$$\lambda_p^x = \frac{4}{h_x^2} \sin^2\left(\frac{p\pi}{M}\right), \quad p = -M/2, \cdots, M/2 - 1,$$

$$\lambda_q^y = \frac{4}{h_y^2} \sin^2\left(\frac{q\pi}{L}\right), \quad q = -L/2, \cdots, L/2 - 1,$$

$$\hat{u}_{pq} = \frac{\hat{f}_{pq}}{\lambda_p^x + \lambda_q^y}, \quad p = -M/2, \cdots, M/2 - 1, q = -L/2, \cdots, L/2 - 1.$$

(6) 最后求 u_{jl} 的 Fourier 变换, 也就是

$$u_{jl} = \sum_{p=-M/2}^{M/2-1} \sum_{p=-L/2}^{L/2-1} \hat{u}_{pq} e^{\frac{2\pi i p j}{M}} e^{\frac{2\pi i q l}{L}},$$

$$j = 0, 1, \cdots, M-1, \quad l = 0, 1, \cdots, L-1.$$

3.8　小　　结

本章分别介绍了有限差分法的相关概念、二维椭圆型方程的有限差分法、三维椭圆型方程的有限差分法、变系数椭圆型方程的有限差分法、极坐标系下的椭圆型方程的有限差分法, 椭圆型方程离散后的差分方程组的快速求解方法. 本章也简单介绍了截断误差、收敛性等概念. 本章只讨论单个椭圆型方程边值问题的有限差分法, 同样, 这里的方法可以推广到椭圆型方程组的边值问题的求解中. 掌握椭圆型方程的有限差分法对于求解复杂偏微分问题具有重要意义. 这是因为许多其他含时间变量的方程 (例如抛物型方程) 先在时间方向用有限差分法离散, 那么在每一个时间步, 通常要归结为一个椭圆型方程组的求解过程.

3.9 习 题

1. 试设计一种有限差分法离散边值问题:

$$\Delta v = 2\pi^2 (\sin \pi x \cos \pi y + \sin \pi y \cos \pi x) e^{\pi(x+y)}, \quad (x,y) \in D,$$
$$v(x,y) = \sin(\pi x) \sin(\pi y) e^{\pi(x+y)}, \quad (x,y) \in \partial D,$$

这里 $D = (0,1) \times (0,1)$, ∂D 是长方形区域的边界, $v = v(x,y)$ 是未知函数. 此边值问题有一个准确解

$$v(x,y) = \sin(\pi x) \sin(\pi y) e^{\pi(x+y)}.$$

(1) 利用 Jacobi 迭代法求解差分方程 (空间 x 方向与 y 方向的节点数均取 64, 上一步解与下一步解的差值最大值为 1×10^{-6} 时就停止);

(2) 利用 Gauss-Seidel 迭代法求解差分方程, 重复 (1);

(3) 利用 SOR 迭代法求解差分方程, 重复 (1).

要求:

(i) 计算出近似解与准确解的误差大小;

(ii) 画出近似解所展示的图形, 并与准确解的图形作比较, 看看二者有没有区别.

2. 试设计一种具有二阶 (或一阶精度) 的有限差分法离散边值问题

$$\Delta u = e^{x+y}, \quad (x,y) \in D = (0,1) \times (0,1),$$

$$\frac{\partial u}{\partial x}(0,y) = \frac{1}{2} e^y, \quad y \in [0,1],$$

$$\frac{\partial u}{\partial x}(1,y) = \frac{1}{2} e^{1+y}, \quad y \in [0,1],$$

$$\frac{\partial u}{\partial y}(x,0) = \frac{1}{2} e^x, \quad x \in [0,1],$$

$$\frac{\partial u}{\partial y}(x,1) = \frac{1}{2} e^{x+1} \quad x \in [0,1],$$

并

(1) 利用 Gauss-Seidel 迭代法求解差分方程;

(2) 利用 SOR 迭代法求解差分方程.

计算时假定 $M = N = 100$, 误差限度为 1×10^{-6}.

3. 考虑下面的混合边值问题

$$-\Delta u = 1 - \left| x - \frac{1}{2} \right| \left| y - \frac{1}{2} \right|, \quad (x, y) \in D = (0,1) \times (0,1),$$

$$u(1, y) = 0, \quad y \in [0, 1],$$

$$-\frac{\partial u}{\partial y}(x, 1) = \sin(\pi x), \quad x \in [0, 1],$$

$$-\frac{\partial u}{\partial x}(0, y) = \sin(2\pi y), \quad y \in [0, 1],$$

$$-\frac{\partial u}{\partial y}(x, 0) = \sin(\pi x), \quad x \in [0, 1],$$

试利用一种有限差分法离散上述边值问题, 并利用一种迭代法求解差分问题.

4. 考虑下述边值问题

$$\frac{1}{r} \frac{\partial}{\partial r} \left(r \frac{\partial u}{\partial r} \right) + \frac{1}{r^2} \frac{\partial^2 u}{\partial \theta^2} = f(r, \theta), \quad 0 < r < R_1, 0 \leqslant \theta \leqslant 2\pi,$$

$$u(R_1, \theta) = g(R_1, \theta), \quad 0 \leqslant \theta \leqslant 2\pi,$$

这里常数 $R_1 = 1$, 未知函数 $u = u(r, \theta)$, $g(r, \theta) = r^2 \cos\theta$, $f(r, \theta) = 3\cos\theta$, 试为它设计一有限差分法. 特别地, 在 $r \in [0, 1]$ 上取 50 个点, $\theta \in [0, 2\pi]$ 上取 33 个点, 试比较数值解与准确解 $u = u(r, \theta) = r^2 \cos\theta$ 在节点处的误差.

5. 试利用 3.3 节介绍的有限差分法离散边值问题

$$-\Delta u = 3\pi^2 \sin(\pi x) \cos(\pi y) \sin(\pi z), \quad (x, y, z) \in D,$$

$$u(x, y, z) = \sin(\pi x) \cos(\pi y) \sin(\pi z), \quad (x, y) \in \partial D.$$

并利用 Fourier 变换求解相关的差分方程. 计算时, 空间 x 方向, y 方向, z 方向的节点数均取 64. 要求:

(1) 计算出近似解与准确解的误差;

(2) 画出近似解所展示的图形, 并与准确解的图形作比较, 看看二者有没有区别.

在此边值问题中, $D = (0,1) \times (0,1) \times (0,1)$, ∂D 是柱体 D 的边界, $u = u(x, y, z)$ 是未知函数. 而且此边值问题有一个准确解 $u(x, y, z) = \sin(\pi x) \cos(\pi y) \sin(\pi z)$.

第 4 章　抛物型方程的有限差分法

学习目标与要求

1. 了解抛物型方程的特点.
2. 理解抛物型方程初边值问题的不同有限差分法的设计过程.
3. 理解有限差分法稳定性概念.
4. 掌握有限差分法稳定性的判别方法.
5. 掌握抛物型方程有限差分法的实现过程.

抛物型方程是一类重要的二阶偏微分方程. 本章主要讨论二阶抛物型方程初边值问题的各种有限差分法设计. 将从以下四个方面来研究抛物型方程初边值问题的有限差分法: ①如何设计各种不同的差分格式; ②这些差分格式的稳定性条件是什么、截断误差是多少; ③如何分别用矩阵法与 Fourier 方法判断差分格式的稳定性; ④二维抛物型方程初边值问题的分数步长法.

4.1　一维抛物型方程初边值问题的有限差分法

考虑求解一维抛物型方程 —— 一维热传导方程的初边值问题

$$
\begin{aligned}
&\frac{\partial u}{\partial t} = a\frac{\partial^2 u}{\partial x^2} + f(x), \quad 0 < x < l,\, 0 < t \leqslant T, \\
&u(x,0) = \varphi(x), \quad 0 \leqslant x \leqslant l, \\
&u(0,t) = u(l,t) = 0, \quad 0 \leqslant t \leqslant T,
\end{aligned} \tag{4.1}
$$

这里 $u = u(x,t)$ 是未知函数, $f(x)$ 和 $\varphi(x)$ 为已知函数. 还假定上述问题存在唯一充分光滑的解.

下面考虑初边值问题 (4.1) 的差分逼近. 先对未知函数 $u(x,t)$ 的定义域作如下区域剖分: 取空间步长 $h = l/M$ 和时间步长 $\tau = T/N$, 其中 M,N 都是取定的正整数. 用两族平行线 $x = x_j = jh(j = 0,1,\cdots,M)$ 以及 $t = t_n = n\tau(n = 0,1,\cdots,N)$ 将矩形域 $\overline{G} = \{0 \leqslant x \leqslant l; 0 \leqslant t \leqslant T\}$ 分割成矩形网格, 网格节点为 (x_j, t_n).

4.1.1　几种常见差分格式

用 u_j^n 表示函数 $u(x,t)$ 在节点 (x_j, t_n) 处的近似值 (这里 $0 \leqslant j \leqslant M, 0 \leqslant n \leqslant$

N). 用适当的有限差商替代方程 (4.1) 中的偏导数在节点 (x_j, t_n) 处的值, 便可分别得到以下几种差分格式.

(1) 最简显格式 (或向前差分格式), 即

$$\frac{u_j^{n+1} - u_j^n}{\tau} = a\frac{u_{j+1}^n - 2u_j^n + u_{j-1}^n}{h^2} + f_j, \quad j = 1, \cdots, M-1,\ n = 0, 1, \cdots, N-1,$$

$$(4.2)$$

$$u_j^0 = \varphi_j = \varphi(x_j), \quad j = 0, 1, \cdots, M, \tag{4.3}$$

$$u_0^n = u_M^n = 0, \quad n = 0, 1, \cdots, N, \tag{4.4}$$

其中 $f_j = f(x_j)$. 这里, 利用 $(u_j^{n+1} - u_j^n)/\tau$ 近似 u_t 在节点 (x_j, t_n) 处的值, 并且令 $(u_{j+1}^n - 2u_j^n + u_{j-1}^n)/h^2$ 近似 u_{xx} 在节点 (x_j, t_n) 处的值, 于是就可得到最简显格式 (4.2). 其中式 (4.3) 是由初始条件得到的, (4.4) 是由边界条件得到的.

若以 $r = a\tau/h^2$ 表示网格比, 则可将方程 (4.2) 改写成便于写计算机程序的形式, 使得第 n 层值 (上标为 n) 在等式右边, 第 $n+1$ 层值在等式左边, 则得到

$$u_j^{n+1} = ru_{j+1}^n + (1 - 2r)u_j^n + ru_{j-1}^n + \tau f_j. \tag{4.5}$$

更进一步, 如果令 $U^n = (u_1^n, \cdots, u_{M-1}^n)^{\mathrm{T}}$, $F = (f_1, \cdots, f_{M-1})^{\mathrm{T}}$, 那么式 (4.2)—(4.4) 可改写为如下的矩阵形式

$$AU^{n+1} = BU^n + \tau F, \tag{4.6}$$

这里 $A = I$ (它为一个 $M-1$ 阶单位矩阵), $B = (1 - 2r)I + rS$, 其中 S 为一个 $M-1$ 阶方阵

$$S = \begin{pmatrix} 0 & 1 & \cdots & 0 & 0 \\ 1 & 0 & \cdots & 0 & 0 \\ \vdots & \vdots & & \vdots & \vdots \\ 0 & 0 & \cdots & 0 & 1 \\ 0 & 0 & \cdots & 1 & 0 \end{pmatrix}. \tag{4.7}$$

若记

$$Lu = \frac{\partial u}{\partial t} - a\frac{\partial^2 u}{\partial x^2} - f,$$

并且记

$$L_h^{(1)} u_j^n = \frac{u_j^{n+1} - u_j^n}{\tau} - a\frac{u_{j+1}^n - 2u_j^n + u_{j-1}^n}{h^2} - f_j,$$

通过计算可得其截断误差为

$$R_j^n(u) = L_h^{(1)} u(x_j, t_n) - [Lu]_j^n$$

$$= -\tau \left[\frac{1}{12r} - \frac{1}{2} \right] \left(\frac{\partial^2 u}{\partial x^2} \right)_j^n + O(\tau^2 + h^2) = O(\tau + h^2).$$

(2) 最简隐格式 (或向后差分格式), 即

$$\frac{u_j^{n+1} - u_j^n}{\tau} = a \frac{u_{j+1}^{n+1} - 2u_j^{n+1} + u_{j-1}^{n+1}}{h^2} + f_j, \quad j = 1, \cdots, M-1, n = 0, 1, \cdots, N-1,$$

(4.8)

$$u_j^0 = \varphi_j = \varphi(x_j), \quad j = 0, 1, \cdots, M,$$
(4.9)

$$u_0^n = u_M^n = 0, \quad n = 0, 1, \cdots, N,$$
(4.10)

这里, 利用 $(u_j^{n+1} - u_j^n)/\tau$ 近似 u_t 在节点 (x_j, t_{n+1}) 处的值, 并且令 $(u_{j+1}^{n+1} - 2u_j^{n+1} + u_{j-1}^{n+1})/h^2$ 近似 u_{xx} 在节点 (x_j, t_{n+1}) 处的值, 就可得到最简隐格式 (4.8).

式 (4.8) 改写成便于写计算机程序的形式

$$-ru_{j+1}^{n+1} + (1 + 2r)u_j^{n+1} - ru_{j-1}^{n+1} = u_j^n + \tau f_j.$$

式 (4.8)—(4.10) 可改写为如下的矩阵形式

$$AU^{n+1} = BU^n + \tau F,$$
(4.11)

这里 $A = (1 + 2r)I - rS$, $B = I$, 故 $C = A^{-1}B = [(1 + 2r)I - rS]^{-1}$.

记

$$L_h^{(2)} u(x_j, t_n) = \frac{u_j^{n+1} - u_j^n}{\tau} - a \frac{u_{j+1}^{n+1} - 2u_j^{n+1} + u_{j-1}^{n+1}}{h^2} - f_j,$$

可知此差分格式的截断误差为

$$R_j^n(u) = L_h^{(2)} u(x_j, t_n) - [Lu]_j^n$$

$$= -\tau \left[\frac{1}{12r} + \frac{1}{2} \right] \left(\frac{\partial^2 u}{\partial x^2} \right)_j^n + O(\tau^2 + h^2) = O(\tau + h^2).$$

(3) Crank-Nicolson 格式.

将向前差分格式和向后差分格式作算术平均, 即得

$$\frac{u_j^{n+1} - u_j^n}{\tau} = \frac{a}{2} \left[\frac{u_{j+1}^{n+1} - 2u_j^{n+1} + u_{j-1}^{n+1}}{h^2} + \frac{u_{j+1}^n - 2u_j^n + u_{j-1}^n}{h^2} \right] + f_j,$$

$$j = 1, \cdots, M-1, \quad n = 0, 1, \cdots, N-1,$$
(4.12)

$$u_j^0 = \varphi_j = \varphi(x_j), \quad j = 0, 1, \cdots, M,$$

$$u_0^n = u_M^n = 0, \quad n = 0, 1, \cdots, N,$$

对于此 Crank-Nicolson 差分格式, 它可改写为如下的矩阵形式

$$AU^{n+1} = BU^n + \tau F, \tag{4.13}$$

这里 $A = (1+r)I - rS/2$, $B = (1-r)I + rS/2$, 故 $C = A^{-1}B = [(1+r)I - rS/2]^{-1}[(1-r)I + rS/2]$.

如果令

$$L_h^{(3)}u_j^n = \frac{u_j^{n+1} - u_j^n}{\tau} - \frac{a}{2}\left[\frac{u_{j+1}^{n+1} - 2u_j^{n+1} + u_{j-1}^{n+1}}{h^2} + \frac{u_{j+1}^n - 2u_j^n + u_{j-1}^n}{h^2}\right] - f_j,$$

则得知此差分格式的截断误差为

$$R_j^n(u) = L_h^{(3)}u(x_j, t_n) - [Lu]_j^n,$$

于是将上式在点 $(x_j, t_{t_{n+1/2}})$ 处展开 (这里 $t_{n+1/2} = (n+1/2)\tau/2$), 则得

$$R_j^n(u) = O(\tau^2 + h^2).$$

(4) Richardson 格式.

$$\frac{u_j^{n+1} - u_j^{n-1}}{2\tau} = a\frac{u_{j+1}^n - 2u_j^n + u_{j-1}^n}{h^2} + f_j, \quad j = 1, \cdots, M-1,\ n = 1, \cdots, N-1, \tag{4.14}$$

或

$$u_j^{n+1} = 2r(u_{j+1}^n - 2u_j^n + u_{j-1}^n) + u_j^{n-1} + 2\tau f_j.$$

这里, 利用 $(u_j^{n+1} - u_j^{n-1})/(2\tau)$ 近似 u_t 在节点 (x_j, t_n) 处的值, 并且令 $(u_{j+1}^n - 2u_j^n + u_{j-1}^n)/h^2$ 近似 u_{xx} 在节点 (x_j, t_n) 处的值, 就可得到 Richardson 格式 (4.14). 类似地, 也可知道此差分格式的截断误差为 $O(\tau^2 + h^2)$.

对于 Richardson 差分格式, 其矩阵形式为

$$U^{n+1} = 2r(S - 2I)U^n + U^{n-1} + 2\tau F. \tag{4.15}$$

如果令 $W^n = (U^n, U^{n-1})^{\mathrm{T}}$, 则它还可化为

$$W^{n+1} = CW^n + 2\tau\widetilde{F}, \tag{4.16}$$

其中

$$C = \begin{pmatrix} 2r(S-2I) & I \\ I & 0 \end{pmatrix}, \quad \widetilde{F} = \begin{pmatrix} F \\ O \end{pmatrix}.$$

一个差分格式是否经济实用, 由多方面的因素决定, 主要有: ①计算方法是否简单实用; ②收敛速度快慢; ③稳定性好坏. 例如, 上面的 Richardson 格式是显格式, 截断误差的阶为 $O(\tau^2 + h^2)$, 但从稳定性方面来看, 它并不好用. 将在后面讨论此问题.

4.1.2   计算例子

考虑如下问题

$$u_t = u_{xx}, \quad x \in (0,1), t \in (0,+\infty)$$

及初始条件

$$u(x,0) = f(x), \quad x \in [0,1]$$

与边界条件

$$u(0,t) = 0, \quad u(1,t) = 0, \quad t \in [0,+\infty).$$

这里 $f(x) = \sin(\pi x)$. 试用最简显格式、最简隐格式以及 Crank-Nicolson 格式来计算上面初边值问题. 并画出在区域 $[0,1] \times [0,0.1]$ 的数值解图像. (空间格点数 M 可取 100, 时间步长 $\tau = 0.008$.) 并看看 Richardson 格式能不能用来求解上面初边值问题.

这里, 利用最简显格式求二阶抛物型方程初边值问题的具体求解过程为

(1) 输入 $a = 0, b = 1, T, M, N$; 并且计算空间步长 $h = (b-a)/M$, 时间步长 $\tau = T/N$.

(2) 再计算 $x_j, j = 0,1,\cdots, M-1, M$, 以及 $t_n, n = 0,1,\cdots, N-1, N$.

(3) 定义函数 $f(x) = \sin(\pi x)$.

(4) 初始条件的离散形式为 $u_j^0 = f(x_j), j = 0,1,\cdots, M-1, M$. 令 $n = 0$.

(5) 边界条件离散形式为 $u_0^n = 0; u_M^n = 0$.

(6) 根据公式 (4.5), 分别依次得到 $u_1^{n+1}, u_2^{n+1}, \cdots, u_{M-1}^{n+1}$; 再令 $n = n+1$, 重复步骤 (5)—(6).

图 4.1 (a) 和 (b) 分别是最简显格式与最简隐格式得到的近似解. 图 4.2 (a) 和

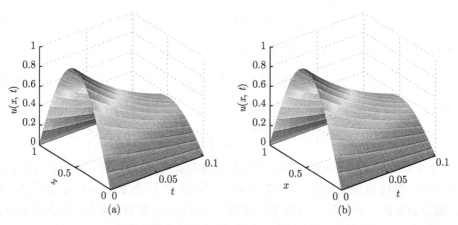

图 4.1   (a) 最简显格式得到的近似解; (b) 最简隐格式得到的近似解

(b) 分别是 Crank-Nicolson 格式与 Richardson 格式得到的近似解. 从图 4.2(b) 中可以看出, Richardson 格式是不稳定的差分格式, 不能用来求解上面初边值问题.

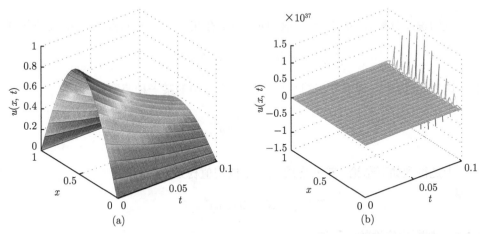

图 4.2　(a) Crank-Nicolson 格式得到的近似解; (b) Richardson 格式得到的近似解

4.2　差分格式的稳定性

在上一节中, 看到了求解抛物型方程初边值问题的几种不同差分格式. 通常情况下, 在利用这些差分格式进行计算时, 一般是按照时间层逐层推进的, 也就是从 $\{u_j^n\}_{0 \leqslant j \leqslant M}$ 到 $\{u_j^{n+1}\}_{0 \leqslant j \leqslant M}$ 的值. 那么 t_n 时间层的值 $\{u_j^n\}_{0 \leqslant j \leqslant M}$ 的误差必然会影响到 t_{n+1} 时间层的值 $\{u_j^{n+1}\}_{0 \leqslant j \leqslant M}$. 因而, 要分析这种误差传播的情况, 并希望误差的影响不至于越来越大, 并且不影响差分格式的解的准确性, 这就是所谓差分格式的稳定性问题. 多数情况下, 考虑差分格式是否按初值稳定. 这里也考虑了差分格式是否按右端项稳定的条件.

4.2.1　稳定性概念

前节引进的二层格式 (含两个时间层的数值), 均可用矩阵和向量的记法表成

$$AU^{n+1} = BU^n + \tau F, \tag{4.17}$$

其中 $U^n = (u_1^n, \cdots, u_{M-1}^n)^{\mathrm{T}}$, $F = (f_1, \cdots, f_{M-1})^{\mathrm{T}}$, A, B 均是 $(M-1) \times (M-1)$ 矩阵. 假定 A 有逆, 并令

$$C = A^{-1}B,$$

则可将 (4.17) 化为

$$U^{n+1} = CU^n + \tau A^{-1}F. \tag{4.18}$$

下面仅讨论按初值稳定, 假定此时 $F = 0$, 所以有

$$U^{n+1} = CU^n = \cdots = C^{n+1}U^0.$$

我们说差分格式 (4.17) 按初值稳定, 如果存在 $\tau_0 > 0$ 和常数 $K > 0$, 使不等式

$$\|U^{n+1}\| = \|C^{n+1}U^0\| \leqslant K\|U^0\|$$

对一切 $U^0 \in R^{M-1}$ 都成立, 这里 $\|\cdot\|$ 是 R^{M-1} 中的某一种范数, 一般取

$$\|U\|^2 = \sum_{j=1}^{N-1} hu_j^2.$$

于是得到如下结论: 差分格式 (4.17) 按初值稳定, 当且仅当

$$\|C^{n+1}\| \leqslant K, \quad 0 < n\tau \leqslant T.$$

4.2.2　判断稳定性的矩阵法

关于矩阵形式的差分格式 (4.17) 或 (4.18), 有下面的推论.

推论 4.1 (必要条件)　以 $\rho(C)$ 表示矩阵 C 的谱半径, 则差分格式按初值稳定的必要条件是存在与 τ 无关的常数 M 使

$$\rho(C) \leqslant 1 + M\tau \quad (\rho(C) = 1 + O(\tau)). \tag{4.19}$$

证明: 因谱半径不超过任何一种范数, 所以 $\rho(C) \leqslant \|C\|$. 因此当差分格式按初值稳定时, 有

$$\rho^n(C) \leqslant \|C^n\| \leqslant K, \quad 0 < n \leqslant \frac{T}{\tau},$$
$$\rho(C) \leqslant K^{\frac{1}{n}} \leqslant K^{\frac{\tau}{(T-\tau)}} = e^{\frac{\tau}{(T-\tau)} \ln K} = 1 + O(\tau).$$

推论 4.2 (充分条件)　若 C 是正规矩阵, 则 (4.19) 也是差分格式稳定的充分条件.

证明: 若 C 是正规矩阵, 则 $\|C\| = \rho(C)$, 由 (4.19) 得

$$\|C^n\| \leqslant \|C\|^n = \rho^n(C) \leqslant (1 + M\tau)^n \leqslant (1 + M\tau)^{\frac{T}{\tau}} \leqslant K < \infty.$$

也就是差分格式按初值稳定.

推论 4.3　若 S 是对称矩阵, C 是矩阵 S 的实系数有理函数, 也就是 $C = R(S)$, 则差分格式稳定的充分必要条件是

$$\max_j |R(\lambda_j^S)| \leqslant 1 + M\tau, \tag{4.20}$$

其中 λ_j^S 是 S 的特征值.

下面利用矩阵法分别讨论 4.1 节所讨论的各种差分格式的稳定性问题, 并且仅讨论 $F = 0$ 的情形.

(1) 讨论向前差分格式的稳定性. 向前差分格式为

$$\frac{u_j^{n+1} - u_j^n}{\tau} = a\frac{u_{j+1}^n - 2u_j^n + u_{j-1}^n}{h^2}.$$

解: 由于

$$C = (1 - 2r)I + rS,$$
$$\lambda_j^C = 1 - 2r + 2r\cos j\pi h = 1 - 4r\sin^2\frac{j\pi h}{2},$$

为使 $|\lambda_j^C| \leqslant 1 + M\tau$ 或 $-1 - M\tau \leqslant \lambda_j^C = 1 - 4r\sin^2\dfrac{j\pi h}{2} \leqslant 1 + M\tau$, 必须且只需

$$4r\sin^2\frac{j\pi h}{2} \leqslant 2 + M\tau, \quad j = 1, 2, \cdots, M - 1,$$

即 $4r \leqslant 2, r \leqslant 1/2$. 故向前差分格式当 $r \leqslant 1/2$ 时稳定, 当 $r > 1/2$ 时不稳定.

(2) 讨论向后差分格式的稳定性. 向后差分格式为

$$\frac{u_j^{n+1} - u_j^n}{\tau} = a\frac{u_{j+1}^{n+1} - 2u_j^{n+1} + u_{j-1}^{n+1}}{h^2}.$$

解: 由于

$$C = [(1 + 2r)I - rS]^{-1},$$
$$\lambda_j^C = [(1 + 2r) - 2r\cos j\pi h]^{-1}$$
$$= [1 + 2r(1 - \cos j\pi h)]^{-1} \leqslant 1.$$

故对任何 $r > 0$ 稳定, 即绝对稳定.

(3) 对于 Crank-Nicolson 差分格式, 由于

$$C = \left[(1 + r)I - \frac{r}{2}S\right]^{-1}\left[(1 - r)I + \frac{r}{2}S\right],$$
$$\lambda_j^C = \frac{1 - 2r\sin^2\dfrac{j\pi h}{2}}{1 + 2r\sin^2\dfrac{j\pi h}{2}}, \quad j = 1, 2, \cdots, M - 1,$$

故对任何 $r > 0$ 有 $|\lambda_j^C| \leqslant 1$ 稳定, 因此绝对稳定.

(4) 讨论 Richardson 格式的稳定性, 其中 $C = \begin{pmatrix} 2r(S - 2I) & I \\ I & 0 \end{pmatrix}$ 是对称矩阵.

解: 设 λ 为 C 的特征值, $W = (w_1, w_2)^{\mathrm{T}}$ 为相应的特征向量, 即 $CW = \lambda W$ 或

$$2r(S - 2I)w_1 + w_2 = \lambda w_1,$$

$$w_1 = \lambda w_2,$$

显然 $w_2 \neq 0$(零向量). 利用第二个方程消去 w_1, 得

$$2\lambda r(S - 2I)w_2 + w_2 = \lambda^2 w_2,$$

从而

$$Sw_2 = \left(2 + \frac{\lambda}{2r} - \frac{1}{2\lambda r}\right)w_2.$$

可见 $\mu = 2 + \lambda/(2r) - 1/(2\lambda r)$ 是特征值. 于是 λ 满足方程

$$\lambda^2 + 2r(2 - \mu)\lambda - 1 = 0 \quad (\mu = 2\cos j\pi h),$$

或 $\lambda^2 + (8r\sin^2 j\pi h/2)\lambda - 1 = 0$, 其根的按模最大值

$$\max_j(|\lambda_1^j|, |\lambda_2^j|) = \max_j\left|4r\sin^2\frac{j\pi h}{2} + \sqrt{16r^2\sin^4\frac{j\pi h}{2} + 1}\right| > r + \sqrt{1 + r^2} > 1 + r,$$

其中任意 $r > 0$, 所以 Richardson 格式不稳定.

4.2.3 用 Fourier 方法判断差分格式的稳定性

考虑线性常系数一维抛物型方程, 假定初值给定, 且具有周期性 (设周期为 l) 边值条件. 那么, 逼近它的二层差分方程的一般形式为

$$\sum_{m\in\aleph_1} a_m u_{j+m}^{n+1} = \sum_{m\in\aleph_2} b_m u_{j+m}^n, \quad j = 0, 1, 2, \cdots, M. \tag{4.21}$$

这里均假定函数 $f(x) = 0$, 也即差分格式中的 $f_j = 0$, $\aleph_1$ 和 $\aleph_2$ 是包含 0 及其附近的正负整数的有限集合, a_m 和 b_m 不依赖 j 但和 τ 有关. 只考虑按初值稳定.

由于是周期边值条件, 也就是 $u_0^n = u_M^n$, 故可将 u_j^n 周期开拓使其对一切 $j = 0, \pm 1, \cdots$ 有意义, 且方程 (4.21) 对所有整数 j 成立.

为了应用 Fourier 方法, 再将 $u_j^n = u^n(x_j)$ 延拓为 $(-\infty, +\infty)$ 上的连续函数 $u^n(x)$. 为此, 取半整数节点 $x_{j+1/2} = x_j + h/2, j = 0, \pm 1, \cdots$, 并用如下阶梯函数逼近初始函数 $\varphi(x)$:

$$u^0(x) = \varphi(x_j), \quad x_{j-1/2} < x < x_{j+1/2},$$

其中 $j = 0, \pm 1, \cdots$.

再将 (4.21) 看成在任一 $x_j = x \in (-\infty, +\infty)$ 成立. 于是得具连续变量的分解 $u^n(x) = u_j^n \ (x_{j-1/2} < x < x_{j+1/2})$. 这样, 就可以将 Fourier 方法用于具连续空间变量的差分方程

$$\sum_{m \in \aleph_1} a_m u^{n+1}(x + x_m) = \sum_{m \in \aleph_2} b_m u^n(x + x_m). \tag{4.22}$$

事实上, 将 $u^n(x)$ 展开成 Fourier 级数

$$u^n(x) = \sum_{p=-\infty}^{\infty} \nu_p^n e^{i\frac{2p\pi}{l}x}, \tag{4.23}$$

这里

$$\nu_p^n = \frac{1}{l} \int_0^l u^n(x) e^{-i\frac{2p\pi}{l}x} dx, \quad p = 0, \pm 1, \cdots,$$

把 (4.23) 代入 (4.22), 可得

$$\sum_{p=-\infty}^{\infty} \nu_p^{n+1} \left[\sum_{m \in \aleph_1} a_m e^{i\frac{2p\pi}{l}x_m} \right] e^{i\frac{2p\pi}{l}x} = \sum_{p=-\infty}^{\infty} \nu_p^n \left[\sum_{m \in \aleph_2} b_m e^{i\frac{2p\pi}{l}x_m} \right] e^{i\frac{2p\pi}{l}x},$$

比较对应系数, 得

$$\nu_p^{n+1} = G(ph, \tau)\nu_p^n, \tag{4.24}$$

其中增长因子

$$G = G(ph, \tau) = \left[\sum_{m \in \aleph_1} a_m e^{i\frac{2p\pi}{l}x_m} \right]^{-1} \left[\sum_{m \in \aleph_2} b_m e^{i\frac{2p\pi}{l}x_m} \right].$$

此外, 如果定义范数

$$\|u^n(x)\|_{L^2}^2 = \int_0^l |u^n(x)|^2 \, dx,$$

那么与之相关, 有 Parseval 等式

$$\|u^n(x)\|_{L^2}^2 = l \sum_{p=-\infty}^{\infty} |\nu_p^n|^2. \tag{4.25}$$

将 (4.24) 代入 (4.25), 则

$$\|u^n(x)\|_{L^2}^2 = l \sum_{p=-\infty}^{\infty} |G(ph,\tau)\nu_p^{n-1}|^2 = l \sum_{p=-\infty}^{\infty} |G^n(ph,\tau)\nu_p^0|^2. \tag{4.26}$$

于是若差分格式稳定, 则有常数 $K > 0$ 使

$$\|u^n(x)\|_{L^2}^2 = l \sum_{p=-\infty}^{\infty} |G^n(ph,\tau)\nu_p^0|^2 \leqslant K^2 \|u^0(x)\|_{L^2}^2.$$

由于阶梯函数 $u^0(x)$ 于 $L^2(0,l)$ 稠密, 故由上式可得

$$|G^n(ph,\tau)| \leqslant K, \quad 0 < \tau \leqslant \tau_0, 0 < n\tau \leqslant T, \tag{4.27}$$

则 $G^n(ph,\tau)$ 一致有界.

反之, 若 $G^n(ph,\tau)$ 一致有界, 则由 (4.26) 得

$$\|u^n(x)\|_{L^2}^2 \leqslant K^2 l \sum_{p=-\infty}^{\infty} |\nu_p^0|^2 = K^2 \|u^0(x)\|_{L^2}^2.$$

从而差分格式按初值稳定.

显然不等式 (4.27) 又等价于

$$|G(ph,\tau)| \leqslant 1 + M\tau, \tag{4.28}$$

这里 M 是某一正常数. 上式也称为 Neumann 条件.

综合上述讨论, 可得如下推论.

推论 4.4　差分格式 (4.21) 稳定 $\Longleftrightarrow$ $G^n(ph,\tau)$ 一致有界 $\Longleftrightarrow$ Neumann 条件 (4.28) 成立.

注 1　注意这里 $x_p = ph$ 是空间网点, $G(x_p,\tau)$ 关于 x_p,τ 连续, 关于 x_p 是以 l 为周期的函数, 所以只需就 $p = 0,1,2,\cdots,N-1$ 研究 $G^n(x_p,\tau)$ 一致有界性, 此时 $x_0 = 0 < x_1 < \cdots < x_{N-1} < l$.

注 2　增长因子的计算可以简化如下: 因为 Fourier 展开式的通项为

$$\nu^{n+1} \cdot e^{i\alpha x_{m+j}} \quad \left(\alpha = \frac{2p\pi}{l}\right),$$

将之代入 (4.21) 两端, 得

$$\nu^{n+1} \sum_{m\in\aleph_1} a_m e^{i\alpha x_{m+j}} = \nu^n \sum_{m\in\aleph_2} b_m e^{i\alpha x_{m+j}},$$

消去公因子 $e^{i\alpha x_j}$, 就可得

$$\nu^{n+1} = \left[\sum_{m\in\aleph_1} a_m e^{i\alpha x_m}\right]^{-1} \left[\sum_{m\in\aleph_2} b_m e^{i\alpha x_m}\right] \nu^n.$$

从中可方便地得到增长因子 $G(ph,\tau)$.

下面根据注 2 来简便地计算增长因子.

例 4.1　用 Fourier 方法讨论向前差分格式的稳定性.

解: 由于

$$u_j^{n+1} = ru_{j+1}^n + (1-2r)u_j^n + ru_{j-1}^n,$$

将 $u_j^n = \nu^n e^{i\alpha jh}$ 代入上式, 得

$$\nu^{n+1} e^{i\alpha jh} = r\nu^n e^{i\alpha(j+1)h} + (1-2r)\nu^n e^{i\alpha jh} + re^{i\alpha(j-1)h}\nu^n,$$

消去 $e^{i\alpha jh}$, 得

$$\nu^{n+1} = r\nu^n e^{i\alpha h} + (1-2r)\nu^n + re^{-i\alpha h}\nu^n,$$

则知增长因子

$$\begin{aligned}
G &= (1-2r) + r(e^{i\alpha h} + e^{-i\alpha h}) \\
&= 1 - 2r(1 - \cos\alpha h) = 1 - 4r\sin^2\frac{\alpha h}{2}.
\end{aligned}$$

由于 $\alpha h/2$ 在 $[0,\pi]$ 中分布稠密, 为使 G 满足 Neumann 条件, 必须且只需网比 $r \leqslant 1/2$, 所以向前差分格式的稳定条件是 $r \leqslant 1/2$.

例 4.2　用 Fourier 方法讨论 Crank-Nicolson 差分格式的稳定性.

解: 由于

$$-\frac{r}{2}u_{j+1}^{n+1} + (1+r)u_j^{n+1} - \frac{r}{2}u_{j-1}^{n+1} = \frac{r}{2}u_{j+1}^n + (1-r)u_j^n + \frac{r}{2}u_{j-1}^n,$$

将 $u_j^n = \nu^n e^{i\alpha jh}$ 代入上式, 得

$$\begin{aligned}
&(1+r)\nu^{n+1} e^{i\alpha jh} - \frac{r}{2}[\nu^{n+1} e^{i\alpha(j+1)h} + \nu^{n+1} e^{i\alpha(j-1)h}] \\
&= (1-r)\nu^n e^{i\alpha jh} + \frac{r}{2}[\nu^n e^{i\alpha(j+1)h} + \nu^n e^{i\alpha(j-1)h}],
\end{aligned}$$

消去 $e^{i\alpha jh}$, 得

$$\left[1 + r - \frac{r}{2}(e^{i\alpha h} + e^{-i\alpha h})\right]\nu^{n+1} = \left[1 - r + \frac{r}{2}(e^{i\alpha h} + e^{-i\alpha h})\right]\nu^n,$$

于是知

$$G = \frac{1 - 2r\sin^2\dfrac{\alpha h}{2}}{1 + 2r\sin^2\dfrac{\alpha h}{2}} \leqslant 1,$$

所以该差分格式无条件稳定.

注 3　Fourier 方法同样可以分析差分方程组的稳定性. 假设差分方程组形如

$$\sum_{m \in \aleph_1} A_m U_{j+m}^{n+1} = \sum_{m \in \aleph_2} B_m U_{j+m}^n, \tag{4.29}$$

其中 A_m, B_m 是 $s \times s$ 方阵, 一般依赖步长 τ 但和 h 无关; U_j^n 是 s 维列向量, 其分量为 $u_{1j}^n, \cdots, u_{sj}^n$. 像单个差分方程的情况一样, 将 U_j^n 开拓为连续变量的周期函数 $U^n(x) = (u_1^n(x), \cdots, u_s^n(x))$, 并将它展成 Fourier 级数

$$U^n(x) = \sum_{p=-\infty}^{\infty} V_p^n e^{i\frac{2p\pi}{l}x},$$

将其代入 (4.29), 比较对应项的系数, 得增长矩阵

$$G(x_p, \tau) = \left[\sum_{m \in \aleph_1} A_m e^{i\frac{2m\pi}{l}x_p} \right]^{-1} \cdot \left[\sum_{m \in \aleph_0} B_m e^{i\frac{2m\pi}{l}x_p} \right]. \tag{4.30}$$

此时计算增长矩阵的简便方法跟以前一样, 将通项

$$\nu^n e^{i\alpha x_j} \quad \left(\alpha = \frac{2p\pi}{l} \right) \tag{4.31}$$

代到方程 (4.29), 消去共同因子 $e^{i\alpha x_j}$, 即得

$$\nu^{n+1} = G(x_p, \tau)\nu^n,$$

其中 $G(x_p, \tau)$ 就是形如 (4.30) 的增长矩阵.

关于差分方程组 (4.29) 的稳定性, 可依据下面推论来判断.

推论 4.5　差分格式 (4.29) 稳定的充要条件是: 矩阵族

$$G(x_p, \tau) : 0 < \tau \leqslant \tau_0, 0 < k\tau \leqslant T, p = 0, 1, \cdots, N - 1 \tag{4.32}$$

一致有界.

推论 4.6　矩阵族 (4.32) 稳定的必要条件是 $G(x_p, \tau)$ 的谱半径

$$\rho(G) \leqslant 1 + O(\tau), \tag{4.33}$$

即 Neumann 条件成立.

例 4.3　将 Richardson 格式写成等价的方程组

$$u_j^{n+1} = 2r(u_{j+1}^n - 2u_j^n + u_{j-1}^n) + w_j^n,$$
$$w_j^{n+1} = u_j^n,$$

显然增长矩阵

$$G = \begin{pmatrix} -8r\sin^2\dfrac{\alpha h}{2} & 1 \\ 1 & 0 \end{pmatrix},$$

知 G 的谱半径不满足 Neumann 条件, 故根据推论 4.6 知道 Richardson 格式绝对不稳定.

4.3 二维抛物型方程初边值问题的有限差分法

考虑下面二维抛物型方程 —— 二维热传导方程的初边值问题的有限差分法

$$\frac{\partial u}{\partial t} = a\left(\frac{\partial^2 u}{\partial x^2} + \frac{\partial^2 u}{\partial y^2}\right), \quad 0 < x < l,\, 0 < y < l, t > 0,$$

$$u(x, y, 0) = \varphi(x, y), \quad 0 \leqslant x \leqslant l,\, 0 \leqslant y \leqslant l, \tag{4.34}$$

$$u(0, y, t) = u(l, y, t) = u(x, 0, t) = u(x, l, t) = 0,$$

这里 $u = u(x, y, t)$ 是未知函数, $\varphi(x, y)$ 是一已知函数.

首先将函数 $u = u(x, y, t)$ 的定义域作剖分: 如果取空间步长 $h = l/M$, 时间步长 $\tau > 0$, 再作两族与坐标轴平行的直线

$$x = x_j = jh, \quad j = 0, 1, \cdots, M,$$

$$y = y_k = kh, \quad k = 0, 1, \cdots, M,$$

这样将区域 $0 \leqslant x, y \leqslant l$ 分割成 M^2 个小矩形. 另外令 $t_n = n\tau$. 其次, 用 u_{jk}^n 表示函数 $u(x, y, t)$ 在节点 (x_j, y_k, t_n) 的函数值, 这里整数 j, k, n 的取值范围分别为 $0 \leqslant j \leqslant M, 0 \leqslant k \leqslant M, 0 \leqslant n \leqslant N$. M, N 是两个预先取定的正整数.

4.3.1 二维方程的一种显式差分格式

如果在节点 (x_j, y_k, t_n) 处, 采用如下离散方法: 时间 t 方向利用向前差分法来近似 u 对 t 的一阶偏导数, 空间 x, y 方向均采用二阶中心差分法来分别近似 u 对 x 的二阶偏导数、u 对 y 的二阶偏导数, 那么可得如下的差分格式

$$\frac{u_{jk}^{n+1} - u_{jk}^n}{\tau} = \frac{a}{h^2}(\Delta_x^2 u_{jk}^n) + \frac{a}{h^2}(\Delta_y^2 u_{jk}^n), \quad j, k = 1, 2, \cdots, M-1,$$

$$u_{jk}^0 = \varphi(x_j, y_k), \quad j, k = 0, 1, 2, \cdots, M-1, M, \tag{4.35}$$

$$u_{0k}^n = 0, \quad u_{Mk}^n = 0, \quad u_{j0}^n = 0, \quad u_{jM}^n = 0, \quad j, k = 0, 1, 2, \cdots, M-1, M.$$

这里规定

$$\Delta_x^2 u_{jk}^n = u_{j+1,k}^n - 2u_{jk}^n + u_{j-1,k}^n,$$
$$\Delta_y^2 u_{jk}^n = u_{j,k+1}^n - 2u_{jk}^n + u_{j,k-1}^n.$$

可以推得此差分公式是显式的, 并且其截断误差为 $O(\tau)+O(h^2)$. 另外, 利用 Fourier 方法, 设

$$u_{jk}^n = v^n e^{i\alpha jh} e^{i\beta kh}, \quad \alpha, \beta \in R,$$

将之代入式 (4.35), 有

$$v^{n+1} = [1 + 2a\lambda(\cos\alpha h - 1) + 2a\lambda(\cos\beta h - 1)]v^n,$$

这里 $\lambda = \tau/h^2$. 于是得到增长因子

$$G(\tau, \alpha, \beta) = 1 + 2a\lambda(\cos\alpha h - 1) + 2a\lambda(\cos\beta h - 1) = 1 - 4a\lambda\left(\sin^2\frac{\alpha h}{2} + \sin^2\frac{\beta h}{2}\right).$$

这样, 当 $a\lambda \leqslant 1/4$ 时, 增长因子 G 满足 $|G| \leqslant 1$.

因此, 当 $a\lambda \leqslant 1/4$ 时, 此差分格式是稳定的.

4.3.2　二维方程的一种隐式差分格式

如果在节点 (x_j, y_k, t_n) 处, 采用如下离散方法: 时间 t 方向利用向后差分法来近似 u 对 t 的一阶偏导数, 空间 x, y 方向均采用二阶中心差分法来分别近似 u 对 x 的二阶偏导数、u 对 y 的二阶偏导数, 那么可得如下的差分格式:

$$\begin{aligned}
&\frac{u_{jk}^n - u_{jk}^{n-1}}{\tau} = \frac{a}{h^2}(\Delta_x^2 u_{jk}^n) + \frac{a}{h^2}(\Delta_y^2 u_{jk}^n), \quad j,k = 1,2,\cdots,M-1, \\
&u_{jk}^0 = \varphi(x_j, y_k), \quad j,k = 0,1,2,\cdots,M-1,M, \\
&u_{0k}^n = 0, \quad u_{Mk}^n = 0, \quad u_{j0}^n = 0, \quad u_{jM}^n = 0, \quad j,k = 0,1,2,\cdots,M-1,M.
\end{aligned} \tag{4.36}$$

可以推得此差分公式是隐式的, 并且其截断误差为 $O(\tau)+O(h^2)$. 另外, 利用 Fourier 方法, 设

$$u_{jk}^n = v^n e^{i\alpha jh} e^{i\beta kh},$$

将之代入式 (4.36), 有

$$v^{n+1} = 1/[1 - 2a\lambda(\cos\alpha h - 1) - 2a\lambda(\cos\beta h - 1)]v^n,$$

这里 $\lambda = \tau/h^2$. 于是得到增长因子

$$\begin{aligned}
G(\tau, \alpha, \beta) &= 1/[1 - 2a\lambda(\cos\alpha h - 1) - 2a\lambda(\cos\beta h - 1)] \\
&= 1/\left[1 + 4a\lambda\left(\sin^2\frac{\alpha h}{2} + \sin^2\frac{\beta h}{2}\right)\right].
\end{aligned}$$

这样, 增长因子 G 总是满足 $|G| \leqslant 1$.

　　因此, 此差分格式是无条件稳定的.

4.3.3　二维方程的另一种隐式差分格式

　　如果在节点 (x_j, y_k, t_n) 处, 采用如下离散方法: 时间 t 方向利用 Crank-Nicolson 差分公式来近似 u 对 t 的一阶偏导数, 空间 x, y 方向均采用二阶中心差分法来分别近似 u 对 x 的二阶偏导数、u 对 y 的二阶偏导数, 那么可得如下的差分格式:

$$
\begin{aligned}
&\frac{u_{jk}^{n+1} - u_{jk}^n}{\tau} = \frac{a}{2h^2}(\Delta_x^2 u_{jk}^n + \Delta_x^2 u_{jk}^{n+1}) + \frac{a}{2h^2}(\Delta_y^2 u_{jk}^n + \Delta_y^2 u_{jk}^{n+1}), \\
&\qquad j, k = 1, 2, \cdots, M-1, \\
&u_{jk}^0 = \varphi(x_j, y_k), \quad j, k = 0, 1, 2, \cdots, M-1, M, \\
&u_{0k}^n = 0, \quad u_{Mk}^n = 0, \quad u_{j0}^n = 0, \quad u_{jM}^n = 0, \quad j, k = 0, 1, 2, \cdots, M-1, M.
\end{aligned}
\tag{4.37}
$$

可以推得此差分公式是隐式的, 并且其截断误差为 $O(\tau^2) + O(h^2)$. 另外, 利用 Fourier 方法, 设

$$
u_{jk}^n = v^n e^{i\alpha jh} e^{i\beta kh},
$$

将之代入式 (4.37), 有

$$
v^{n+1} = \frac{1 + a\lambda(\cos\alpha h - 1) + a\lambda(\cos\beta h - 1)}{1 - a\lambda(\cos\alpha h - 1) - a\lambda(\cos\beta h - 1)} v^n,
$$

这里 $\lambda = \tau/h^2$. 于是得到增长因子

$$
\begin{aligned}
G(\tau, \alpha, \beta) &= \frac{1 + a\lambda(\cos\alpha h - 1) + a\lambda(\cos\beta h - 1)}{1 - a\lambda(\cos\alpha h - 1) - a\beta(\cos\beta h - 1)} \\
&= \frac{1 - 2a\lambda\left(\sin^2\dfrac{\alpha h}{2} + \sin^2\dfrac{\beta h}{2}\right)}{1 + 2a\lambda\left(\sin^2\dfrac{\alpha h}{2} + \sin^2\dfrac{\beta h}{2}\right)}.
\end{aligned}
$$

这样, 增长因子 G 总是满足 $|G| \leqslant 1$.

　　因此, 此差分格式是无条件稳定的.

4.3.4　二维方程的分数步长法

　　前面介绍的差分格式 (4.37) 具有二阶精度, 但是利用它来进行编程计算, 计算量大, 编写程序困难. 本节将介绍二维热传导方程的各种分数步长法, 包括 ADI 法 (alternating direct implicit method, 交替方向隐格式), 预–校法 (predict-corrector method) 和 LOD 法 (locally one dimensional method, 局部一维格式).

(1) ADI 法.

第一个 ADI 法是 Peaceman 和 Rachford 提出的. 他们把由第 n 层到第 $n+1$ 层计算分成两步. 于是得到如下的 ADI 格式:

$$\frac{u_{jk}^{n+\frac{1}{2}} - u_{jk}^n}{\frac{\tau}{2}} = \frac{a}{h^2}(\Delta_x^2 u_{jk}^{n+\frac{1}{2}}) + \frac{a}{h^2}(\Delta_y^2 u_{jk}^n), \tag{4.38}$$

$$\frac{u_{jk}^{n+1} - u_{jk}^{n+\frac{1}{2}}}{\frac{\tau}{2}} = \frac{a}{h^2}(\Delta_x^2 u_{jk}^{n+\frac{1}{2}} + \Delta_y^2 u_{jk}^{n+1}), \quad j,k = 1, 2, \cdots, M-1, \tag{4.39}$$

$$u_{jk}^0 = \varphi(x_j, y_k), \quad j, k = 0, 1, 2, \cdots, M-1, M, \tag{4.40}$$

$$u_{0k}^n = 0, \quad u_{Mk}^n = 0, \quad u_{j0}^n = 0, \quad u_{jM}^n = 0, \quad j, k = 0, 1, 2, \cdots, M-1, M. \tag{4.41}$$

这里规定

$$\Delta_x^2 u_{jk} = u_{j-1,k} - 2u_{jk} + u_{j+1,k},$$

$$\Delta_y^2 u_{jk} = u_{j,k-1} - 2u_{jk} + u_{j,k+1}.$$

如果分别令 $U^{n+1/2} = (u_{1k}^{n+1/2}, \cdots, u_{M-1,k}^{n+1/2})^{\mathrm{T}}$, $U^n = (u_{1k}^n, \cdots, u_{M-1,k}^n)^{\mathrm{T}}$, 那么式 (4.38) 可改写为如下的矩阵形式:

$$AU^{n+1/2} = BU^n, \quad k = 1, 2, \cdots, M-1, \tag{4.42}$$

如果分别令 $V^{n+1/2} = (u_{j1}^{n+1/2}, \cdots, u_{j,M-1}^{n+1/2})^{\mathrm{T}}$, $V^{n+1} = (u_{j1}^{n+1}, \cdots, u_{j,M-1}^{n+1})^{\mathrm{T}}$, 那么式 (4.39) 可改写为如下的矩阵形式:

$$AV^{n+1} = BV^{n+1/2}, \quad j = 1, 2, \cdots, M-1, \tag{4.43}$$

这里 $A = (1+r)I - r/2S$ (I 为一个 $M-1$ 阶单位矩阵), $B = (1-r)I + r/2S$, 其中 S 是一个 $M-1$ 阶方阵, 其定义见 (4.7).

在具体计算过程中, 给定 $u_{jk}^0 (0 \leqslant j, k \leqslant M)$ 的值, 可以先通过式 (4.42) 算出 $u_{jk}^{n+1/2} (0 \leqslant j, k \leqslant M)$ 的值, 再通过式 (4.43) 算出 $u_{jk}^{n+1} (0 \leqslant j, k \leqslant M)$ 的值.

现在估计该差分格式的截断误差. 将 (4.38) 与 (4.39) 相加减, 依次得到

$$\frac{u_{jk}^{n+1} - u_{jk}^n}{\frac{\tau}{2}} = \frac{2a}{h^2}\Delta_x^2 u_{jk}^{n+\frac{1}{2}} + \frac{a}{h^2}\Delta_y^2(u_{jk}^n + u_{jk}^{n+1}),$$

$$4u_{jk}^{n+\frac{1}{2}} = 2(u_{jk}^{n+1} + u_{jk}^n) - \frac{a\tau}{h^2}\Delta_y^2(u_{jk}^{n+1} - u_{jk}^n),$$

消去中间值 $u_{jk}^{n+\frac{1}{2}}$, 则有

$$\left(I + \frac{1}{4}\frac{a^2\tau^2}{h^4}\Delta_x^2\Delta_y^2\right)\frac{u_{jk}^{n+1} - u_{jk}^n}{\tau} = \frac{a}{h^2}(\Delta_x^2 + \Delta_y^2)\frac{u_{jk}^{n+1} + u_{jk}^n}{2}. \tag{4.44}$$

以 $\overline{u}_{jk}^n$ 表示真解在节点 (x_j, y_k, t_n) 的值 $u(x_j, y_k, t_n)$, 利用 Taylor 展开, 易见

$$\left(I + \frac{1}{4}\frac{a^2\tau^2}{h^4}\Delta_x^2\Delta_y^2\right)\frac{\overline{u}_{jk}^{n+1} - \overline{u}_{jk}^n}{\tau} = \frac{a}{h^2}(\Delta_x^2 + \Delta_y^2)\frac{\overline{u}_{jk}^{n+1} - \overline{u}_{jk}^n}{2} + O(\tau^2 + h^2),$$

与 (4.44) 比较, 可见截断误差的阶为 $O(\tau^2 + h^2)$.

为了检验格式 (4.38) 与 (4.39) 的稳定性, 先将它改写成

$$\left(I - \frac{r}{2}\Delta_x^2\right)u_{jk}^{n+\frac{1}{2}} = \left(I + \frac{r}{2}\Delta_y^2\right)u_{jk}^n,$$

$$\left(I - \frac{r}{2}\Delta_y^2\right)u_{jk}^{n+1} = \left(I + \frac{r}{2}\Delta_x^2\right)u_{jk}^{n+\frac{1}{2}},$$

消去中间值 $u_{jk}^{n+\frac{1}{2}}$, 则有

$$\left(I - \frac{r}{2}\Delta_x^2\right)\left(I - \frac{r}{2}\Delta_y^2\right)u_{jk}^{n+1} = \left(I + \frac{r}{2}\Delta_x^2\right)\left(I + \frac{r}{2}\Delta_y^2\right)u_{jk}^n, \tag{4.45}$$

令 $u_{jk}^n = \nu^n e^{i(\alpha x_j + \beta y_k)}$, 得增长因子

$$G(\tau, \alpha, \beta) = \frac{\left(1 - 2r\sin^2\dfrac{\alpha h}{2}\right)\left(1 - 2r\sin^2\dfrac{\beta h}{2}\right)}{\left(1 + 2r\sin^2\dfrac{\alpha h}{2}\right)\left(1 + 2r\sin^2\dfrac{\beta h}{2}\right)} \leqslant 1,$$

故 ADI 法绝对稳定.

从 (4.45) 出发, 还可以构造出其他的交替方向隐格式. 例如将 (4.45) 改写成

$$\left(I - \frac{r}{2}\Delta_x^2\right)\left(I - \frac{r}{2}\Delta_y^2\right)\frac{u_{jk}^{n+1} - u_{jk}^n}{\tau} = \frac{1}{h^2}\left(\Delta_x^2 + \Delta_y^2\right)u_{jk}^n, \tag{4.46}$$

引进过渡量 $u_{jk}^{n+\frac{1}{2}}$, 使

$$\frac{u_{jk}^{n+\frac{1}{2}} - u_{jk}^n}{\tau} = \left(I - \frac{r}{2}\Delta_y^2\right)\frac{u_{jk}^{n+1} - u_{jk}^n}{\tau}, \tag{4.47}$$

将它代入 (4.46) 得

$$\left(I - \frac{r}{2}\Delta_y^2\right)\frac{u_{jk}^{n+\frac{1}{2}} - u_{jk}^n}{\tau} = \frac{1}{h^2}(\Delta_x^2 + \Delta_y^2)u_{jk}^n. \tag{4.48}$$

又 (4.47) 可写成形式

$$\frac{u_{jk}^{n+\frac{1}{2}} - u_{jk}^n}{\dfrac{\tau}{2}} = \frac{1}{h^2}\Delta_y^2(u_{jk}^{n+1} - u_{jk}^n). \tag{4.49}$$

可以证明, 差分格式 (4.48)-(4.49) 绝对稳定, 截断误差阶为 $O(\tau^2 + h^2)$. 差分格式 (4.48)-(4.49) 又被称为 Douglas 格式.

交替方向隐格式是 "三层格式", 计算时要多用一套存储单元. 该方法的方便之处是便于从低维推广到高维.

(2) 预–校法.

考虑逼近 (4.34) 的向后差分格式

$$\frac{u_{jk}^{n+1} - u_{jk}^n}{\tau} = \frac{a}{h^2}(\Delta_x^2 u_{jk}^{n+1} + \Delta_y^2 u_{jk}^{n+1}).$$

令 $r = a\tau/h^2$, 将它改写成

$$(I - r\Delta_x^2 - r\Delta_y^2)u_{jk}^{n+1} = u_{jk}^n.$$

两端各加一项 $r^2\Delta_x^2\Delta_y^2 u_{jk}^{n+1}$, 得

$$(I - r\Delta_x^2 - r\Delta_y^2 + r^2\Delta_x^2\Delta_y^2)u_{jk}^{n+1} = u_{jk}^n + r^2\Delta_x^2\Delta_y^2 u_{ij}^{n+1},$$

再略去右端高阶无穷小项

$$r^2\Delta_x^2\Delta_y^2 u_{jk}^{n+1} = h^4 r^2 \left(\frac{\Delta_x^2}{h^2}\right)\left(\frac{\Delta_y^2}{h^2}\right)u_{jk}^{n+1}.$$

并将左端分解, 则得

$$(I - r\Delta_x^2)(I - r\Delta_y^2)u_{jk}^{n+1} = u_{jk}^n. \tag{4.50}$$

这是绝对稳定的格式. 它逼近的截断误差为 $O(\tau + h^2)$. 将 (4.50) 用于半区间, 得

$$\left(I - \frac{a\tau}{2h^2}\Delta_x^2\right)\left(I - \frac{a\tau}{2h^2}\Delta_y^2\right)u_{jk}^{n+\frac{1}{2}} = u_{jk}^n.$$

引进 $u_{jk}^{n+\frac{1}{4}} = \left(I - \frac{a\tau}{2h^2}\right)u_{jk}^{n+\frac{1}{2}}$, 则计算 $u_{jk}^{n+\frac{1}{2}}$ 的预算格式

$$\left(I - \frac{a\tau}{2h^2}\Delta_x^2\right)u_{jk}^{n+\frac{1}{4}} = u_{jk}^n, \tag{4.51}$$

$$\left(I - \frac{a\tau}{2h^2}\Delta_y^2\right)u_{jk}^{n+\frac{1}{2}} = u_{jk}^{n+\frac{1}{4}}, \tag{4.52}$$

可将 (4.51)-(4.52) 写成更直观的形式

$$\frac{u_{jk}^{n+\frac{1}{4}} - u_{jk}^n}{\frac{\tau}{2}} = \frac{a}{h^2}\Delta_x^2 u_{jk}^{n+\frac{1}{4}}, \tag{4.53}$$

$$\frac{u_{jk}^{n+\frac{1}{2}} - u_{jk}^{n+\frac{1}{4}}}{\frac{\tau}{2}} = \frac{a}{h^2}\Delta_y^2 u_{jk}^{n+\frac{1}{2}}. \tag{4.54}$$

最后, 利用 u_{jk}^n, $u_{jk}^{n+\frac{1}{2}}$ 构造一更精确的校正格式

$$\frac{u_{jk}^{n+1} - u_{jk}^n}{\tau} = \frac{a}{h^2}(\Delta_x^2 + \Delta_y^2)u_{jk}^{n+\frac{1}{2}}, \tag{4.55}$$

由此得到第 $(n+1)$ 层上的 $u_{jk}^{n+\frac{1}{2}}$. 预–校格式 (4.53)—(4.55) 是由 Yanenko 建立的.

下面讨论预–校格式的截断误差. 由 (4.53)—(4.55) 消去 $u_{jk}^{n+\frac{1}{4}}$, 得

$$\left(I - \frac{r}{2}\Delta_x^2\right)\left(I - \frac{r}{2}\Delta_y^2\right)u_{jk}^{n+\frac{1}{2}} = u_{jk}^n,$$

再用上式消去公式中的 $u_{jk}^{n+\frac{1}{2}}$, 又得

$$u_{jk}^{n+1} - u_{jk}^n = r(\Delta_x^2 + \Delta_y^2)\left(I - \frac{r}{2}\Delta_x^2\right)^{-1}\left(I - \frac{r}{2}\Delta_y^2\right)^{-1}u_{jk}^n.$$

注意 Δ_x^2, Δ_y^2 的形式相同, 故该式右端的差分算子可换序, 因此可化为

$$\left(I - \frac{r}{2}\Delta_x^2\right)\left(I - \frac{r}{2}\Delta_y^2\right)(u_{jk}^{n+1} - u_{jk}^n) = r(\Delta_x^2 + \Delta_y^2)u_{jk}^n.$$

由此可知, 预–校格式绝对稳定, 截断误差的阶为 $O(\tau^2 + h^2)$.

(3) 局部一维格式.

考虑逼近 (4.34) 的局部一维格式为

$$\frac{u_{jk}^{n+1/2} - u_{jk}^n}{\tau} = \frac{a}{h^2}(\Delta_x^2 u_{jk}^{n+1/2} + \Delta_y^2 u_{jk}^n),$$

$$\frac{u_{jk}^{n+1} - u_{jk}^{n+1/2}}{\tau} = \frac{a}{h^2}(\Delta_y^2 u_{jk}^{n+1/2} + \Delta_y^2 u_{jk}^{n+1}).$$

可以证明此局部一维格式与 Peaceman-Rachford 格式 (交替方向隐格式) 等价.

4.3.5 二维方程的时间分裂法

先介绍时间分裂法的基本思想: 从时间 t_n 到 t_{n+1}, 如果要求解含时间的常微分方程或偏微分方程

$$u_t = A(u) + B(u), \quad t_n < t < t_{n+1} = t_n + k, \tag{4.56}$$

$$u(t_n) \quad 给定.$$

那么可以构造如下一阶的时间分裂法.

第一步. 解方程

$$u_t = A(u), \quad t_n < t < t_n + k, \tag{4.57}$$

$$u(t_n) \quad 给定$$

后, 得到中间值 $\tilde{u}_k(t_{n+1})$.

第二步. 解方程

$$u_t = B(u), \quad t_n < t < t_n + k, \tag{4.58}$$
$$u(t_n) = \tilde{u}_k(t_{n+1}),$$

然后得到数值 $u_k(t_{n+1})$.

理论上, 可以证明

$$|u(t_{n+1}) - u_k(t_{n+1})| \leqslant Ck^2.$$

这里 $k = \Delta t$.

也可以构造如下二阶的时间分裂法.

第一步. 解方程

$$u_t = A(u), \quad t_n < t < t_n + k/2, \tag{4.59}$$
$$u(t_n) \quad 给定,$$

得到 $\tilde{u}_k(t_{n+1/2})$.

第二步. 解方程

$$u_t = B(u), \quad t_n < t < t_n + k, \tag{4.60}$$
$$u(t_n) = \tilde{u}_k(t_{n+1/2}),$$

得到 $\tilde{u}(t_{n+1})$.

第三步. 解方程

$$u_t = A(u), \quad t_n < t < t_n + k/2, \tag{4.61}$$
$$u(t_n) = \tilde{u}_k(t_{n+1}),$$

得到 $u_k(t_{n+1})$.

理论上, 可以证明

$$|u(t_{n+1}) - u_k(t_{n+1})| \leqslant Ck^3. \tag{4.62}$$

事实上, 如果

$$A(u) = au, \quad B(u) = bu. \tag{4.63}$$

此时, 一阶时间分裂法得到的数值结果是准确的,

$$u(t_{n+1}) = e^{(a+b)k}u(t_n),$$
$$u_k(t_{n+1}) = e^{bk}\tilde{u}_k(t_{n+1}) = e^{bk}e^{ak}u(t_n) = e^{(a+b)k}u(t_n).$$

而如果考虑线性微分算子

$$A(u) = L_A u, \quad B(u) = L_B u. \tag{4.64}$$

此时, 一阶时间分裂法得到的数值结果是具有一阶精度

$$u(t_{n+1}) = e^{(L_A + L_B)k} u(t_n) = \sum_{n=0}^{\infty} \frac{(L_A + L_B)^n k^n}{n!} u(t_n)$$

$$= u(t_n) + k(L_A + L_B)u(t_n) + \frac{k^2}{2}(L_A + L_B)^2 u(t_n) + \cdots,$$

另外

$$u_k(t_{n+1}) = e^{L_B k} \tilde{u}_k(t_{n+1}) = e^{L_B k} e^{L_A k} u(t_n)$$

$$= \left[\sum_{n=0}^{\infty} \frac{(L_A)^n k^n}{n!} \sum_{n=0}^{\infty} \frac{(L_B)^n k^n}{n!} \right] u(t_n)$$

$$= (I + kL_A + k^2 L_A^2/2 + \cdots)(I + kL_B + k^2 L_B^2/2 + \cdots)u(t_n)$$

$$= u(t_n) + k(L_A + L_B)u(t_n) + \frac{k^2}{2}(L_A^2 + L_B^2 + 2L_A L_B)u(t_n) + \cdots.$$

$$u(t_{n+1}) - u_k(t_{n+1}) = \frac{k^2}{2}(L_B L_A - L_A L_B) + \cdots = O(k^2). \tag{4.65}$$

根据上面的讨论, 如果从第 n 层到第 $n+1$ 层计算分成两步, 也可得到如下的时间分裂差分格式:

$$\frac{\widetilde{u}_{jk}^{n+1} - u_{jk}^n}{\tau} = \frac{a}{h^2} \left(\Delta_x^2 \widetilde{u}_{jk}^{n+1} \right), \tag{4.66}$$

$$\frac{u_{jk}^{n+1} - \widetilde{u}_{jk}^{n+1}}{\tau} = \frac{a}{h^2} \left(\Delta_y^2 u_{jk}^{n+1} \right). \tag{4.67}$$

总之, 时间分裂法求解思想是把含时间的复杂微分方程问题分解成几个简单微分方程问题的计算. 这种把复杂问题转化成简单问题的计算方法使用起来简便可靠, 已经被用到许多含时间的复杂微分方程的计算中.

4.3.6 计算例子

考虑关于二维抛物型方程的初边值问题

$$\frac{\partial u(x,y,t)}{\partial t} = \frac{1}{2\pi^2} \left(\frac{\partial^2 u(x,y,t)}{\partial x^2} + \frac{\partial^2 u(x,y,t)}{\partial y^2} \right),$$

$$0 < x < 1, \quad 0 < y < 1, \quad t > 0,$$

以及初边值条件

$$u(x, y, 0) = \sin(\pi x) \cos(\pi y),$$

$$u(x, y, t) = e^{-t} \sin(\pi x) \cos(\pi y), \quad x = 0, \text{或} x = 1, \text{或} y = 0, \text{或} y = 1.$$

此问题有一准确解, 它为 $u_{\text{exact}}(x, y, t) = e^{-t} \sin(\pi x) \cos(\pi y)$. 试用 ADI 法、时间分裂法来计算上面的初边值问题. 并画出在 $t = 0.5$ 时的数值解图像.

这里, 利用 ADI 法 (4.38)–(4.39) 求二维抛物型方程初边值问题的具体求解过程如下.

(1) 输入 $a = 0, b = 1, c = 0, d = 1, T = 0.5, M, N$, 以及计算空间步长 $h_x = (b - a)/M$, $h_y = (d - c)/M$, 时间步长 $\tau = T/N$.

(2) 再计算 x_j, $j = 0, 1, \cdots, M - 1, M$, y_k, $k = 0, 1, \cdots, M$, 以及 t_n, $n = 0, 1, \cdots, N - 1, N$.

(3) 定义函数 $u_0(x, y) = \sin(\pi x) \cos(\pi y)$.

(4) 取初始条件为 $u_{jk}^0 = u_0(x_j, y_k)$, 这里 $j = 0, 1, \cdots, M - 1, M, k = 0, 1, \cdots, K - 1, K$.

(5) 取边界条件为 $u_{0k}^n = 0$, $u_{Mk}^n = 0$ (对所有的 $k = 0, 1, \cdots, K - 1, K$ 以及所有的 $n = 0, 1, \cdots, N$ 都成立); $u_{j0}^n = e^{-t_n} \sin(\pi x_j)$, $u_{jM}^n = -e^{-t_n} \sin(\pi x_j)$ (对所有的 $j = 0, 1, \cdots, M - 1, M$ 以及所有的 $n = 0, 1, \cdots, N$ 都成立).

(6) 根据公式 (4.38)–(4.39), 分别依次得到 $u_{jk}^{n+1/2}$ ($1 \leqslant j \leqslant M - 1, 1 \leqslant k \leqslant K - 1$); u_{jk}^{n+1} ($1 \leqslant j \leqslant M - 1, 1 \leqslant k \leqslant K - 1$); $\cdots$; u_{jk}^N ($1 \leqslant j \leqslant M - 1, 1 \leqslant k \leqslant K - 1$). 它们就是期望求得的近似值.

图 4.3 是 ADI 法 (4.38)–(4.39) 得到的近似解. 在计算中, 取 $\Delta t = 1/80, h = 1/80$.

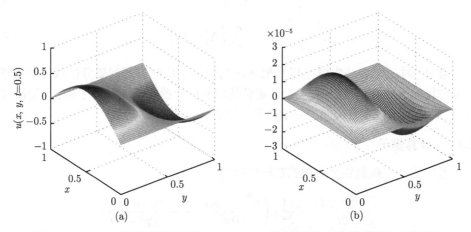

图 4.3　(a) ADI 法得到的近似解; (b) ADI 法得到的近似解与准确解之间的误差

图 4.4 是时间分裂法 (4.66)-(4.67) 得到的近似解. 此时 $\Delta t = 0.005, h = 1/80$.

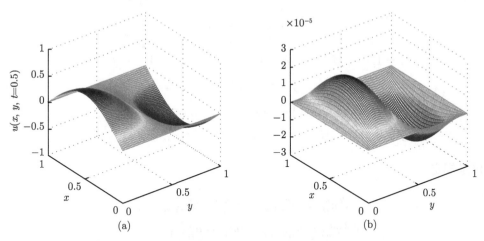

$\times 10^{-5}$

(a) (b)

图 4.4 (a) 时间分裂法得到的近似解; (b) 时间分裂法得到的近似解与准确解之间的误差

4.4 三维抛物型方程初边值问题的有限差分法

考虑下面三维抛物型方程 —— 三维热传导方程的初边值问题的有限差分法:

$$
\begin{aligned}
&\frac{\partial u}{\partial t} = A\left(\frac{\partial^2 u}{\partial x^2} + \frac{\partial^2 u}{\partial y^2} + \frac{\partial^2 u}{\partial z^2}\right), \quad (x, y, z) \in \Omega, t > 0,\\
&u(x, y, z, 0) = \varphi(x, y, z), \quad (x, y, z) \in \bar{\Omega},\\
&u(x, y, z, t) = 0, \quad (x, y, z) \in \partial\Omega,
\end{aligned}
\tag{4.68}
$$

这里 $u = u(x, y, z, t)$ 是未知函数, $\varphi(x, y, z)$ 是一已知函数, $A > 0$ 是一已知常数.

给定整数 M, P, L, N, 先将函数 $u = u(x, y, z, t)$ 的定义域 $\bar{\Omega} = [a, b] \times [c, d] \times [e, f]$ 作剖分: 如果取空间 x, y, z 方向上的步长分别为 $h_x = (b-a)/M$, $h_y = (d-c)/P$, $h_z = (f-e)/L$, 时间步长 $\tau > 0$, 则可得节点 (x_j, y_k, z_l, t_n), 这里 $x_j = a + jh_x$ $(j = 0, 1, \cdots, M)$, $y_k = c + kh_y$ $(k = 0, 1, \cdots, P)$, $z_l = e + lh_z$ $(l = 0, 1, \cdots, L)$. 另外令 $t_n = n\tau$. 其次, 用 u_{jkl}^n 表示函数 $u(x, y, z, t)$ 在节点 (x_j, y_k, z_l, t_n) 的函数值.

4.4.1 三维方程的一种显式差分格式

如果在节点 (x_j, y_k, z_l, t_n) 处, 采用如下离散方法: 时间 t 方向利用向前差分法来近似 u 对 t 的一阶偏导数, 空间 x, y, z 方向均采用二阶中心差分法来分别近似 u 对 x 的二阶偏导数、u 对 y 的二阶偏导数、u 对 z 的二阶偏导数, 那么可得如下

的差分格式:

$$\frac{u_{jkl}^{n+1} - u_{jkl}^n}{\tau} = \frac{A}{h_x^2}(\Delta_x^2 u_{jkl}^n) + \frac{A}{h_y^2}(\Delta_y^2 u_{jkl}^n) + \frac{A}{h_z^2}(\Delta_z^2 u_{jkl}^n),$$

$$j = 1, \cdots, M-1, \quad k = 1, \cdots, P-1, \quad l = 1, \cdots, L-1,$$

$$u_{jkl}^0 = \varphi(x_j, y_k), \quad j, k = 0, 1, 2, \cdots, M-1, M, \tag{4.69}$$

$$u_{0kl}^n = 0, \quad u_{Mkl}^n = 0, \quad u_{j0l}^n = 0, \quad u_{jPl}^n = 0,$$

$$j = 0, 1, \cdots, M, \quad k = 0, 1, \cdots, P, \quad l = 0, 1, \cdots, L,$$

这里规定

$$\Delta_x^2 u_{jkl}^n = u_{j+1,kl}^n - 2u_{jkl}^n + u_{j-1,kl}^n,$$

$$\Delta_y^2 u_{jkl}^n = u_{j,k+1,l}^n - 2u_{jkl}^n + u_{j,k-1,l}^n,$$

$$\Delta_z^2 u_{jkl}^n = u_{jk,l+1}^n - 2u_{jkl}^n + u_{jk,l-1}^n.$$

可以推得此差分公式是显式的, 并且其截断误差为 $O(\tau) + O(h_x^2) + O(h_y^2) + O(h_z^2)$.

另外, 利用 Fourier 方法, 设 $h_x = h_y = h_z$ 且

$$u_{jkl}^n = v^n e^{i\alpha jh} e^{i\beta kh} e^{i\gamma lh}, \quad \alpha, \beta, \gamma \in R.$$

将之代入式 (4.69), 有

$$v^{n+1} = [1 + 2A\lambda(\cos\alpha h - 1) + 2A\lambda(\cos\beta h - 1) + 2A\lambda(\cos\gamma h - 1)]v^n,$$

这里 $\lambda = \tau/h^2$. 于是得到增长因子

$$G(\tau, \alpha, \beta) = 1 + 2A\lambda(\cos\alpha h - 1) + 2A\lambda(\cos\beta h - 1) + 2A\lambda(\cos\gamma h - 1)$$

$$= 1 - 4A\lambda\left(\sin^2\frac{\alpha h}{2} + \sin^2\frac{\beta h}{2} + \sin^2\frac{\gamma h}{2}\right).$$

这样, 当 $A\lambda \leqslant 1/4$ 时, 增长因子 G 满足 $|G| \leqslant 1$.

因此, 当 $A\lambda \leqslant 1/4$ 时, 此差分格式是稳定的.

4.4.2　三维方程的一种隐式差分格式

如果在节点 (x_j, y_k, z_l, t_n) 处, 采用如下离散方法: 时间 t 方向利用向后差分法来近似 u 对 t 的一阶偏导数, 空间 x, y, z 方向均采用二阶中心差分法来分别近似 u 对 x 的二阶偏导数、u 对 y 的二阶偏导数、u 对 z 的二阶偏导数, 那么可得如下的差分格式:

$$\frac{u_{jkl}^{n+1} - u_{jkl}^n}{\tau} = \frac{A}{h_x^2}(\Delta_x^2 u_{jkl}^{n+1}) + \frac{A}{h_y^2}(\Delta_y^2 u_{jkl}^{n+1}) + \frac{A}{h_z^2}(\Delta_z^2 u_{jkl}^{n+1}),$$

$$j = 1, \cdots, M-1, \quad k = 1, \cdots, P-1, \quad l = 1, \cdots, L-1,$$

$$u_{jkl}^0 = \varphi(x_j, y_k), \quad j, k = 0, 1, 2, \cdots, M-1, M, \tag{4.70}$$

$$u_{0kl}^n = 0, \quad u_{Mkl}^n = 0, \quad u_{j0l}^n = 0, \quad u_{jPl}^n = 0,$$

$$j = 0, 1, \cdots, M, \quad k = 0, 1, \cdots, P, \quad l = 0, 1, \cdots, L, \quad n = 0, 1, \cdots, N.$$

此差分公式是隐式的, 并且其截断误差为 $O(\tau) + O(h_x^2) + O(h_y^2) + O(h_z^2)$.

另外, 利用 Fourier 方法, 设 $h_x = h_y = h_z$ 且

$$u_{jkl}^n = v^n e^{i\alpha jh} e^{i\beta kh} e^{i\gamma lh}, \quad \alpha, \beta, \gamma \in R.$$

将之代入式 (4.70), 有

$$v^{n+1} = 1/[1 - 2A\lambda(\cos\alpha h - 1) - 2A\lambda(\cos\beta h - 1) - 2A\gamma(\cos\beta h - 1)]v^n,$$

这里 $\lambda = \tau/h^2$. 于是得到增长因子

$$G(\tau, \alpha, \beta) = 1/[1 - 2A\lambda(\cos\alpha h - 1) - 2A\lambda(\cos\beta h - 1) - 2A\lambda(\cos\gamma h - 1)]$$

$$= 1 \Big/ \left[1 + 4A\lambda\left(\sin^2\frac{\alpha h}{2} + \sin^2\frac{\beta h}{2} + \sin^2\frac{\gamma h}{2}\right)\right].$$

这样, 增长因子 G 总是满足 $|G| \leqslant 1$.

因此, 此差分格式是无条件稳定的.

4.4.3 三维方程的另一种隐式差分格式

如果在节点 (x_j, y_k, z_l, t_n) 处, 采用如下离散方法: 时间 t 方向利用 Crank-Nicolson 差分公式近似 u 对 t 的一阶偏导数, 空间 x, y, z 方向均采用二阶中心差分法来分别近似 u 对 x 的二阶偏导数、u 对 y 的二阶偏导数、u 对 z 的二阶偏导数, 那么可得如下的差分格式:

$$\frac{u_{jkl}^{n+1} - u_{jkl}^n}{\tau} = \frac{A}{2h_x^2}(\Delta_x^2 u_{jkl}^n + \Delta_x^2 u_{jkl}^{n+1}) + \frac{a}{2h_y^2}(\Delta_y^2 u_{jkl}^n + \Delta_y^2 u_{jkl}^{n+1})$$

$$+ \frac{A}{2h_z^2}(\Delta_z^2 u_{jkl}^n + \Delta_z^2 u_{jkl}^{n+1}),$$

$$j = 1, \cdots, M-1, \quad k = 1, \cdots, P-1, \quad l = 1, \cdots, L-1,$$

$$u_{jkl}^0 = \varphi(x_j, y_k), \quad j, k = 0, 1, 2, \cdots, M-1, M, \tag{4.71}$$

$$u_{0kl}^n = 0, \quad u_{Mkl}^n = 0, \quad u_{j0l}^n = 0, \quad u_{jPl}^n = 0,$$

$$j = 0, 1, \cdots, M, \quad k = 0, 1, \cdots, P, \quad l = 0, 1, \cdots, L, \quad n = 0, 1, \cdots, N.$$

可以推得此差分公式是隐式的, 并且其截断误差为 $O(\tau^2) + O(h_x^2) + O(h_y^2) + O(h_z^2)$.

另外, 利用 Fourier 方法, 设 $h_x = h_y = h_z$ 且

$$u_{jkl}^n = v^n e^{i\alpha jh} e^{i\beta kh} e^{i\gamma lh}, \quad \alpha, \beta, \gamma \in R.$$

将之代入式 (4.71), 有

$$v^{n+1} = \frac{1 + A\lambda(\cos\alpha h - 1) + A\lambda(\cos\beta h - 1) + A\lambda(\cos\gamma h - 1)}{1 - A\lambda(\cos\alpha h - 1) - A\lambda(\cos\beta h - 1) - A\lambda(\cos\gamma h - 1)} v^n,$$

这里 $\lambda = \tau/h^2$. 于是得到增长因子

$$\begin{aligned}
G(\tau, \alpha, \beta) &= \frac{1 + A\lambda(\cos\alpha h - 1) + A\lambda(\cos\beta h - 1) + A\lambda(\cos\gamma h - 1)}{1 - A\lambda(\cos\alpha h - 1) - A\beta(\cos\beta h - 1) - A\lambda(\cos\gamma h - 1)} \\
&= \frac{1 - 2A\lambda\left(\sin^2\dfrac{\alpha h}{2} + \sin^2\dfrac{\beta h}{2} + \sin^2\dfrac{\gamma h}{2}\right)}{1 + 2A\lambda\left(\sin^2\dfrac{\alpha h}{2} + \sin^2\dfrac{\beta h}{2} + \sin^2\dfrac{\gamma h}{2}\right)}.
\end{aligned}$$

这样, 增长因子 G 总是满足 $|G| \leqslant 1$.

因此, 此差分格式是无条件稳定的.

4.5　小　　结

本章详细讨论了一维热传导方程初边值问题的各种有限差分格式的构造、二维热传导方程初边值问题的各种有限差分格式的构造、三维热传导方程初边值问题的各种有限差分格式的构造, 并讨论了分析差分格式稳定性的矩阵法与 Fourier法. 需要指出的是矩阵法可以讨论一般差分格式的稳定性问题, 但是, 矩阵法的掌握难以把握. 差分格式稳定性的 Fourier 法简单易用, 但它只能处理线性微分方程的差分格式的稳定性. 本章还详细讨论了离散二维热传导方程的分数步长法: ADI法、预--校法以及时间分裂法等, 这些方法其实也可以推广到三维热传导方程的初边值问题的计算中. 分数步长法能提高计算效率, 同时又能兼顾差分格式的精度, 在实际中得到广泛应用.

4.6　习　　题

1. 为什么要讨论有限差分法的稳定性? 讨论离散线性热传导方程 $\dfrac{\partial u}{\partial t} = a\dfrac{\partial^2 u}{\partial x^2}$ 的稳定性方法有哪两种?

2. 对于初边值问题

$$\frac{\partial u}{\partial t} = \frac{1}{\pi^2}\frac{\partial^2 u}{\partial x^2}, \quad 0 < x < 1, t > 0,$$

$$u(x, 0) = \sin(\pi x), \quad 0 \leqslant x \leqslant 1,$$

$$u(0, t) = u(1, t) = 0, \quad t \geqslant 0.$$

试用向前差分格式、向后差分格式及 Crank-Nicolson 格式来求解. 取 $h = 0.1$, $\lambda = \tau/h^2$ 为 0.1 和 0.5 进行计算, 并在 $t = 0.1$ 时与准确解 $u(x, t) = e^{-t}\sin(\pi x)$ 比较.

3. 试讨论求解扩散方程

$$\frac{\partial u}{\partial t} = a\frac{\partial^2 u}{\partial x^2}$$

的差分格式

$$\frac{u_j^{n+1} - \frac{1}{2}(u_{j+1}^n + u_{j-1}^n)}{\tau} = \frac{a}{h^2}\left(u_{j+1}^n - 2u_j^n + u_{j-1}^n\right)$$

的稳定性.

4. 试讨论扩散方程

$$\frac{\partial u}{\partial x} = \frac{\partial^2 u}{\partial x^2}$$

的差分格式

$$\frac{1}{12}\frac{u_{j+1}^{n+1} - u_{j+1}^n}{\tau} + \frac{5}{6}\frac{u_j^{n+1} - u_j^n}{\tau} + \frac{1}{12}\frac{u_{j-1}^{n+1} - u_{j-1}^n}{\tau} = \frac{1}{2h^2}[\delta_x^2 u_j^{n+1} + \delta_x^2 u_j^n]$$

的截断误差.

5. 计算对流扩散方程 $u_t + au_x = \mu u_{xx}$ 有一种差分格式

$$u_j^{n+1} = u_j^n - \frac{a\tau}{h}\delta_{x+}u_j^n + \frac{\mu\tau}{h^2}\delta_x^2 u_j^n, \quad a < 0,$$

$$u_j^{n+1} = u_j^n - \frac{a\tau}{h}\delta_{x-}u_j^n + \frac{\mu\tau}{h^2}\delta_x^2 u_j^n, \quad a > 0,$$

这里 a, μ 均为常数. 试讨论此差分格式是如何建立的, 并利用此差分格式近似下述问题:

$$u_t + u_x = \mu u_{xx}, \quad t > 0, x \in (0, 1),$$

$$u(0, t) = u(1, t) = 0,$$

$$u(x, 0) = 3\sin(4\pi x).$$

计算中我们假设 $\mu = 0.001$, 并且空间 x 方向格点数 M 取为 100, $\Delta t = 0.005$. 试分别画出函数在 $t = 0.1, t = 0.5, t = 1.0$ 以及 $t = 2.0$ 时的图像.

6. 我们考虑二维抛物线方程

$$\frac{\partial u(x,y,t)}{\partial t} = 10^{-4} \left(\frac{\partial^2 u(x,y,t)}{\partial x^2} + \frac{\partial^2 u(x,y,t)}{\partial y^2} \right),$$
$$0 < x < 4, \quad 0 < y < 4, \quad 0 < t \leqslant 5000,$$

以及初边值条件

$$u(x,y,0) = 0,$$
$$u(x,y,t) = e^y \cos x - e^x \cos y, \quad x = 0, 或 \ x = 4, 或 \ y = 0, 或 \ y = 4.$$

试用预–校法、LOD 法来计算上面的初边值问题.

7. 考虑三维热传导方程的边值问题:

$$\frac{\partial u}{\partial t} = a \left(\frac{\partial^2 u}{\partial x^2} + \frac{\partial^2 u}{\partial y^2} + \frac{\partial^2 u}{\partial z^2} \right), \quad 0 < x,y,z < l \ (a > 0),$$
$$u(x,y,x,0) = \varphi(x,y,z),$$
$$u(0,y,z,t) = u(l,y,z,t), \quad u(x,0,z,t) = u(x,l,z,t), \quad u(x,y,0,t) = u(x,y,l,t).$$

取空间步长 $h = 1/M$, 时间步长 $\tau > 0$, 首先作两族与坐标轴平行的直线

$$x = x_j = jh, \quad j = 0,1,\cdots,M,$$
$$y = y_k = kh, \quad k = 0,1,\cdots,M,$$
$$z = z_m = mh, \quad m = 0,1,\cdots,M.$$

将区域 $0 \leqslant x,y,z \leqslant l$ 分割成 M^3 个小正方体. 其次, 用 u_{jkm}^n 表示函数 $u(x,y,z,t)$ 在节点 (x_j,y_k,z_m,t_n) 的函数, 这里 $0 \leqslant j \leqslant M, 0 \leqslant k \leqslant M, 0 \leqslant m \leqslant M, 0 \leqslant n \leqslant N$.

试考虑为之设计一种 ADI 格式, 并构造一计算例子实现此算法.

第5章 双曲型方程的有限差分法

学习目标与要求

1. 了解双曲型方程的特点.
2. 理解双曲型方程初边值问题的不同有限差分法的设计过程.
3. 理解有限差分法稳定性概念.
4. 掌握有限差分法稳定性的判别方法.
5. 掌握双曲型方程有限差分法的实现过程.

双曲型方程是偏微分方程的一类重要模型, 它也是一类既含时间变量又是含空间变量的方程. 本章重点介绍一阶双曲型方程初边值问题的有限差分法、二阶双曲型方程初边值问题的有限差分法, 并分析这些数值方法的稳定性、精度等. 我们也介绍双曲型方程初边值问题的时间分裂有限差分法离散的过程.

5.1 一阶常系数线性双曲型方程初边值问题的差分格式

本节研究一阶常系数线性双曲型方程初值问题

$$
\begin{aligned}
&\frac{\partial u}{\partial t} + a\frac{\partial u}{\partial x} = 0, \quad A < x < B, 0 < t \leqslant T, \\
&u(x,0) = \varphi(x), \quad A \leqslant x \leqslant B,
\end{aligned} \tag{5.1}
$$

这里假定常数 $a > 0$, A, B, T 均为给定的常数, 在 $x = A$ 或 $x = B$ 处的边界条件通常为一给定函数 (有时候取零边界条件或周期性边界条件). 另外, 此初值问题的解析解为 $u(x,t) = \varphi(x - at)$.

为了离散此问题, 先将函数 $u = u(x,t)$ 的定义域 $[A,B] \times [0,T]$ 作均匀剖分, 得到节点 (x_j, t_n) $(0 \leqslant j \leqslant M, 0 \leqslant n \leqslant N)$, 这里 $x_j = A + jh$, $t_n = n\tau$, 空间步长 $h = (B-A)/M$, 时间步长 $\tau = T/N$. M, N 是两个预先取定的正整数.

5.1.1 显式差分格式

给定离散节点 $(x_j, t_n)(x_j = A + jh, t_n = n\tau)$ 与节点上的近似值 $u_j^n \approx u(x_j, t_n)$. 研究离散 (5.1) 的几种显式差分格式.

(1) 偏心格式 (迎风格式)

$$\frac{u_j^{n+1} - u_j^n}{\tau} + a\frac{u_j^n - u_{j-1}^n}{h} = 0, \tag{5.2}$$

这里 $j = 1, 2, \cdots, M; n = 0, 1, 2, \cdots, N-1$. 此差分格式是这样得到的: 假定 $\partial u/\partial t$ 在节点 (x_j, t_n) 处的值用 $(u_j^{n+1} - u_j^n)/\tau$ 来近似, 而 $\partial u/\partial x$ 在节点 (x_j, t_n) 处的值用 $(u_j^n - u_{j-1}^n)/h$ 来近似. 将这些近似代入 (5.1), 就可得到式 (5.2).

注意, 如果 $a < 0$, 那么式 (5.2) 需改为

$$\frac{u_j^{n+1} - u_j^n}{\tau} + a\frac{u_{j+1}^n - u_j^n}{h} = 0. \tag{5.3}$$

如果在 $a < 0$ 时仍然还用式 (5.2) 来近似, 后面可以通过理论证明此时的差分格式是绝对不稳定的, 因而在 $a < 0$ 时式 (5.2) 是个不好的差分格式.

不管 $a > 0$ 还是 $a < 0$, 迎风格式可以合在一起, 写成

$$\frac{u_j^{n+1} - u_j^n}{\tau} + a^+\frac{u_j^n - u_{j-1}^n}{h} + a^-\frac{u_{j+1}^n - u_j^n}{h} = 0, \tag{5.4}$$

这里 $a^+ = \max(a, 0)$, $a^- = \min(a, 0)$.

另外, 当 $a > 0$ 时, Warming 与 Beam 得到了如下的具有二阶精度的迎风格式:

$$u_j^{n+1} = \frac{1}{2}c(c-1)u_{j-2}^n + c(c-2)u_{j-1}^n + \frac{1}{2}(c-1)(c-2)u_j^n, \tag{5.5}$$

这里 $c = a\tau/h$.

当 $a > 0$ 时, Fromm 得到了如下的具有二阶精度的迎风格式:

$$u_j^{n+1} = -\frac{1}{4}(1-c)cu_{j-2}^n + \frac{1}{4}c(5-c)u_{j-1}^n + \frac{1}{4}(1-c)(c+4)u_j^n - \frac{1}{4}(1-c)cu_{j+1}^n. \tag{5.6}$$

(2) Lax-Friedrichs 格式形式如下:

$$\frac{u_j^{n+1} - \frac{1}{2}(u_{j+1}^n + u_{j-1}^n)}{\tau} + a\frac{u_{j+1}^n - u_{j-1}^n}{2h} = 0. \tag{5.7}$$

于是得到

$$u_j^{n+1} = \frac{1}{2}[(1-a\lambda)u_{j+1}^n + (1+a\lambda)u_{j-1}^n], \tag{5.8}$$

这里 $j = 1, 2, \cdots, M-1; n = 0, 1, 2, \cdots, N-1$. $\lambda = \tau/h$.

此差分格式是这样得到的: 先假定 $\partial u/\partial t$ 在节点 (x_j, t_n) 处的值用 $(u_j^{n+1} - u_j^n)/\tau$ 来近似, 而 $\partial u/\partial x$ 在节点 (x_j, t_n) 处的值用 $(u_{j+1}^n - u_{j-1}^n)/(2h)$ 来近似. 代入后, 就可得到式子

$$\frac{u_j^{n+1} - u_j^n}{\tau} + a\frac{u_{j+1}^n - u_{j-1}^n}{2h} = 0. \tag{5.9}$$

对此差分格式, 通过稳定性分析发现它是不稳定的. 但是, 如果将式 (5.9) 左端中的 u_j^n 换成 $(u_{j+1}^n + u_{j-1}^n)/2$, 就可以得到 Lax-Friedrichs 格式 (5.8). 后面将通过理论证明它是条件稳定的.

(3) Lax-Wendroff 格式形式如下:

$$u_j^{n+1} = u_j^n - \frac{1}{2}a\lambda(u_{j+1}^n - u_{j-1}^n) + \frac{1}{2}a^2\lambda^2(u_{j+1}^n - 2u_j^n + u_{j-1}^n), \tag{5.10}$$

这里 $j = 1, 2, \cdots, M-1; n = 0, 1, 2, \cdots, N-1$. $\lambda = \tau/h$.

它是这样得到的: 根据 Taylor 展开式, 有

$$u(x, t+\tau) = u(x,t) + u_t(x,t)\tau + u_{tt}(x,t)\tau^2/2 + O(\tau^3).$$

另外还有 $u_t = -au_x$ 及 $u_{tt} = (-au_x)_t = -au_{xt} = -a(u_t)_x = -a(-au_x)_x = a^2 u_{xx}$. 故有

$$u(x, t+\tau) = u(x,t) - au_x(x,t)\tau + a^2 u_{xx}(x,t)\tau^2/2 + O(\tau^3).$$

上式中令 $x = x_j, t = t_n$, 再取近似

$$u_x(x_j, t_n) \approx \frac{u_{j+1}^n - u_{j-1}^n}{2h}, \quad u_{xx}(x_j, t_n) \approx \frac{u_{j+1}^n - 2u_j^n + u_{j-1}^n}{h^2},$$

并且忽略 $O(\tau^3)$, 就可得到 Lax-Wendroff 格式 (5.10).

(4) 蛙跳格式 (leap-frog 格式) 形式如下:

$$\frac{u_j^{n+1} - u_j^{n-1}}{2\tau} + a\frac{u_{j+1}^n - u_{j-1}^n}{2h} = 0. \tag{5.11}$$

这里 $j = 1, 2, \cdots, M-1; n = 0, 1, 2, \cdots, N-1$.

它是这样得到的: 将方程 (5.1) 中的 $\partial u/\partial t$ 在节点 (x_j, t_n) 处的值用 $(u_j^{n+1} - u_j^{n-1})/(2\tau)$ 来近似, 而函数 $\partial u/\partial x$ 在节点 (x_j, t_n) 处的值用 $(u_{j+1}^n - u_{j-1}^n)/(2h)$ 来近似. 代入后, 就可得到式 (5.11).

(5) MacCormack 格式形式如下:

$$\frac{u_j^* - u_j^n}{\tau} + a\frac{u_j^n - u_{j-1}^n}{h} = 0, \tag{5.12}$$

$$\frac{u_j^{n+1} - \frac{1}{2}u_j^n - \frac{1}{2}u_j^*}{\tau} + a\frac{u_j^* - u_{j-1}^*}{h} = 0. \tag{5.13}$$

这里 u_j^* 是一中间值.

下面定义差分格式的精确度.

一般来说, 从一个差分格式可得到近似向量 $u^n = (u_0^n, u_1^n, \cdots, u_M^n)$. 另外, 记准确值组成的向量为 $U^n = (u(x_0, t_n), u(x_1, t_n), \cdots, u(x_M, t_n))$(对某一固定的整数 n). 它们分别形成近似值组成的矩阵 u 以及准确值组成的矩阵 U:

$$u = (u^0, u^1, \cdots, u^N)^{\mathrm{T}} = \begin{pmatrix} u_0^0 & u_1^0 & \cdots & u_M^0 \\ u_0^1 & u_1^1 & \cdots & u_M^1 \\ \vdots & \vdots & & \vdots \\ u_0^N & u_1^N & \cdots & u_M^N \end{pmatrix},$$

$$U = (U^0, U^1, \cdots, U^N)^{\mathrm{T}} = \begin{pmatrix} u(x_0, t_0) & u(x_1, t_0) & \cdots & u(x_M, t_0) \\ u(x_0, t_1) & u(x_1, t_1) & \cdots & u(x_M, t_1) \\ \vdots & \vdots & & \vdots \\ u(x_0, t_N) & u(x_1, t_N) & \cdots & u(x_M, t_N) \end{pmatrix},$$

当 $\|u - U\| = O(h^p) + O(\tau^q)$ 时, 称差分格式在 x 方向上具有 p 阶精确度 (这里 p 为非负整数), 且称差分格式在 t 方向上具有 q 阶精确度 (这里 q 为非负整数).

从此定义出发, 可以推得前面介绍的几种差分格式分别具有几阶精确度.

5.1.2　Fourier 法分析显式格式的稳定性

本节利用 Fourier 法分析 5.1.1 节中所介绍的差分格式的稳定性.

(1) 令 $u_j^n = v^n e^{ikjh}$, 这里 $i^2 = -1$, 并将它代入式 (5.2), 得

$$v^{n+1} = v^n G(\tau, k),$$

这里增长因子 $G(\tau, k) = 1 - a\lambda + a\lambda e^{-ikh}$. 从而有

$$|G(\tau, k)|^2 = 1 - 4a\lambda(1 - a\lambda) \sin^2 \frac{kh}{2}.$$

因而当 $a > 0$, 并且 $0 \leqslant a\lambda \leqslant 1$ 时, 迎风格式 (5.2) 是稳定的, 这里是条件稳定的. 此差分式的截断误差是 $O(\Delta t) + O(\Delta x)$.

(2) 令 $u_j^n = v^n e^{ikjh}$, 这里 $i^2 = -1$, 并将它代入式 (5.8), 得

$$v^{n+1} = v^n G(\tau, k),$$

这里增长因子 $G(\tau, k) = \frac{1}{2}(e^{ikh} + e^{-ikh}) + \frac{a\lambda}{2}(e^{ikh} - e^{-ikh}) = \cos kh - ia\lambda \sin kh$. 从而有

$$|G(\tau, k)|^2 = 1 - (1 - a^2\lambda^2) \sin^2 kh.$$

因而当 $|a\lambda| \leqslant 1$ 时, 差分格式 (5.8) 是稳定的. 此差分格式的截断误差是 $O(\Delta t^2) + O(\Delta x^2/(\Delta t))$.

(3) 令 $u_j^n = v^n e^{ikjh}$, 这里 $i^2 = -1$, 并将它代入式 (5.10), 得

$$v^{n+1} = v^n G(\tau, k),$$

这里增长因子 $G(\tau, k) = 1 - 2a^2\lambda^2 \sin^2 \dfrac{kh}{2} - ia\lambda \sin kh$. 从而有

$$|G(\tau, k)|^2 = 1 - 4a^2\lambda^2(1 - a^2\lambda^2) \sin^2 \frac{kh}{2}.$$

因而当 $|a\lambda| \leqslant 1$ 时, 差分格式 (5.10) 是稳定的. 此差分格式的截断误差是 $O(\Delta t^2) + O(\Delta x^2)$.

(4) 蛙跳格式 (5.11) 是一个三层格式, 因为它依赖于三层节点的值 $u_j^{n-1}, u_j^n, u_j^{n+1}$. 因而在不能直接利用 Fourier 法, 需要先把蛙跳格式 (5.11) 改写成矩阵形式

$$\mathbf{u}_j^{n+1} = \begin{pmatrix} -a\lambda & 0 \\ 0 & 0 \end{pmatrix} \mathbf{u}_{j+1}^n + \begin{pmatrix} 0 & 1 \\ 1 & 0 \end{pmatrix} \mathbf{u}_j^n + \begin{pmatrix} a\lambda & 0 \\ 0 & 0 \end{pmatrix} \mathbf{u}_{j-1}^n, \tag{5.14}$$

这里 $v_j^n \equiv u_j^{n-1}$, $\mathbf{u}_j^n = [u_j^n, v_j^n]^{\mathrm{T}}$ 对所有的上标 n 与下标 j 都成立.

令 $u_j^n = v^n e^{ikjh}$, 这里 $i^2 = -1$, 并将它代入式 (5.14), 得

$$v^{n+1} = G(\tau, k)v^n, \tag{5.15}$$

这里增长矩阵

$$G(\tau, k) = \begin{pmatrix} -2a\lambda i \sin kh & 1 \\ 1 & 0 \end{pmatrix}.$$

通过计算, 可得该增长矩阵的两个特征值分别为

$$\mu_1 = -ia\lambda \sin kh + \sqrt{1 - a^2\lambda^2 \sin^2 kh}, \quad \mu_2 = -ia\lambda \sin kh - \sqrt{1 - a^2\lambda^2 \sin^2 kh}.$$

当 $|a\lambda| < 1$ 时, 差分格式 (5.11) 是稳定的, 因为该增长矩阵有两个不同的特征值.

当 $|a\lambda| = 1$ 时, 差分格式 (5.11) 是不稳定的, 因为该增长矩阵的范数大于 1.

(5) MacCormack 格式.

同样, 可以得到当 $|a\lambda| < 1$ 时, 差分格式 (5.12)-(5.13) 是稳定的. 并且此差分格式的截断误差是 $O(\Delta t^2) + O(\Delta x^2)$.

5.1.3   隐式差分格式

前面讨论的都是显式格式, 下面讨论隐式格式.

(1) 偏心格式 (迎风格式)

$$\frac{u_j^{n+1} - u_j^n}{\tau} + a\frac{u_j^{n+1} - u_{j-1}^{n+1}}{h} = 0, \tag{5.16}$$

这里 $j = 1, 2, \cdots, M; n = 0, 1, 2, \cdots, N-1$.

它是这样得到的: 方程 (5.1) 中的 $\partial u/\partial t$ 在节点 (x_j, t_{n+1}) 处的值用 $(u_j^{n+1} - u_j^n)/\tau$ 来近似, 而 $\partial u/\partial x$ 在节点 (x_j, t_{n+1}) 处的值用 $(u_j^{n+1} - u_{j-1}^{n+1})/h$ 来近似. 代入后, 就可得到式 (5.16).

特别地, 如果是 $a < 0$, 那么式 (5.16) 需改为

$$\frac{u_j^{n+1} - u_j^n}{\tau} + a\frac{u_{j+1}^{n+1} - u_j^{n+1}}{h} = 0. \tag{5.17}$$

(2) Lax-Friedrichs 格式

$$\frac{u_j^{n+1} - \frac{1}{2}u_{j+1}^n - \frac{1}{2}u_{j-1}^n}{\tau} + a\frac{u_{j+1}^{n+1} - u_{j-1}^{n+1}}{2h} = 0. \tag{5.18}$$

这里 $j = 1, 2, \cdots, M-1; n = 0, 1, 2, \cdots, N-1$. 它是这样得到的: 方程 (5.1) 中的 $\partial u/\partial t$ 在节点 (x_j, t_{n+1}) 处的值用 $(u_j^{n+1}-u_j^n)/\tau$ 来近似, 而 $\partial u/\partial x$ 在节点 (x_j, t_{n+1}) 处的值用 $(u_{j+1}^{n+1} - u_{j-1}^{n+1})/(2h)$ 来近似. 代入后, 就可得到式

$$\frac{u_j^{n+1} - u_j^n}{\tau} + a\frac{u_{j+1}^{n+1} - u_{j-1}^{n+1}}{2h} = 0. \tag{5.19}$$

对此差分格式, 如果将 (5.19) 中的 u_j^n 换成 $(u_{j+1}^n + u_{j-1}^n)/2$, 就可以得到隐式的 Lax-Friedrichs 差分格式 (5.18).

(3) Lax-Wendroff 格式

$$u_j^{n+1} = u_j^n - \frac{1}{2}a\lambda(u_{j+1}^{n+1} - u_{j-1}^{n+1}) + \frac{1}{2}a^2\lambda^2(u_{j+1}^{n+1} - 2u_j^{n+1} + u_{j-1}^{n+1}), \tag{5.20}$$

这里 $j = 1, 2, \cdots, M-1; n = 0, 1, 2, \cdots, N-1$. $\lambda = \tau/h$.

根据 Taylor 展开式, 有

$$u(x, t+\tau) = u(x, t) - au_x(x,t)\tau + a^2 u_{xx}(x,t)\tau^2/2 + O(\tau^3).$$

再将上式中的 τ 换成 $-\tau$, 可得

$$u(x, t-\tau) = u(x, t) + au_x(x,t)\tau + a^2 u_{xx}(x,t)\tau^2/2 - O(\tau^3).$$

上式中令 $x = x_j, t = t_{n+1}$, 再取近似 $u_x(x_j, t_{n+1}) \approx (u_{j+1}^{n+1} - u_{j-1}^{n+1})/(2h)$ 与 $u_{xx}(x_j, t_{n+1}) \approx (u_{j+1}^{n+1} - 2u_j^{n+1} + u_{j-1}^{n+1})/h^2$, 并且忽略 $O(\tau^3)$, 就可得到 Lax-Wendroff 格式 (5.20).

下面利用 Fourier 法分析上述差分格式的稳定性.

(1) 令 $u_j^n = v^n e^{ikjh}$, 这里 $i^2 = -1$, 并将它代入式 (5.16), 得

$$v^{n+1} = v^n G(\tau, k),$$

这里增长因子 $G(\tau, k) = 1/(1 + a\lambda - a\lambda e^{-ikh})$. 从而有

$$|G(\tau, k)|^2 = \cfrac{1}{1 + 4a\lambda(1 + a\lambda)\sin^2 \cfrac{kh}{2}} \leqslant 1.$$

因而当 $a > 0$ 时, 迎风格式 (5.16) 是无条件稳定的.

(2) 令 $u_j^n = v^n e^{ikjh}$, 这里 $i^2 = -1$, 并将它代入式 (5.18), 得

$$v^{n+1} = v^n G(\tau, k),$$

这里增长因子 $G(\tau, k) = \frac{1}{2}(e^{ikh} + e^{-ikh})/[1 + a\lambda/2(e^{ikh} - e^{-ikh})] = \cos kh/(1 + ia\lambda \sin kh)$, 从而有

$$|G(\tau, k)|^2 = \cfrac{\cos^2 kh}{1 + a^2\lambda^2 \sin^2 kh} \leqslant 1.$$

因而当 $a > 0$ 时, 差分格式 (5.18) 是无条件稳定的.

(3) 令 $u_j^n = v^n e^{ikjh}$, 这里 $i^2 = -1$, 并将它代入式 (5.20), 得

$$v^{n+1} = v^n G(\tau, k),$$

这里增长因子 $G(\tau, k) = 1 \left/ \left(1 + 2a^2\lambda^2 \sin^2 \cfrac{kh}{2} + ia\lambda \sin kh\right)\right.$. 从而有

$$|G(\tau, k)|^2 = \cfrac{1}{\left(1 + 2a^2\lambda^2 \sin^2 \cfrac{kh}{2}\right)^2 + a^2\lambda^2 \sin^2 kh} \leqslant 1.$$

因而当 $a > 0$ 时, 差分格式 (5.20) 是无条件稳定的.

5.1.4 计算例子

考虑如下问题:

$$u_t + cu_x = 0, \quad x \in (0, 1)$$

及初始条件

$$u(x, 0) = f(x), \quad x \in [0, 1],$$

这里 $c = 2, f(x) = \sin(\pi x)$ 试分别用迎风格式、Lax-Friedrichs 格式、Lax-Wendroff 格式求解上述问题, 并画出在 $t = 0.05, t = 0.1, t = 0.2$ 时的数值解图像 (空间格点数 M 可取 100, 时间步长 $\Delta t = 0.008$).

这里, 利用迎风格式求一阶双曲型方程初值问题的具体求解过程如下.

(1) 输入 $a=0, b=1, T, M, N$, 以及计算空间步长 $h=(b-a)/M$, 时间步长 $\tau=T/N$.

(2) 再计算 $x_j, j=0,1,\cdots,M-1,M$, 以及 $t_n, n=0,1,\cdots,N-1,N$.

(3) 定义函数 $f(x)=\sin(\pi x)$.

(4) 取初始条件为 $u_j^0=f(x_j), j=0,1,\cdots,M-1,M$.

(5) 根据公式 (5.2), 分别依次得到 $u_1^1, u_2^1, \cdots, u_M^1$; $u_1^2, u_2^2, \cdots, u_M^2$; $\cdots$; $u_1^N, u_2^N, \cdots, u_M^N$, 它们就是期望求得的近似值.

图 5.1 是迎风格式、Lax-Friedirichs 格式、Lax-Wendroff 格式分别得到的近似解与准确解之间的误差.

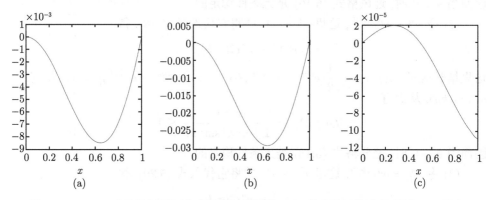

图 5.1　$t=0.5$ 时的近似解与准确解之间的误差: (a) 是由迎风格式得到的; (b) 是由 Lax-Friedirichs 格式得到的; (c) 是由 Lax-Wendroff 格式得到的

5.2　一阶常系数线性双曲型方程组的差分格式

考虑一阶常系数线性双曲型方程组

$$\frac{\partial \mathbf{u}}{\partial t}+A\frac{\partial \mathbf{u}}{\partial x}=0, \quad a<x<b, 0<t\leqslant T$$
$$\mathbf{u}(x,0)=\varphi(x), \quad a\leqslant x\leqslant b,$$

(5.21)

这里的 A 是一个 p 阶常数方阵. $\mathbf{u}$ 是一个 p 维向量 (每一个分量都是一个未知函数). $\varphi(x)$ 也是一个 p 维向量 (每一个分量都是一个未知函数). 假定将区间 $[a,b]$ 等分成 M 个小区间, 得到 $x_j=a+jh$ ($h=(b-a)/M, 0\leqslant j\leqslant M$). 另外, 将区间 $[0,T]$ 等分成 N 个小区间, 得到 $t_n=n\tau$ ($\tau=T/N, 0\leqslant n\leqslant N$). 这样得到节点 (x_j,t_n), 并假定 $\mathbf{u}_j^n=\mathbf{u}(x_j,t_n)$, 于是可得到如下几种常见的差分格式.

(1) Lax-Wendroff 格式

$$\mathbf{u}_j^{n+1} = \mathbf{u}_j^n - \frac{1}{2}\lambda A(\mathbf{u}_{j+1}^n - \mathbf{u}_{j-1}^n) + \frac{1}{2}\lambda^2 A^2(\mathbf{u}_{j+1}^n - 2\mathbf{u}_j^n + \mathbf{u}_{j-1}^n). \tag{5.22}$$

(2) Wendroff 格式

$$\mathbf{u}_{j-1}^{n+1} + \frac{1}{2}(I + \lambda A)(\mathbf{u}_j^{n+1} - \mathbf{u}_{j-1}^{n+1}) = \mathbf{u}_{j-1}^n + \frac{1}{2}(I - \lambda A)(\mathbf{u}_j^n - \mathbf{u}_{j-1}^n). \tag{5.23}$$

(3) 蛙跳格式

$$\mathbf{u}_j^{n+1} - \mathbf{u}_j^{n-1} = -\lambda A(\mathbf{u}_{j+1}^n - \mathbf{u}_{j-1}^n). \tag{5.24}$$

加上初值条件的处理: $\mathbf{u}_j^0 = \varphi(x_j)$. 这里 $\lambda = \tau/h$.

考虑如下问题:

$$u_{tt} = u_{xx}, \quad x \in (0,1), \, t > 0$$

及初始条件

$$u(x,0) = f(x), \quad x \in [0,1].$$

这里有真解: 当 $t - x < 1$ 时, $u(x,t) = \dfrac{27}{4}(t-x)(1-t+x)^2$; 当 $t - x \geqslant 1$ 时, $u(x,t) = 0$.

引入中间函数 $p = p(x,t)$, 先将二阶波动方程改写成一阶双曲型方程组

$$\frac{\partial \mathbf{u}}{\partial t} - \begin{pmatrix} 0 & 1 \\ 1 & 0 \end{pmatrix} \frac{\partial \mathbf{u}}{\partial x} = 0, \quad 0 < x < 1, \, t > 0$$

$$\mathbf{u}(x,0) = \varphi(x), \quad 0 \leqslant x \leqslant 1,$$

其中 $\mathbf{u} = \begin{pmatrix} u \\ p \end{pmatrix}$.

采用 Lax-Wendroff 格式 (5.22) 离散上述初边值问题, 可得离散格式为

$$u_j^{n+1} = u_j^n + \frac{1}{2}\lambda(p_{j+1}^n - p_{j-1}^n) + \frac{1}{2}\lambda^2(u_{j+1}^n - 2u_j^n + u_{j-1}^n), \tag{5.25}$$

$$p_j^{n+1} = p_j^n + \frac{1}{2}\lambda(u_{j+1}^n - u_{j-1}^n) + \frac{1}{2}\lambda^2(p_{j+1}^n - 2u_j^n + p_{j-1}^n). \tag{5.26}$$

用上述 Lax-Wendroff 格式求解, 并画出在 $t = 1/3, t = 2/3, t = 1$ 时的数值解图像 (虚线所示) 与真解图像 (实线所示) (图 5.2).

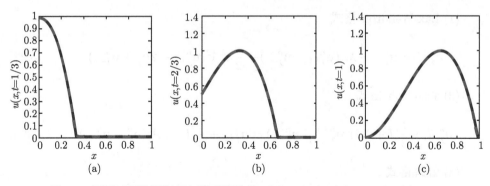

图 5.2　不同时刻的近似解与准确解比较: (a) $t = 1/3$; (b) $t = 2/3$; (c) $t = 1$

5.3　二维一阶双曲型方程初值问题的差分格式

在本节里假定 $a > 0, b > 0$. 考虑如下二阶常系数线性双曲型方程初值问题:

$$\frac{\partial u}{\partial t} + a\frac{\partial u}{\partial x} + b\frac{\partial u}{\partial y} = 0, \quad A < x < B, A < y < B, 0 < t \leqslant T,$$

$$u(x, y, 0) = g(x, y), \quad A \leqslant x \leqslant B, A \leqslant y \leqslant B, \tag{5.27}$$

这里未知函数 $u = u(x, y, t)$, a, b, A, B 均为已知常数. 此初值问题的解析解为 $u(x, y, t) = g(x - at, y - bt)$.

为了离散此问题, 先将函数 $u = u(x, y, t)$ 的定义域 $[A, B] \times [A, B] \times [0, T]$ 作均匀剖分, 得到节点 (x_j, y_m, t_n) $(0 \leqslant j \leqslant M, 0 \leqslant n \leqslant N)$, 这里 $x_j = A + jh$, $y_m = A + mh$, $t_n = n\tau$, 空间步长 $h = (B - A)/M$, 时间步长 $\tau = T/N$. M, N 是两个预先取定的正整数. 还假定 $u_{jm}^n \approx u(x_j, y_m, t_n)$.

5.3.1　显式差分格式

给定散点 $x_j = jh, y_m = mh, t_n = n\tau$ 与 u_{jm}^n.

(1) 可得到离散方程 (5.27) 的一种迎风格式 (当 $a > 0$ 且 $b > 0$ 时)

$$\frac{u_{jm}^{n+1} - u_{jm}^n}{\tau} + a\frac{u_{jm}^n - u_{j-1,m}^n}{h} + b\frac{u_{jm}^n - u_{j,m-1}^n}{h} = 0, \tag{5.28}$$

或

$$u_{jm}^{n+1} = u_{jm}^n - a\tau\frac{u_{jm}^n - u_{j-1,m}^n}{h} - b\tau\frac{u_{jm}^n - u_{j,m-1}^n}{h} = 0. \tag{5.29}$$

利用 Fourier 分析法可知: 当 $0 \leqslant a\tau/h + b\tau/h \leqslant 1$ 时, 此差分格式是稳定的.

(2) 也可得离散方程 (5.27) 的一种 Lax-Friedrichs 格式

$$\frac{u_{jm}^{n+1} - 1/4(u_{j,m+1}^n + u_{j,m-1}^n + u_{j+1,m}^n + u_{j-1,m}^n)}{\tau}$$
$$+ \frac{u_{j+1,m}^n - u_{j-1,m}^n}{2h} + b\frac{u_{j,m+1}^n - u_{j,m-1}^n}{2h} = 0, \tag{5.30}$$
$$u_{jm}^0 = g(x_j, y_m).$$

令 $u_{jm}^n = v^n e^{ik_1jh + ik_2mh}$, 这里 $i^2 = -1$, 并将它代入式 (5.30), 得

$$v^{n+1} = v^n G(\tau, k_1, k_2),$$

这里增长因子 $G(\tau, k_1, k_2) = \frac{1}{2}(\cos k_1 h + \cos k_2 h) - i\lambda(a\sin k_1 h + b\sin k_2 h)$.
从而有

$$|G(\tau, k_1, k_2)|^2 \leqslant 1 - (\sin^2 k_1 h + \sin^2 k_2 h)[1/2 - (a^2 + b^2)\lambda^2].$$

因而当 $(a^2 + b^2)\lambda^2 \leqslant 1/2$ 时, 差分格式 (5.30) 是稳定的.

(3) 如果假定 $A_1 = -a\partial_x$, $A_2 = -b\partial_y$, 于是方程形式变为 $u_t = (A_1 + A_2)u$. 如果对时间 t 方向采用如下的一阶格式 $(u^{n+1} - u^n)/\Delta t = (A_1 + A_2)u^n + O(\Delta t)$ (这里 $u^n \approx u(\cdot, t_n)$). 于是有

$$u^{n+1} = (1 + \Delta t A_1 + \Delta t A_2)u^n + O(\Delta t^2)$$
$$= (1 + \Delta t A_1 + \Delta t A_2 + \Delta t^2 A_1 A_2)u^n - \Delta t^2 A_1 A_2 u^n + O(\Delta t^2).$$

扔掉 $-\Delta t^2 A_1 A_2 u^n + O(\Delta t^2)$ 项, 就可以得到

$$u^{n+1} = (1 + \Delta t A_1)(1 + \Delta t A_2)u^n.$$

或者

$$u^{n+1/2} = (1 + \Delta t A_2)u^n,$$
$$u^{n+1} = (1 + \Delta t A_1)u^{n+1/2}.$$

如果对上面两式分别采用 Lax-Wendroff 格式, 则可得到

$$u_{jm}^{n+1/2} = u_{jm}^n - \frac{a\tau}{2h}(u_{j,m+1}^n - u_{j,m-1}^n) - \frac{a^2\tau^2}{2h^2}(u_{j,m+1}^n - 2u_{jm}^n + u_{j,m-1}^n),$$
$$u_{jm}^{n+1} = u_{jm}^{n+1/2} - \frac{b\tau}{2h}(u_{j,m+1}^{n+1/2} - u_{j,m-1}^{n+1/2}) - \frac{b^2\tau^2}{2h^2}(u_{j,m+1}^{n+1/2} - 2u_{jm}^{n+1/2} + u_{j,m-1}^{n+1/2}), \tag{5.31}$$

此差分格式的截断误差为 $O(\Delta t^2) + O(\Delta x^2) + O(\Delta y^2)$. 当 $\max(|a\tau/h|, |b\tau/h|) \leqslant 1$ 时, 此差分格式是稳定的.

(4) 利用时间分裂法, 可得到离散方程 (5.27) 的一种时间分裂法 + 迎风格式 (当 $a > 0$ 且 $b > 0$ 时)

$$\frac{u_{jm}^* - u_{jm}^n}{\tau} + a\frac{u_{jm}^n - u_{j-1,m}^n}{h} = 0,$$
$$\frac{u_{jm}^{n+1} - u_{jm}^*}{\tau} + b\frac{u_{jm}^* - u_{j,m-1}^*}{h} = 0. \tag{5.32}$$

5.3.2　隐式差分格式

上面都是显式格式, 下面讨论隐式格式的构造.

(1) 如果采用如下离散方法: 在 t 方向使用向后欧拉法, 在 x 方向、y 方向上均使用中心差分法, 则可得到格式

$$u_{jm}^{n+1} = u_{jm}^n - \frac{a\tau}{2h}(u_{j,m+1}^{n+1} - u_{j,m-1}^{n+1}) - \frac{b\tau}{2h}(u_{j,m+1}^{n+1} - u_{j,m-1}^{n+1}). \tag{5.33}$$

(2) 如果采用如下离散方法: 在 t 方向使用向后 Crank-Nicloson 法, 在 x 方向、y 方向上均使用中心差分法, 则可得到格式

$$u_{jm}^{n+1} = u_{jm}^n - \frac{a\tau}{4h}(u_{j,m+1}^{n+1} - u_{j,m-1}^{n+1}) - \frac{b\tau}{4h}(u_{j,m+1}^{n+1} - u_{j,m-1}^{n+1})$$
$$- \frac{a\tau}{4h}(u_{j,m+1}^n - u_{j,m-1}^n) - \frac{b\tau}{4h}(u_{j,m+1}^n - u_{j,m-1}^n),$$

或

$$u_{jm}^{n+1} = u_{jm}^n - \frac{a\tau}{4}\delta_{0x}(u_{j,m+1}^{n+1} + u_{jm}^n) - \frac{b\tau}{4}\delta_{0y}(u_{jm}^{n+1} + u_{jm}^n).$$

(3) 通过上式, 就可以按照下述方式构造一种 ADI 法: 先将上式做适当的化简, 这样就可得

$$\left(1 + \frac{a\tau}{4}\delta_{0x}\right)\left(1 + \frac{a\tau}{4}\delta_{0y}\right)u_{jm}^{n+1} = \left(1 - \frac{a\tau}{4}\delta_{0x}\right)\left(1 - \frac{a\tau}{4}\delta_{0y}\right)u_{jm}^n + \frac{ab\tau^2}{16}\delta_{0y}(u_{jm}^{n+1} - u_{jm}^n).$$

再把上式中的最后一项扔掉, 又可得

$$\left(1 + \frac{a\tau}{4}\delta_{0x}\right)\left(1 + \frac{a\tau}{4}\delta_{0y}\right)u_{jm}^{n+1} = \left(1 - \frac{a\tau}{4}\delta_{0x}\right)\left(1 - \frac{a\tau}{4}\delta_{0y}\right)u_{jm}^n.$$

引入 u_{jm}^*, 就可得到一种 ADI 法:

$$\left(1 + \frac{a\tau}{4}\delta_{0x}\right)u_{jm}^* = \left(1 - \frac{a\tau}{4}\delta_{0x}\right)\left(1 - \frac{a\tau}{4}\delta_{0y}\right)u_{jm}^n,$$
$$\left(1 + \frac{a\tau}{4}\delta_{0y}\right)u_{jm}^{n+1} = u_{jm}^*. \tag{5.34}$$

上面的差分格式又称为 Beam-Warming 差分格式.

5.3.3　计算例子

研究一阶常系数线性双曲型方程初边值问题

$$\frac{\partial u}{\partial t} + a\frac{\partial u}{\partial x} + b\frac{\partial u}{\partial y} = 0, \quad 0 < x, y < 100, 0 < t \leqslant T,$$

$$u(x, y, 0) = e^{-0.01(x-50)^2 - 0.01(y-50)^2}, \quad 0 \leqslant x, y \leqslant 100,$$

(5.35)

这里未知函数 $u = u(x, y, t)$, $a = b = 0.5$ 均为常数.

试分别利用迎风格式、时间分裂法 + 迎风格式、Lax-Fridriches 格式求解它.
图 5.3 给出了这三种方法在 $t = 2.4$ 时的计算结果.

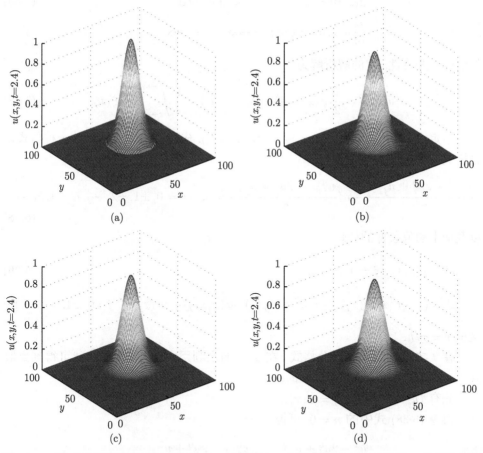

图 5.3　二维对流方程初边值问题在 $t = 2.4$ 时的解: (a) 准确解; (b) 迎风格式; (c) 时间分裂
法 + 迎风格式; (d) Lax-Friedrichs 格式

5.4　二阶双曲型方程的差分格式

前面几节的内容都是讨论一阶双曲型方程的差分格式. 本节分别研究一维波动方程的差分格式与二维波动方程的差分格式的设计.

5.4.1　一维波动方程的差分格式

先研究二阶常系数线性双曲型方程 (又称为一维波动方程) 初值问题

$$
\begin{aligned}
&\frac{\partial^2 u}{\partial t^2} - a^2 \frac{\partial^2 u}{\partial x^2} = 0, \quad -\infty < x < +\infty, a > 0, \\
&u(x,0) = \varphi(x), \quad -\infty < x < +\infty, \\
&\frac{\partial}{\partial t} u(x,0) = \psi(x), \quad -\infty < x < +\infty
\end{aligned}
\tag{5.36}
$$

的解的一些特性. 它的解析解为

$$
u(x,t) = \frac{1}{2}(\varphi(x+at) + \varphi(x-at)) + \frac{1}{2}\int_{x-at}^{x+at} \psi(\xi)d\xi.
\tag{5.37}
$$

给定散点 $x_j = jh$, $t_n = n\tau$ 与 $u_j^n \approx u(x_j, t_k)$, 先研究求解 (5.36) 的一种显式差分格式

$$
\frac{u_j^{n+1} - 2u_j^n + u_j^{n-1}}{\tau^2} - a^2 \frac{u_{j+1}^n - 2u_j^n + u_{j-1}^n}{h^2} = 0, \quad j = 0, \pm 1, \pm 2, \cdots, n = 1, 2, \cdots,
\tag{5.38}
$$

以及加上初值条件的处理

$$
u_j^0 = \varphi(x_j), \quad j = 1, 2, \cdots,
\tag{5.39}
$$

$$
u_j^1 = (1 - r^2 a^2)\varphi(x_j) + \frac{1}{2}r^2 a^2(\varphi(x_{j-1}) + \varphi(x_{j+1})) + \tau\psi(x_j), \quad j = 0, \pm 1, \cdots,
\tag{5.40}
$$

这里 $r = \tau/h$.

在 t 方向利用中心差分格式, 在 x 方向上利用中心差分格式, 就可得到离散式 (5.38). 式 (5.40) 这样推出来的:

先有 $(u_j^1 - u_j^{-1})/(2\tau) = \psi(x_j)$.

再令 (5.38) 式中的 $n = 0$, 可得

$$
\frac{u_j^1 - 2u_j^0 + u_j^{-1}}{\tau^2} - a^2 \frac{u_{j+1}^0 - 2u_j^0 + u_{j-1}^0}{h^2} = 0,
$$

这里 $j = 0, \pm 1, \pm 2, \cdots$.

最后消去上面两式中的 u_j^{-1} 就可得 (5.40).

5.4.2 计算例子

试利用上面的显式差分格式离散如下一维的二阶双曲型方程初边值问题:

$$\frac{\partial^2 u(x,t)}{\partial t^2} = \frac{\partial^2 u(x,t)}{\partial x^2}, \quad 0 < x < 1,\, 0 < t \leqslant 2,$$

$$u(x,0) = x(1-x), \quad \frac{\partial u}{\partial t}(x,0) = 0, \quad 0 \leqslant x \leqslant 1, \qquad (5.41)$$

$$u(0,t) = 0, \quad u(1,t) = 0, \quad 0 \leqslant t \leqslant 2.$$

其近似解如图 5.4 所示.

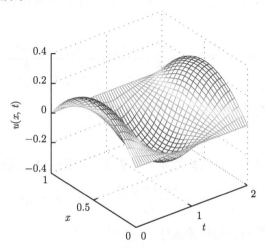

图 5.4　一维的二阶双曲型方程初边值问题在区域 $[0,1] \times [0,2]$ 的近似解

5.4.3 二维波动方程的差分格式

先研究二维波动方程初值问题

$$\frac{\partial^2 u}{\partial t^2} - \frac{\partial^2 u}{\partial x^2} - \frac{\partial^2 u}{\partial y^2} = 0, \quad -\infty < x, y < +\infty,\, 0 < t \leqslant T,$$

$$u(x,y,0) = \varphi(x,y), \quad -\infty < x, y < +\infty, \qquad (5.42)$$

$$\frac{\partial}{\partial t} u(x,y,0) = \psi(x,y), \quad -\infty < x, y < +\infty.$$

给定散点 $x_i = ih, y_j = jh, t_n = n\tau$ 与 $u_{ij}^n \approx u(x_i, y_j, t_n)$, 离散初值问题 (5.42) 的一种差分格式为

$$\frac{u_{ij}^{n+1} - 2u_{ij}^n + u_{ij}^{n-1}}{\tau^2} - \frac{u_{i,j+1}^n - 2u_{ij}^n + u_{i,j-1}^n}{h^2} - \frac{u_{i+1,j}^n - 2u_{ij}^n + u_{i-1,j}^n}{h^2} = 0, \quad (5.43)$$

这里 $i, j = 0, \pm 1, \pm 2, \cdots, n = 1, 2, \cdots$. 加上初值条件的处理

$$u_{ij}^0 = \varphi(x_i, y_j), \quad i, j = 0, \pm 1, \cdots, \tag{5.44}$$

$$u_{ij}^1 = \left(1 - 2r^2\right) \varphi(x_{ij}) + \frac{1}{2} r^2 (\varphi(x_{i,j-1})$$

$$+ \varphi(x_{i,j+1}) + \varphi(x_{i-1,j}) + \varphi(x_{i+1,j})) + \tau \psi(x_{ij}), \quad i, j = 0, \pm 1, \cdots. \tag{5.45}$$

易知上述差分格式是二阶.

在 t 方向利用中心差分格式, 在 x, y 方向上分别利用中心差分格式, 就可得到离散式 (5.43). 利用近似 $(u_{ij}^1 - u_{ij}^{-1})/(2\tau) = \psi(x_i, y_j)$, 推出式 (5.45). 再令式 (5.43) 中的 $n = 0$, 可得

$$\frac{u_{ij}^1 - 2u_{ij}^0 + u_{ij}^{-1}}{\tau^2} - \frac{u_{i+1,j}^0 - 2u_{ij}^0 + u_{i-1,j}^0}{h^2} - \frac{u_{i,j+1}^0 - 2u_{ij}^0 + u_{i,j-1}^0}{h^2} = 0,$$

这里 $j = 0, \pm 1, \pm 2, \cdots$.

最后消去上面两式中的 u_{ij}^{-1} 就可得 (5.45).

5.4.4　计算例子

试设计一种显式差分格式离散如下二维的二阶双曲型方程初边值问题

$$\frac{\partial^2 u(x, y, t)}{\partial t^2} = \frac{1}{4} \left(\frac{\partial^2 u(x, y, t)}{\partial x^2} + \frac{\partial^2 u(x, y, t)}{\partial y^2} \right), \quad 0 < x < 2, 0 < y < 2, 0 < t < 2,$$

以及下面零边界条件与已知初始条件

$$u(0, y, t) = 0, \quad u(2, y, t) = 0, \quad u(x, 0, t) = 0, \quad u(x, 2, t) = 0, \quad t > 0,$$

$$u(x, y, 0) = 0.1 \sin(\pi x) \sin(\pi y/2), \quad 0 \leqslant x \leqslant 2, 0 \leqslant y \leqslant 2,$$

$$\frac{\partial u}{\partial t}(x, y, t) = 0, \quad t = 0. \quad 0 \leqslant x \leqslant 2, 0 \leqslant y \leqslant 2,$$

在 $t = 2$ 时其近似解如图 5.5 所示.

5.5　守恒律方程的差分格式

本节将讨论一类重要的一阶双曲型方程 —— 守恒律方程的差分格式的构造. 先考虑如下关于守恒律方程的初值问题:

$$u_t + f(u)_x = 0, \quad u(x, 0) = u_0(x), \tag{5.46}$$

这里 $u = u(x, t)$.

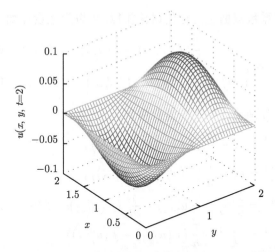

图 5.5 二维的二阶双曲型方程初边值问题在 $t = 2$ 时的近似解

当初值条件 $u_0(x)$ 光滑时, 可以推断问题 (5.46) 的解为[21]

$$u(x,t) = u_0(x - \lambda(u_0(x_0))t), \quad \lambda(u) = f'(u). \tag{5.47}$$

上述解是通过特征线法得到的.

当初值条件 $u_0(x)$ 非光滑时, 例如当

$$u_0(x) = \begin{cases} u_L, & x < 0, \\ u_R, & x > 0 \end{cases}$$

时, 问题 (5.46) 的解为[21]:

(1) 当 $u_L > u_R$ 时,

$$u(x,t) = \begin{cases} u_L, & x - St < 0, \\ u_R, & x - St > 0, \end{cases}$$

这里 $S = \dfrac{1}{2}(u_L + u_R)$;

(2) 当 $u_L < u_R$ 时,

$$u(x,t) = \begin{cases} u_L, & \dfrac{x}{t} \leqslant u_L, \\ \dfrac{x}{t}, & u_L < \dfrac{x}{t} < u_R, \\ u_R, & \dfrac{x}{t} \geqslant u_R, \end{cases}$$

这里 u_L 与 u_R 均为常数. 从上面看出, 当初始条件非光滑时, 方程的解不光滑. 此时, 设计差分格式应格外小心.

与前面一阶常系数双曲型方程的讨论相似, 可以为之设计如下的迎风格式:

$$u_j^{n+1} = \begin{cases} u_j^n - \dfrac{\tau}{h}\left(f\left(u_{j+1}^n\right) - f\left(u_j^n\right)\right), & f'\left(u_j^n\right) \leqslant 0, \\ u_j^n - \dfrac{\tau}{h}\left(f\left(u_j^n\right) - f\left(u_{j-1}^n\right)\right), & f'\left(u_j^n\right) > 0, \end{cases}$$

当然也可为它分别设计如下的差分格式:

$$u_j^{n+1} = u_j^n - \frac{\tau}{h}\left(f\left(u_{j+1}^n\right) - f\left(u_j^n\right)\right),$$
$$u_j^{n+1} = u_j^n - \frac{\tau}{h}\left(f\left(u_j^n\right) - f\left(u_{j-1}^n\right)\right),$$
$$u_j^{n+1} = \frac{1}{2}(u_{j-1}^n + u_{j+1}^n) - \frac{\tau}{2h}\left(f\left(u_{j+1}^n\right) - f\left(u_{j-1}^n\right)\right),$$
$$u_j^{n+1} = u_j^{n-1} - \frac{\tau}{h}\left(f\left(u_{j+1}^n\right) - f\left(u_{j-1}^n\right)\right).$$

利用基本的差分格式替换可得前面两个差分格式, 后面两个差分格式分别是 Lax-Friedriches 格式、leap-frog 格式.

下面推导 Lax-Wendroff 格式.

根据 Taylor 展开式, 有

$$u(x,t+\tau) = u(x,t) + u_t(x,t)\tau + u_{tt}(x,t)\tau^2/2 + O(\tau^3). \tag{5.48}$$

另外还有 $u_t = -f_x$ 及 $u_{tt} = (-f_x)_t = -f_{xt} = -(f_t)_x = -(f'(u)u_t)_x = -(-f'(u)f_x)_x$. 如果对 $(f'(u)f_x)_x$ 在节点 (x_j, t_n) 采用如下近似:

$$[(f'(u)f_x)_x]|_j^n \approx \frac{1}{h}\left[(f'(u)f_x)_{j+1/2}^n - (f'(u)f_x)_{j-1/2}^n\right]$$
$$\approx \frac{1}{h}\left[(f'(u))_{j+1/2}^n \frac{1}{h}\left(f_{j+1}^n - f_j^n\right) - (f'(u))_{j-1/2}^n \frac{1}{h}\left(f_j^n - f_{j-1}^n\right)\right].$$

于是根据式 (5.48) 有

$$u(x,t+\tau) = u(x,t) - f_x\tau + (f'(u)f_x)_x\tau^2/2 + O(\tau^3).$$

上式中令 $x = x_j, t = t_n$, 再取近似

$$f_x(x_j, t_n) \approx \frac{f_{j+1}^n - f_{j-1}^n}{2h},$$

以及 (5.48) 并且忽略 $O(\tau^3)$, 就可得到 Lax-Wendroff 格式

$$u_j^{n+1} = u_j^n - \frac{\tau}{2h}(f_{j+1}^n - f_{j-1}^n)$$
$$+ \frac{\tau^2}{2h^2}\left[(f'(u))_{j+1/2}^n\left(f_{j+1}^n - f_j^n\right) - (f'(u))_{j-1/2}^n\left(f_j^n - f_{j-1}^n\right)\right].$$

在上式中, 函数 $f'(u)$ 在节点 $(x_{j+1/2}, t_n)$ 处无定义, 但是可以用 $f'(u)_{j+1/2}^n \approx f'\left(\dfrac{u_{j+1}^n + u_j^n}{2}\right)$ 来近似; 同样, 也可以用 $f'(u)_{j-1/2}^n \approx f'\left(\dfrac{u_{j-1}^n + u_j^n}{2}\right)$ 来近似.

更进一步, 可得 Richtmyer 二步差分公式

$$
\begin{aligned}
u_{j+1/2}^{n+1/2} &= \frac{1}{2}[u_j^n + u_{j+1}^n] - \frac{\tau}{2h}\left(f(u)_{j+1}^n - f(u)_j^n\right), \\
u_j^{n+1} &= u_j^n - \frac{\tau}{h}\left(f(u)_{j+1/2}^{n+1/2} - f(u)_{j-1/2}^{n+1/2}\right).
\end{aligned}
\tag{5.49}
$$

可得 MacCormack 差分公式

$$
\begin{aligned}
u_j^* &= u_j^n - \frac{\tau}{2h}\left(f(u)_{j+1}^n - f(u)_j^n\right), \\
u_j^{n+1} &= \frac{1}{2}(u_j^n + u_j^*) - \frac{\tau}{2h}\left(f(u)_j^* - f(u)_{j-1}^*\right).
\end{aligned}
\tag{5.50}
$$

还可得 Beam-Warming 差分公式

$$
u_j^* = u_j^n - \frac{\tau}{h}\left(f(u)_j^n - f(u)_{j-1}^n\right),
$$
$$
u_j^{n+1} = \frac{1}{2}(u_j^n + u_j^*) - \frac{\tau}{2h}\left(f(u)_j^* - f(u)_{j-1}^*\right) - \frac{\tau}{2h}\left(f(u)_{j+1}^* - 2f(u)_{j-1}^* + f(u)_{j-2}^*\right).
\tag{5.51}
$$

此差分公式具有二阶精度.

如果考虑二维的守恒律方程

$$
u_t + f(u)_x + g(u)_y = 0, \quad u(x, y, 0) = u_0(x),
\tag{5.52}
$$

这里 $u = u(x, y, t)$.

可先采用如下的时间分裂法来离散方程 (5.52).

给定整数 n $(n = 0, 1, \cdots)$, 先求解问题

$$
u_t + f(u)_x = 0, \quad u(x, y, t) = u^n(x, y), \quad t_n \leqslant t \leqslant t_n + \tau,
\tag{5.53}
$$

从中得到 $u^{n+1/2}(x, y)$; 然后求解问题

$$
u_t + g(u)_y = 0, \quad u(x, y, t) = u^{n+1/2}(x, y), \quad t_n \leqslant t \leqslant t_n + \tau,
\tag{5.54}
$$

从中得到 $u^{n+1}(x, y)$.

如果用 X 代表问题 (5.53) 的求解算子, Y 代表问题 (5.53) 的求解算子, 那么上述求解可以形式表示为

$$
u^{n+1} = Y(\tau)X(\tau)u^n.
\tag{5.55}
$$

利用时间分裂法, 当然也构造其他的求解方法, 例如

$$u^{n+1} = X(\tau) Y(\tau) u^n,$$

或

$$u^{n+1} = \frac{1}{2}(Y(\tau)X(\tau) + Y(\tau)X(\tau))u^n,$$

或

$$u^{n+1} = X(\tau/2) Y(\tau) Y(\tau/2) u^n.$$

后面这两种方法在时间方向上均具有二阶精度.

由于问题 (5.53) 与问题 (5.54) 的形式与问题 (5.46) 的形式基本相同, 前面为问题 (5.46) 所介绍的有限差分法都可以推广过来.

5.6 线性对流方程的半拉格朗日法

在本节中, 考虑求解具有周期性边界条件的对流方程的数值方法, 采用的是基于 Fourier 变换的半拉格朗日方法.

5.6.1 一维对流方程

本节利用半拉格朗日方法来求解一维对流方程的初值问题以及周期性边界问题

$$\phi_t + u(x)\phi_x = 0, \quad \phi(x,0) = g_1(x), \tag{5.56}$$

这里 $x \in [a,b], t \in [0,T]$, 其中 $u(x)$ 和 $g_1(x)$ 给定, $\phi = \phi(x,t)$ 未知.

先将函数的定义域做剖分, 可得 $x_j = a + jh \ (j = 0, 1, \cdots, M), h = (b-a)/M$; $t_n = n\Delta t (n = 0, 1, \cdots, N), \Delta t = T/N$, 其中 M, N 是给定的整数. 这样得到节点 (x_j, t_n).

定义 5.1   若有 $x = x(t)$ 满足常微分方程组

$$\begin{cases} \dfrac{dx}{dt} = u(x), \quad t \in [t_n, t_{n+1}], \\ x(t_{n+1}) = x_j. \end{cases} \tag{5.57}$$

则称 $x = x(t)$ 为特征曲线 Γ.

推论 5.1   方程 (5.56) 中的解 $\phi(x,t)$ 沿着定义 5.1 中所定义的特征曲线 Γ 上的函数值是不变的. 也就是说, 当 $x = x(t)$ 满足 (5.56) 时, 那么 $\phi = \phi(x(t),t)$ 满足下式:

$$\frac{d\phi}{dt} = \frac{\partial \phi}{\partial x}\frac{dx(t)}{dt} + \frac{\partial \phi}{\partial t} = \frac{\partial \phi}{\partial x}u(x) + \frac{\partial \phi}{\partial t} = 0. \tag{5.58}$$

根据上述推论可以得到求解 (5.56) 的如下半拉格朗日法:

(1) 给定函数 $\phi(x,t)$ 在点 $(x_j, t_n)_{0 \leqslant j \leqslant M}$ 的值, 那么可得

$$\widehat{\phi}_k(t_n) = \frac{1}{M} \sum_{j=0}^{M-1} \phi(x_j, t_n) e^{-ik\frac{2\pi(x_j-a)}{b-a}},$$

其中 $k = -M/2, \cdots, -1, 0, 1, \cdots, M/2-1$, $i^2 = -1$ 是复数单位;

(2) 从常微分方程组 (5.57) 中求解 $x(t)$ 在 $t = t_n$ 处的近似值 x^*;

(3) 由于 $\phi(x_j, t_{n+1}) = \phi(x^*, t_n)$, 而 $\phi(x,t)$ 是周期函数, 可由 Fourier 级数近似展开

$$\phi(x,t) = \sum_{k=-M/2}^{M/2-1} \widehat{\phi}_k(t) e^{ik\frac{2\pi(x-a)}{b-a}},$$

上式中令 $x = x^*, t = t_n$, 得到近似值

$$\phi(x^*, t_n) = \sum_{k=-M/2}^{M/2-1} \widehat{\phi}_k(t_n) e^{ik\frac{2\pi(x^*-a)}{b-a}}.$$

由此, 重复以上 (1)—(3) 步骤, 通过反复迭代便得到方程 (5.56) 的所有近似解 $\phi(x_j, t_n)_{0 \leqslant j \leqslant M}^{0 \leqslant t \leqslant N}$. 下面通过向后欧拉法求解常微分方程组初值问题 (5.57), 得到如下完整的算法.

算法 5.1

(i) 取 M, N, 定义节点 (x_j, t_n), 定义初值 $\phi(x_j, 0) = g_1(x_j)$, $j = 0, 1, \cdots, M$;

(ii) 计算

$$\widehat{\phi}_k(t_n) = \frac{1}{M} \sum_{j=0}^{M-1} \phi(x_j, t_n) e^{-ik\frac{2\pi(x_j-a)}{b-a}},$$

其中, $k = -M/2, \cdots, -1, 0, 1, \cdots, M/2-1$, $i^2 = -1$;

(iii) 利用向后欧拉法求解常微分方程组 (5.57) 得到近似迭代式

$$\frac{x(t_{n+1}) - x(t_n)}{\Delta t} = u(x(t_{n+1})),$$

其中 $x(t_{n+1}) = x_j$ 已知, 通过迭代式计算得到 $x(t_n)$ 的近似值 x^*;

(iv) 计算

$$\phi(x^*, t_n) = \sum_{k=-M/2}^{M/2-1} \widehat{\phi}_k(t_n) e^{ik\frac{2\pi(x^*-a)}{b-a}}.$$

只要对 (i)—(iv) 进行 N 次迭代即可得到方程 (5.56) 中 $\phi(x,t)$ 在 $(x_j, t_n)_{0 \leqslant j \leqslant M}^{0 \leqslant t \leqslant N}$ 处的近似解.

5.6.2 二维的对流方程

考虑二维对流方程的初值问题以及周期性边界问题

$$\phi_t + \mathbf{u}(x,y)\nabla\phi = 0, \quad \phi(x,y,0) = g_2(x,y), \tag{5.59}$$

这里 $x \in [a,b], y \in [c,d], t \in [0,T]$, 其中 $\mathbf{u}(x,y) = (u_1(x,y), u_2(x,y))$ 以及 $g_2(x,y)$ 给定, $\phi = \phi(x,y,t)$ 未知.

先将函数的定义域做剖分, 可得 $x_j = a + jh_x(j = 0,1,\cdots,M_x), h_x = (b-a)/M_x$; $y_k = c + kh_y(k = 0,1,\cdots,M_y), h_y = (d-c)/M_y; t_n = n\Delta t(n = 0,1,\cdots,N), \Delta t = T/N$, 其中 M_x, M_y 都是给定的整数, 称 (x_j, y_k, t_n) 为节点.

定义 5.2   若有 $x = x(t), y = y(t)$ 满足下列常微分方程组

$$\begin{cases} \dfrac{dx(t)}{dt} = u_1(x,y), & t \in [t_n, t_{n+1}], \\[2mm] \dfrac{dy(t)}{dt} = u_2(x,y), & t \in [t_n, t_{n+1}], \\[2mm] x(t_{n+1}) = x_j, \\[2mm] y(t_{n+1}) = y_k. \end{cases} \tag{5.60}$$

则称 $\begin{cases} x = x(t), \\ y = y(t) \end{cases}$ 所确定的曲线为特征曲线 Γ.

推论 5.2   方程 (5.59) 中的解 $\phi(x,y,t)$ 沿着定义 5.2 中所定义的特征曲线 Γ 上的函数值是不变的. 也就是说, 当 $x = x(t), y = y(t)$ 满足 (5.60) 时, $\phi = \phi(x(t), y(t), t)$ 满足

$$\begin{aligned} \frac{d\phi}{dt} &= \frac{\partial\phi}{\partial x}\frac{dx(t)}{dt} + \frac{\partial\phi}{\partial y}\frac{dy(t)}{dt} + \frac{\partial\phi}{\partial t} \\ &= \frac{\partial\phi}{\partial x}u_1(x,y) + \frac{\partial\phi}{\partial y}u_2(x,y) + \frac{\partial\phi}{\partial t} \\ &= 0. \end{aligned}$$

那么, 根据推论 5.2 可以得到求解 (5.59) 的如下半拉格朗日法.

(1) 给定函数 $\phi(x,y,t)$ 在点 $(x_j, y_k, t_n)_{0\leqslant j\leqslant M_x}^{0\leqslant k\leqslant M_y}$ 的值, 那么可得

$$\widehat{\phi}_{pq}(t_n) = \frac{1}{M_x M_y} \sum_{j=0}^{M_x-1} \sum_{k=0}^{M_y-1} \phi(x_j, y_k, t_n) e^{-ip\frac{2\pi(x_j-a)}{b-a}} e^{-iq\frac{2\pi(y_k-c)}{d-c}}.$$

其中, $p = -M_x/2, \cdots, -1, 0, 1, \cdots, M_x/2 - 1, q = -M_y/2, \cdots, -1, 0, 1, \cdots, M_y/2 - 1, i^2 = -1$ 是复数单位.

(2) 从常微分方程组初值问题 (5.60) 中求解 $x(t), y(t)$ 在 $t = t_n$ 处的近似值 x^*, y^*.

(3) 由推论 5.2 知 $\phi(x_j, y_k, t_{n+1}) = \phi(x^*, y^*, t_n)$, 而 $\phi(x, y, t)$ 是周期函数, 可由 Fourier 级数近似展开

$$\phi(x, y, t) = \sum_{p=-M_x/2}^{M_x/2-1} \sum_{q=-M_y/2}^{M_y/2-1} \widehat{\phi}_{pq}(t) e^{ip\frac{2\pi(x-a)}{b-a}} e^{iq\frac{2\pi(y-c)}{d-c}}.$$

上式中令 $x = x^*, y = y^*, t = t_n$, 得到

$$\phi(x^*, y^*, t_n) = \sum_{p=-M_x/2}^{M_x/2-1} \sum_{q=-M_y/2}^{M_y/2-1} \widehat{\phi}_{pq}(t_n) e^{ip\frac{2\pi(y^*-a)}{b-a}} e^{iq\frac{2\pi(y^*-c)}{d-c}}.$$

由此, 重复以上 (1)—(3) 步骤, 通过反复迭代 N 次便得到方程 (5.59) 中的 $\phi(x, y, t)$ 在 $(x_j, y_k, t_n)(0 \leqslant j \leqslant M_x, 0 \leqslant k \leqslant M_y, 0 \leqslant t \leqslant N)$ 处的近似值.

下面通过向后欧拉法求解常微分方程组初值问题 (5.60), 得到如下完整的算法.

算法 5.2

(i) 取 M_x, M_y, N, 定义节点 (x_j, y_k, t_n), 定义初值 $\phi(x_j, y_k, 0) = g_2(x_j, y_k), j = 0, 1, \cdots, M_x, \ k = 0, 1, \cdots, M_y$;

(ii) 计算

$$\widehat{\phi}_{pq}(t_n) = \frac{1}{M_x M_y} \sum_{j=0}^{M_x-1} \sum_{k=0}^{M_y-1} \phi(x_j, y_k, t_n) e^{-ip\frac{2\pi(x_j-a)}{b-a}} e^{-iq\frac{2\pi(y_k-c)}{d-c}},$$

其中, $p = -M_x/2, \cdots, -1, 0, 1, \cdots, M_x/2 - 1$, 以及 $q = -M_y/2, \cdots, -1, 0, 1, \cdots, M_y/2 - 1$;

(iii) 利用向前欧拉法求解常微分方程组 (5.60) 得到近似迭代式 $(x(t_{n+1}) - x(t_n))/\Delta t = u_1(x(t_{n+1}), y(t_{n+1}))$, 以及 $(y(t_{n+1}) - y(t_n))/\Delta t = u_2(x(t_{n+1}), y(t_{n+1}))$, 其中 $x(t_{n+1}) = x_j, y(t_{n+1}) = y_k$ 已知, 通过迭代式计算得到 $x(t_n), y(t_n)$ 的近似值 x^*, y^*;

(iv) 计算

$$\phi(x^*, y^*, t_n) = \sum_{p=-M_x/2}^{M_x/2-1} \sum_{q=-M_y/2}^{M_y/2-1} \widehat{\phi}_{pq}(t_n) e^{ip\frac{2\pi(y^*-a)}{b-a}} e^{iq\frac{2\pi(y^*-c)}{d-c}}.$$

只要对 (i)—(iv) 进行 N 次迭代即可得到方程 (5.59) 中 $\phi(x, y, t)$ 在 (x_j, y_k, t_n) $(0 \leqslant j \leqslant M_x, 0 \leqslant k \leqslant M_y, 0 \leqslant t \leqslant N)$ 处的近似解.

5.6.3　三维的对流方程

考虑三维对流方程的初值问题以及周期性边界问题的半拉格朗日法

$$\phi_t + \mathbf{u}(x,y,z)\nabla\phi = 0, \quad \phi(x,y,z,0) = g_3(x,y,z). \tag{5.61}$$

这里, $x \in [a,b], y \in [c,d], z \in [e,f], t \in [0,T]$. 其中 $\mathbf{u}(x,y,z) = (u_1(x,y,z), u_2(x,y,z), u_3(x,y,z))$ 和 $g_3(x,y,z)$ 给定, $\phi = \phi(x,y,z,t)$ 未知.

先将函数的定义域做剖分, 可得

$$x_j = a + jh_x \quad (j = 0,1,\cdots,M_x), \quad h_x = \frac{b-a}{M_x},$$

$$y_k = c + kh_y \quad (k = 0,1,\cdots,M_y), \quad h_y = \frac{d-c}{M_y},$$

$$z_l = e + lh_z \quad (l = 0,1,\cdots,M_z), \quad h_z = \frac{f-e}{M_z},$$

$$t_n = n\Delta t \quad (n = 0,1,\cdots,N), \quad \Delta t = T/N,$$

其中 M_x, M_y, M_z, N 都是给定的整数. 称 (x_j, y_k, z_l, t_n) 为节点.

定义 5.3　若 $\begin{cases} x = x(t), \\ y = y(t), \\ z = z(t) \end{cases}$ 满足常微分方程组

$$\begin{cases} \dfrac{dx(t)}{dt} = u_1(x,y,z), & t \in [t_n, t_{n+1}], \\ \dfrac{dy(t)}{dt} = u_2(x,y,z), & t \in [t_n, t_{n+1}], \\ \dfrac{dz(t)}{dt} = u_3(x,y,z), & t \in [t_n, t_{n+1}], \\ x(t_{n+1}) = x_j, \\ y(t_{n+1}) = y_k, \\ z(t_{n+1}) = z_l. \end{cases} \tag{5.62}$$

则称 $\begin{cases} x = x(t), \\ y = y(t), \\ z = z(l) \end{cases}$ 所确定的曲线为特征曲线 Γ.

推论 5.3　方程 (5.61) 中的解 $\phi(x,y,z,t)$ 沿着定义 5.3 中所定义的特征曲线 Γ 上的函数值是不变的. 也就是说, 当 $x = x(t), y = y(t), z = z(t)$ 满足 (5.62) 时,

$\phi = \phi(x(t), y(t), z(t), t)$ 满足

$$\begin{aligned}
\frac{d\phi}{dt} &= \frac{\partial \phi}{\partial x}\frac{dx(t)}{dt} + \frac{\partial \phi}{\partial y}\frac{dy(t)}{dt} + \frac{\partial \phi}{\partial z}\frac{dz(t)}{dt} + \frac{\partial \phi}{\partial t} \\
&= \frac{\partial \phi}{\partial x}u_1(x,y,z) + \frac{\partial \phi}{\partial y}u_2(x,y,z) + \frac{\partial \phi}{\partial z}u_3(x,y,z) + \frac{\partial \phi}{\partial t} \\
&= 0.
\end{aligned}$$

那么, 根据推论 5.3 可以得到求解 (5.61) 的半拉格朗日法.

(1) 给定函数 $\phi(x,y,z,t)$ 在点 $(x_j, y_k, z_l, t_n)(0 \leqslant j \leqslant M_x, 0 \leqslant k \leqslant M_y, 0 \leqslant l \leqslant M_z)$ 的值, 那么可得

$$\begin{aligned}
&\widehat{\phi}_{pqr}(t_n) \\
&= \frac{1}{M_x M_y M_z} \sum_{j=0}^{M_x-1} \sum_{k=0}^{M_y-1} \sum_{l=0}^{M_z-1} \phi(x_j, y_k, z_l, t_n) e^{-ip\frac{2\pi(x_j-a)}{b-a}} e^{-iq\frac{2\pi(y_k-c)}{d-c}} e^{-ir\frac{2\pi(z_l-e)}{f-e}}.
\end{aligned}$$

其中 $p = -M_x/2, \cdots, -1, 0, 1, \cdots, M_x/2 - 1$; $q = -M_y/2, \cdots, -1, 0, 1, \cdots, M_y/2 - 1$; $r = -M_z/2, \cdots, -1, 0, 1, \cdots, M_z/2 - 1$, $i^2 = -1$ 是复数单位.

(2) 从常微分方程组 (5.62) 中求解 $x(t), y(t), z(t)$ 在 $t = t_n$ 处的近似值 x^*, y^*, z^*.

(3) 由推论 5.3 知 $\phi(x_j, y_k, z_l, t_{n+1}) = \phi(x^*, y^*, z^*, t_n)$, 而 $\phi(x,y,z,t)$ 是周期函数, 可由 Fourier 级数近似展开

$$\phi(x,y,z,t) = \sum_{p=-M_x/2}^{M_x/2-1} \sum_{q=-M_y/2}^{M_y/2-1} \sum_{r=-M_z/2}^{M_z/2-1} \widehat{\phi}_{pqr}(t) e^{ip\frac{2\pi(x-a)}{b-a}} e^{iq\frac{2\pi(y-c)}{d-c}} e^{ir\frac{2\pi(z-e)}{f-e}}.$$

上式中令 $x = x^*, y = y^*, z = z^*, t = t_n$, 得到

$$\phi(x^*, y^*, z^*, t_n) = \sum_{p=-M_x/2}^{M_x/2-1} \sum_{q=-M_y/2}^{M_y/2-1} \sum_{r=-M_z/2}^{M_z/2-1} \widehat{\phi}_{pqr}(t_n) e^{ip\frac{2\pi(x^*-a)}{b-a}} e^{iq\frac{2\pi(y^*-c)}{d-c}} e^{ir\frac{2\pi(z^*-e)}{f-e}}.$$

由此, 重复以上 (1)—(3) 步骤, 通过反复迭代 N 次便得到方程 (5.61) 中的 $\phi(x,y,z,t)$ 在 (x_j, y_k, z_l, t_n) $(0 \leqslant j \leqslant M_x, 0 \leqslant k \leqslant M_y, 0 \leqslant l \leqslant M_z, 0 \leqslant t \leqslant N)$ 处的近似值.

算法 5.3

(i) 取 M_x, M_y, M_z, N, 定义节点 (x_j, y_k, z_l, t_n), 定义初值 $\phi(x_j, y_k, z_l, 0) = g_3(x_j, y_k, z_l), j = 0, 1, \cdots, M_x, k = 0, 1, \cdots, M_y, l = 0, 1, \cdots, M_z$;

(ii) 计算

$$\begin{aligned}
&\widehat{\phi}_{pqr}(t_n) \\
&= \frac{1}{M_x M_y M_z} \sum_{j=0}^{M_x-1} \sum_{k=0}^{M_y-1} \sum_{l=0}^{M_z-1} \phi(x_j, y_k, z_l, t_n) e^{-ip\frac{2\pi(x_j-a)}{b-a}} e^{-iq\frac{2\pi(y_k-c)}{d-c}} e^{-ir\frac{2\pi(z_l-e)}{f-e}},
\end{aligned}$$

其中, $p = -M_x/2, \cdots, 0, \cdots, M_x/2 - 1$, $q = -M_y/2, \cdots, 0, \cdots, M_y/2 - 1$, $r = -M_z/2, \cdots, 0, \cdots, M_z/2 - 1$;

(iii) 利用向后欧拉法求解常微分方程组 (5.61) 得到近似迭代式

$$(x(t_{n+1}) - x(t_n))/\Delta t = u_1(x(t_{n+1}), y(t_{n+1}), z(t_{n+1})),$$

$$(y(t_{n+1}) - y(t_n))/\Delta t = u_2(x(t_{n+1}), y(t_{n+1}), z(t_{n+1})),$$

$$(z(t_{n+1}) - z(t_n))/\Delta t = u_3(x(t_{n+1}), y(t_{n+1}), z(t_{n+1})),$$

其中 $x(t_{n+1}) = x_j$, $y(t_{n+1}) = y_k$, $z(t_{n+1}) = z_l$ 已知, 通过迭代式计算得到近似值 x^*, y^*, z^*;

(iv) 计算

$$\phi(x^*, y^*, z^*, t_n) = \sum_{p=-M_x/2}^{M_x/2-1} \sum_{q=-M_y/2}^{M_y/2-1} \sum_{r=-M_z/2}^{M_z/2-1} \widehat{\phi}_{pqr}(t_n) e^{ip\frac{2\pi(y^*-a)}{b-a}} e^{iq\frac{2\pi(y^*-c)}{d-c}} e^{ir\frac{2\pi(z^*-e)}{f-e}}.$$

因而, 只需对以上算法 (i)—(iv) 进行 N 次迭代即可得到方程 (5.61) 的所有近似解 $\phi(x_j, y_k, z_l, t_n)$ $(0 \leqslant j \leqslant M_x, 0 \leqslant k \leqslant M_y, 0 \leqslant l \leqslant M_z, 0 \leqslant t \leqslant N)$.

5.6.4　计算例子

首先, 考虑一维对流方程的初值问题

$$u_t + u_x = 0, \quad x \in (-8, 8), t \in (0, 1],$$

$$u(x, 0) = \phi(x) = e^{-0.5x^2}, \quad x \in [-8, 8],$$

取时间步长为 $dt = 0.001$, 空间步长为 $h = 16/M$. 此初边值问题的准确解为

$$u_{\text{exact}}(x, t) = e^{-0.5((x-t)^2)}.$$

表 5.1 显示了所提出的半拉格朗日法在取不同空间节点数时所得到的误差. 在计算时定义误差

$$\text{error} = \max_{0 \leqslant j \leqslant M, 0 \leqslant t \leqslant N} |u_{\text{exact}}(x_j, t_n) - u_j^n|.$$

表 5.1　半拉格朗日法求解一维对流方程的误差分析

M	16	32	64	128
误差	7.226e − 3	3.1773e − 9	2.2897e − 11	2.3897e − 11

其次, 考虑二维对流方程的初值问题

$$u_t + u_x + u_y = 0, \quad (x, y) \in (-8, 8)^2, t \in (0, 1],$$

$$u(x, y, 0) = \phi(x, y) = e^{-0.5(x^2+y^2)}, \quad (x, y) \in [-8, 8]^2,$$

取时间步长为 $dt = 0.001$, 空间步长为 $h_x = h_y = 16/M$. 此初边值问题的准确解为

$$u(x, y, t) = e^{-0.5((x-t)^2 + (y-t)^2)}.$$

表 5.2 显示了所提出的半拉格朗日法在取不同空间节点数时所得到的误差. 在计算时定义误差

$$\text{error} = \max_{0 \leqslant j, k \leqslant M, 0 \leqslant t \leqslant N} |u_{\text{exact}}(x_j, y_k, t_n) - u_{jk}^n|.$$

表 5.2 半拉格朗日法求解二维对流方程的误差分析

M	8	16	32	64
误差	0.0380	0.0012	1.1510e − 9	1.2235e − 13

最后, 考虑三维对流方程的初值问题

$$u_t + u_x + u_y + u_z = 0, \quad (x, y, z) \in (-8, 8)^3, t \in (0, 0.5],$$

$$u(x, y, z, 0) = \phi(x, y, z) = e^{-0.5(x^2 + y^2 + z^2)}, \quad (x, y, z) \in [-8, 8]^3,$$

取时间步长为 $dt = 0.001$, 空间步长为 $h_x = h_{,y} = h_{,z} = 16/M$. 此初边值问题的准确解为

$$u(x, y, z, t) = e^{-0.5((x-t)^2 + (y-t)^2 + (z-t)^2)}.$$

表 5.3 显示了所提出的半拉格朗日法在取不同空间节点数时所得到的误差. 在计算时定义误差

$$\text{error} = \max_{0 \leqslant j, k, l \leqslant M, 0 \leqslant t \leqslant N} |u_{\text{exact}}(x_j, y_k, z_l, t_n) - u_{jkl}^n|.$$

表 5.3 半拉格朗日法求解三维对流方程的误差分析

M	8	16	32
误差	0.1463	6.1659e − 3	6.8986e − 10

5.7 小 结

本章讨论了一阶双曲型方程的各种有限差分法、二阶双曲型方程的一种有限差分法、守恒律方程的有限差分法. 双曲型方程是一类特殊的偏微分方程, 它广泛应用于描述流体的运动情况. 本章介绍的方法有助于求解更为复杂的双曲型方程.

5.8 习 题

1. 考虑如下问题:

$$u_t + au_x = 0, \quad x \in (0, 1),$$

及初始条件 $u(x,0) = f(x), x \in [0,1]$, 以及周期性边界条件 $u(0,t) = u(1,t)$, 这里
$a = -1$,

$$f(x) = \begin{cases} 1, & 0.4 \leqslant x \leqslant 0.6, \\ 0, & \text{其余情形,} \end{cases}$$

试分别用迎风格式、Lax-Wendroff 格式、Lax-Friedrichs 格式求解上述问题, 并画
出在 $t = 0.5, t = 1, t = 2.0$ 时的数值解图像 (空间格点数 M 可取 100, 时间步长
$\Delta t = 0.008$).

2. 试用迎风格式求解

$$u_t + c(u_x + u_y) = 0, \quad 0 < x < 2, 0 < y < 2, t > 0,$$
$$u(x,y,0) = \phi(x,y), \quad 0 \leqslant x \leqslant 2, 0 \leqslant y \leqslant 2,$$

这里 $c = 1$, 函数

$$\phi(x,y) = \begin{cases} 2, & 0.5 \leqslant x \leqslant 1, 0.5 \leqslant y \leqslant 1, \\ 0, & \text{其余情形,} \end{cases}$$

3. 设有一差分格式的矩阵形式为 $U^{n+1} = AU^n$, 试叙述该差分格式的稳定性
定义.

4. 讨论离散线性一阶方程

$$\frac{\partial u}{\partial t} + a \frac{\partial u}{\partial x} = 0$$

的稳定性方法有哪两种?

5. 对于初值问题

$$v_t + \frac{\partial}{\partial x} F(v) = 0,$$
$$v(x,0) = v_0(x), \quad x \in R.$$

如果 v 满足如下条件

$$\int_0^\infty \int_{-\infty}^\infty [v\phi_t + F(v)\phi_x]\, dx dt + \int_{-\infty}^\infty v_0 \phi_0 = 0, \quad \forall \phi \in C_0^1,$$

那么称 v 是该初值问题的一个弱解. 试证明函数

$$v(x,t) = \begin{cases} 0, & x \leqslant t/2, \\ 1, & x > t/2 \end{cases}$$

是初值问题

$$v_t + \frac{\partial}{\partial x}(v^2/2) = 0,$$

$$v(x,0) = v_0(x) = \begin{cases} 0, & x \leqslant 0, \\ 1, & x > 0, \end{cases} \quad x \in R$$

的一个弱解.

第6章 非线性偏微分方程的有限差分法

学习目标与要求

1. 理解非线性偏微分方程的差分法设计过程.
2. 了解非线性偏微分方程组的差分法设计过程.
3. 掌握非线性偏微分方程差分格式的实现过程.
4. 了解非线性偏微分方程数值解的应用.

非线性偏微分方程大量出现物理与化学等其他学科的理论表述中, 它们很少有解析解. 通常人们依赖于数值解法求解它们. 本章介绍各种各样非线性的偏微分方程 (组) 的有限差分方法设计过程. 涉及的偏微分方程 (组) 包括: 非线性椭圆型方程、Navier-Stokes 方程组、非线性抛物型方程、非线性双曲型方程等. 希望通过一些简单直观的介绍, 起到抛砖引玉的作用, 使得读者能够利用偏微分方程的数值解来做一些复杂问题的模拟.

6.1 非线性椭圆型方程

例 6.1 考虑下述非线性常微分方程边值问题

$$u_{xx} = e^u, \quad -1 < x < 1,$$
$$u(-1) = 0, \quad u(1) = 0, \tag{6.1}$$

这里 $u = u(x)$. 如何利用有限差分法求解它呢?

可以分以下三步求解

(1) 区域剖分 (这里是区间剖分).

取 $M + 1$ 个节点

$$-1 = x_0 < x_1 < \cdots < x_j < \cdots < x_M = 1,$$

它们将区间 $I = [-1, 1]$ 分成 M 个小区间

$$I_j : x_{j-1} \leqslant x \leqslant x_j, \quad j = 1, 2, \cdots, M.$$

并且记 $x_j = -1 + jh(j = 0, 1, 2, \cdots, M)$, $h = 2/M$,

(2) 微分方程的离散及边界条件处理.

如果记

$$u(x_0), u(x_1), \cdots, u(x_j), \cdots, u(x_M),$$

其近似解分别为

$$u_0(= \alpha), u_1, \cdots, u_j, \cdots, u_M(= \beta),$$

则用有限差分法离散方程 (6.1) 的一种形式为

$$\frac{u_{j-1} - 2u_j + u_{j+1}}{h^2} = e^{u_j}, \quad j = 1, 2, \cdots, M-1,$$

$$u_0 = 0, \quad u_M = 0. \tag{6.2}$$

上面的式子就是一种离散两点边值问题的二阶差分格式.

(3) 离散方程组的求解.

方程组 (6.2) 是一个非线性方程组, 直接求解它比较困难. 利用下面的迭代法求解.

(i) 先猜一个已知值 $u_j^{(0)}(j = 1, 2, \cdots, M-1)$;

(ii) 然后按照下式

$$\frac{u_{j+1}^{(m)} - 2u_j^{(m+1)} + u_{j-1}^{(m)}}{h^2} = e^{u_j^{(m)}}$$

构造一序列 $u_j^{(m)}(j = 1, 2, \cdots, M-1, m = 0, 1, \cdots)$;

(iii) 最后令 $\lim_{m \to \infty} u_j^{(m)} = u_j \ (j = 1, 2, \cdots, M-1)$.

图 6.1 显示了上述离散方法得到的数值解, 在计算中取整数 $M = 40$.

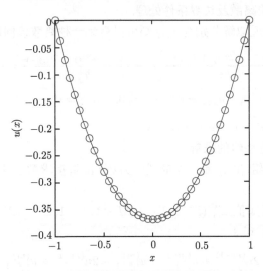

图 6.1　一维非线性方程两点边值问题的近似解

例 6.2　先考虑二维非线性 Poisson 方程及第一边值条件

$$\Delta u = e^u, \quad (x,y) \in D,$$
$$u(x,y) = 0, \quad (x,y) \in \Gamma,$$

$$(6.3)$$

D 是平面上一有界区域 $(-1,1) \times (-1,1)$. $\Gamma = \partial D$ 是区域 D 的边界.

可以分以下三步求解它.

(1) 区域剖分.

在 x 方向上取 $M+1$ 个点

$$a = x_0 < x_1 < \cdots < x_i < \cdots < x_M = b,$$

它们将区间 $I = [a,b](a = -1, b = 1)$ 分成 M 个小区间

$$I_i : x_{i-1} \leqslant x \leqslant x_i, \quad i = 1, 2, \cdots, M.$$

在 y 方向上取 $N+1$ 个点

$$c = y_0 < y_1 < \cdots < y_j < \cdots < y_N = d,$$

它们将区间 $I = [c,d](c = -1, d = 1)$ 分成 N 个小区间

$$J_j : y_{j-1} \leqslant y \leqslant y_j, \quad j = 1, 2, \cdots, N.$$

再过点 x_j 作平行于 y 轴的平行线, 过点 y_k 作平行于 x 轴的平行线, 于是得到区域 D 的一个网格剖分. 网格节点记为 (x_i, y_j) $(i = 0, 1, 2, \cdots, M, j = 0, 1, 2, \cdots, N)$.

(2) 微分方程的离散及边界条件处理.

记 $u(x_i, y_j)$ 的近似解分别为 u_{ij}, 则可以得到一种离散该问题的二阶差分格式

$$\frac{u_{i+1,j} - 2u_{ij} + u_{i-1,j}}{h_x^2} + \frac{u_{i,j+1} - 2u_{ij} + u_{i,j-1}}{h_y^2} = e^{u_{ij}},$$

$$u_{0j} = 0, \quad u_{Mj} = 0, \quad u_{i0} = 0, \quad u_{iN} = 0,$$

$$(6.4)$$

这里 $i = 1, 2, \cdots, M-1, j = 1, 2, \cdots, N-1$.

(3) 离散后的方程组的求解.

离散后的方程组 (6.4) 是一个非线性方程组, 直接求解它比较困难. 下面用迭代法求解它.

(i) 先猜一个已知值 $u_{ij}^{(0)}(i = 1, 2, \cdots, M-1, j = 1, 2, \cdots, N-1)$;

(ii) 然后按照下式

$$\frac{u_{i+1,j}^{(m)} - 2u_{ij}^{(m+1)} + u_{i-1,j}^{(m)}}{h_x^2} + \frac{u_{i,j+1}^{(m)} - 2u_{ij}^{(m+1)} + u_{i,j-1}^{(m)}}{h_y^2} = e^{u_{ij}^{(m)}}$$

构造一序列 $u_{ij}^{(m)}(i = 1, 2, \cdots, M - 1, j = 1, 2, \cdots, N - 1, m = 0, 1, \cdots)$;

(iii) 最后令 $\lim_{m \to \infty} u_{ij}^{(m)} = u_{ij}$ $(i = 1, 2, \cdots, M - 1, j = 1, 2, \cdots, N - 1)$.

图 6.2 显示了上述离散方法得到的数值解, 在计算中取整数 $M = N = 40$.

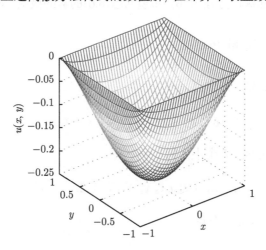

图 6.2 二维非线性 Poisson 方程边值问题的近似解

例 6.3 将考虑如下的二维非线性 Poisson 方程的求解方法

$$\frac{\partial}{\partial x}\left(a(u, x, y)\frac{\partial u}{\partial x}\right) + \frac{\partial}{\partial y}\left(a(u, x, y)\frac{\partial u}{\partial y}\right) = f(x, y), \tag{6.5}$$
$$D = \{(x, y)|0 < x < l_x, 0 < y < l_y\},$$

此方程中的未知函数满足如下的边界条件:

$$u(0, y) = g_1(y), \quad u(l_x, y) = g_3(y),$$

$$u(x, 0) = g_2(x), \quad u(x, l_y) = g_4(x).$$

对此非线性 Poisson 方程边值问题, 可通过求解如下的含时的方程:

$$\frac{\partial u}{\partial t} = \frac{\partial}{\partial x}\left(a(u, x, y)\frac{\partial u}{\partial x}\right) + \frac{\partial}{\partial y}\left(a(u, x, y)\frac{\partial u}{\partial y}\right) - f(x, y), \tag{6.6}$$
$$D = \{(x, y)|0 < x < l_x, 0 < y < l_y\}, \quad t > 0.$$

这里假定未知函数 $u = u(x, y, t)(t > 0)$, 并且它满足如下的边界条件:

$$u(0, y, t) = g_1(y), \quad u(l_x, y, t) = g_3(y),$$

$$u(x, 0, t) = g_2(x), \quad u(x, l_y, t) = g_4(x),$$

以及初始条件

$$u(x,y,0) = g(x,y), \quad (x,y) \in \bar{D}.$$

利用有限差分法离散方程 (6.6), 希望问题(6.6)的解的极限, 即$\lim_{t\to\infty} u(x,y,t)$, 满足方程(6.5).

可以分以下两步求解 (6.6).

(1) 区域剖分.

在 x 方向上取 $M+1$ 个点

$$0 = x_0 < x_1 < \cdots < x_i < \cdots < x_M = l_x,$$

它们将区间 $[0, l_x]$ 分成 M 个小区间

$$I_i : x_{i-1} \leqslant x \leqslant x_i, \quad i = 1, 2, \cdots, M.$$

在 y 方向上取 $N+1$ 个点

$$0 = y_0 < y_1 < \cdots < y_j < \cdots < y_N = l_y,$$

它们将区间 $[0, l_y]$ 分成 N 个小区间

$$J_j : y_{j-1} \leqslant y \leqslant y_j, \quad j = 1, 2, \cdots, N.$$

再过点 x_j 作平行于 y 轴的平行线, 过点 y_k 作平行于 x 轴的平行线, 于是得到区域 D 的一个网格剖分. 网格节点记为 (x_i, y_j) $(i = 0, 1, 2, \cdots, M, j = 0, 1, 2, \cdots, N)$.

为计算方便, 取 $x_i = 0 + ih_x$ $(h_x = l_x/M)$ 与 $y_j = 0 + jh_y$ $(h_y = l_y/N)$. 令 $t_n = n\tau$, τ 为时间步长. 记 $u(x_i, y_j, t_k)$ 的近似解为 u_{ij}^k. 在计算中取半点 $x_{i+1/2} = 0 + (i + 0.5)h_x$ 与 $y_{j+1/2} = 0 + (j + 0.5)h_y$.

(2) 微分方程的离散及边界条件处理.

将利用如下的 ADI 法来离散上述含时的方程 (6.6).

$$\frac{w_{ij} - u_{ij}^k}{\tau_k} = \left(\frac{a_{i+1/2,j}^k}{2h_x^2}\right)(w_{i+1,j} - w_{ij}) - \left(\frac{a_{i-1/2,j}^k}{2h_x^2}\right)(w_{ij} - w_{i-1,j})$$

$$+ \left(\frac{a_{i,j+1/2}^k}{2h_y^2}\right)(u_{i,j+1}^k - u_{ij}^k) - \left(\frac{a_{i,j-1/2}^k}{2h_y^2}\right)(u_{ij}^k - u_{i,j-1}^k) - \frac{1}{2}f(x_i, y_j),$$

$$i = 1, \cdots, M-1, \quad j = 1, \cdots, N-1, \quad k = 0, 1, \cdots,$$

$$\frac{u_{ij}^{k+1} - w_{ij}}{\tau_k} = \left(\frac{a_{i+1/2,j}^k}{2h_x^2}\right)(w_{i+1,j} - w_{ij}) - \left(\frac{a_{i-1/2,j}^k}{2h_x^2}\right)(w_{ij} - w_{i-1,j})$$

$$+ \left(\frac{a_{i,j+1/2}^k}{2h_y^2}\right)(u_{i,j+1}^{k+1} - u_{ij}^{k+1}) - \left(\frac{a_{i,j-1/2}^k}{2h_y^2}\right)(u_{ij}^{k+1} - u_{i,j-1}^{k+1}) - \frac{1}{2}f(x_i, y_j)$$

$$i = 1, \cdots, M-1, \quad j = 1, \cdots, N-1, \quad k = 0, 1, \cdots,$$

并且初始条件与边界条件分别离散为

$$u_{ij}^0 = g(x_i, y_j),$$
$$u_{0j}^{k+1} = g_1(y_j), \quad u_{Nj}^{k+1} = g_3(y_j), \quad j = 0, \cdots, N,$$
$$u_{i0}^{k+1} = g_2(x_i), \quad u_{iM}^{k+1} = g_4(x_i), \quad i = 0, \cdots, M.$$

这里

$$a_{i+1/2,j}^k = a\left(\frac{1}{2}(u_{i+1,j}^k + u_{ij}^k), x_{i+1/2}, y_j\right),$$
$$a_{i,j+1/2}^k = a\left(\frac{1}{2}(u_{i,j+1}^k + u_{ij}^k), x_i, y_{j+1/2}\right).$$

在上面的二维非线性 Poisson 方程边值问题中, 取函数 $a(u, x, y) = e^{-u}$, $f(x, y) = -2(x^2 + y^2)/(1 + xy)^3$, $g_1(y) = 0$, $g_2(x) = 0$, $g_3(y) = \ln(1 + y)$, $g_4(x) = \ln(1 + x)$. 计算区域是 $(x, y) \in [0, 1] \times [0, 1]$. 此非线性方程边值问题的准确解为 $u_{\text{exact}}(x, y) = \ln(1 + xy)$. 在利用 ADI 法计算时, 取初始函数 $g(x, y) = 0$. 图 6.3 展示了二维非线性 Poisson 方程边值问题的数值结果, 这是 ADI 法计算的结果.

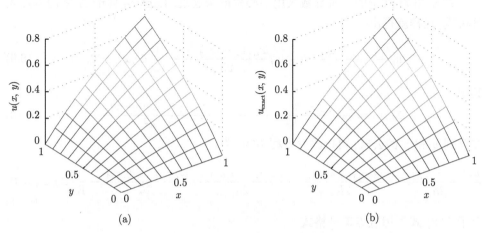

(a)   (b)

图 6.3 二维非线性 Poisson 方程边值问题的近似解与准确解: (a) 近似解; (b) 准确解

6.2　定态的 Navier-Stokes 方程

定态的 Navier-Stokes 方程 (不含时间变量的 Navier-Stokes 方程) 可以写作如下形式:

$$\mathbf{u} \cdot \nabla \omega - \frac{1}{\mathrm{Re}} \Delta \omega = 0, \tag{6.7}$$

$$\Delta \psi + \omega = 0, \tag{6.8}$$

这里

$$\mathbf{u} = (u, v) = (\psi_y, -\psi_x).$$

这里假定未知函数 $\psi = \psi(x, y)$ 与函数 $\omega = \omega(x, y)$ 的定义域为 $\Omega = \{(x, y) | 0 < x < 1, 0 < y < 1\}$, 在边界 $\partial\Omega$ 的条件为

$$\psi(x, y) = f(x, y), \quad (x, y) \in \partial\Omega,$$

$$\omega(x, y) = g(x, y), \quad (x, y) \in \partial\Omega.$$

这里函数 $f(x, y)$ 与函数 $g(x, y)$ 均是已知函数.

先假定定义域 Ω 的剖分记为 Ω_h, 边界的离散记为 $\partial\Omega_h$. 并且剖分后, 得到网格节点 (x_i, y_j). 下面, 为方便起见, 记 $\phi_{ij} \approx \phi(x_i, y_j)$, $\omega_{ij} \approx \omega(x_i, y_j)$.

将把非线性偏微分方程组 (6.7)-(6.8) 在节点 (x_i, y_j) 处分别进行如下形式的离散.

先对 (6.7) 式中的一阶导数采用中心差商来逼近, Laplace 算子 Δ 采用五点差分格式, 这样就得出

$$u_{ij} \frac{\omega_{i+1,j} - \omega_{i-1,j}}{2h} + v_{ij} \frac{\omega_{i,j+1} - \omega_{i,j-1}}{2h} - \frac{1}{\mathrm{Re}} \Delta_h \omega_{ij} = 0, \tag{6.9}$$

其中

$$\Delta_h \omega_{ij} = \frac{\omega_{i+1,j} - 2\omega_{ij} - \omega_{i-1,j}}{h^2} + \frac{\omega_{i,j+1} - 2\omega_{ij} + \omega_{i,j-1}}{h^2}. \tag{6.10}$$

注意到 u 和 v 的公式, 可以改变方程 (6.9) 为

$$\frac{\psi_{i,j+1} - \psi_{i,j-1}}{2h} \cdot \frac{\omega_{i+1,j} - \omega_{i-1,j}}{2h} - \frac{\psi_{i+1,j} - \psi_{i-1,j}}{2h} \cdot \frac{\omega_{i,j+1} - \omega_{i,j-1}}{2h} - \frac{1}{\mathrm{Re}} \Delta_h \omega_{ij} = 0. \tag{6.11}$$

对于 (6.8) 式采用五点差分格式

$$\Delta_h \psi_{ij} + \omega_{ij} = 0. \tag{6.12}$$

下面来讨论求解非线性差分方程组 (6.11) 和 (6.12) 的一种迭代方法. 将采用如下的迭代法来求解.

(1) 设迭代开始时指标为 $s = 0$, 并取定误差限制 ϵ (例如等于 10^{-6}), 并设 $\tilde{\psi}_{ij}^{(0)}$ 和 $\tilde{\omega}_{ij}^{(0)}$ 为已知值.

(2) 由
$$\Delta_h \tilde{\psi}_{ij}^{(s+1)} = -\tilde{\omega}_{ij}^{(s)}, \quad (x_i, y_j) \in \Omega_h$$

和边界条件
$$\tilde{\psi}_{ij}^{(s+1)} = f_{ij}, \quad (x_i, y_j) \in \partial\Omega_h$$

来计算出 $\tilde{\psi}_{ij}^{(s+1)}$.

(3) 利用 $\tilde{\psi}_{ij}^{(s+1)}, \tilde{\omega}_{ij}^{(s)}$ 的值, 从下述公式
$$\frac{\tilde{\psi}_{i,j+1}^{(s+1)} - \tilde{\psi}_{i,j-1}^{(s+1)}}{2h} \cdot \frac{\tilde{\omega}_{i+1,j}^{(s)} - \tilde{\omega}_{i-1,j}^{(s)}}{2h} - \frac{\tilde{\psi}_{i+1,j}^{(s+1)} - \tilde{\psi}_{i-1,j}^{(s+1)}}{2h} \cdot \frac{\tilde{\omega}_{i,j+1}^{(s)} - \tilde{\omega}_{i,j-1}^{(s)}}{2h}$$
$$- \frac{1}{\text{Re}} \Delta_h \tilde{\omega}_{ij}^{(s+1)} = 0, \quad (x_i, y_j) \in \Omega_h$$

中计算出 $\tilde{\omega}_{ij}^{(s+1)}$ 的值.

(4) 先分别计算误差
$$\text{error1} = \sqrt{\sum_{i=1}^{M-1} \sum_{j=1}^{N-1} \left| \tilde{\psi}_{ij}^{(s+1)} - \tilde{\psi}_{ij}^{(s)} \right|^2 h_x h_y},$$
$$\text{error2} = \sqrt{\sum_{i=1}^{M-1} \sum_{j=1}^{N-1} \left| \tilde{\omega}_{ij}^{(s+1)} - \tilde{\omega}_{ij}^{(s)} \right|^2 h_x h_y},$$

然后定义 error 为 error1 与 error2 中最大的那个, 如果 error $> \epsilon$, 计算循环继续下去, 将 $\tilde{\psi}_{ij}^{(s+1)}$ 的值赋给 $\tilde{\psi}_{ij}^{(s)}$, 并且也将 $\tilde{\omega}_{ij}^{(s+1)}$ 的值赋给 $\tilde{\omega}_{ij}^{(s)}$, $s = s + 1$, 再进入第 (2) 步; 如果 error $\leqslant \epsilon$, 计算继续终止, 进入第 (5) 步.

(5) 对所有的整数 $i = 1, \cdots, M, j = 1, \cdots, N$, 令 $\psi_{ij} = \tilde{\psi}_{ij}^{(s+1)}$, $\omega_{ij} = \tilde{\omega}_{ij}^{(s+1)}$, 也就是得到函数 $\psi(x, y)$ 与 $\omega(x, y)$ 在离散节点上的近似值.

下面再考虑利用紧致差分格式离散偏微分方程组
$$-\nabla^2 \psi = \zeta, \tag{6.13}$$
$$-\nabla^2 \zeta + \text{Re} V \cdot \nabla \zeta = f, \tag{6.14}$$

这里函数 $\psi = \psi(x, y)$ 与函数 $\zeta = \zeta(x, y)$ 均是未知函数, 而函数 $f = f(x, y)$ 是一已知函数, Re 是雷诺数. 向量函数 $V = (u, v)$, 其中函数 u, v 分别为
$$u = \frac{\partial \psi}{\partial y}, \quad v = -\frac{\partial \psi}{\partial x}. \tag{6.15}$$

在计算边界上 (也就是 $(x, y) \in \bar{\Omega}$), 采用如下的边界条件:

$$\frac{\partial \psi}{\partial \mathbf{n}} = V_w, \qquad \frac{\partial \psi}{\partial \mathbf{s}} = 0, \tag{6.16}$$

这里 V_w 是一已知量, $\mathbf{n}$ 是区域 Ω 的边界上的外法向单位矢量, 而 $\mathbf{s}$ 是区域 Ω 的边界上的单位切向矢量. $\Omega = [a, b] \times [c, d]$ 是 xOy 平面上一长方形区域.

根据上面的紧差分构造过程, 同样采用相似的过程, 可以为方程 (6.13) 构造如下的紧致差分格式:

$$-\left[\delta_x^2 + \delta_y^2 + \frac{h^2}{6}\delta_x^2\delta_y^2\right]\psi_{ij} = \left[1 + \frac{h^2}{12}(\delta_x^2 + \delta_y^2)\right]\zeta_{ij} + O(h^4).$$

方程 (6.14) 的紧致差分格式的构造要复杂得多, 但是可得

$$-A_{ij}\delta_x^2\zeta_{ij} - B_{ij}\delta_y^2\zeta_{ij} + C_{ij}\delta_x\zeta_{ij} + D_{ij}\delta_y\zeta_{ij} - \frac{h^2}{6}[\delta_x^2\delta_y^2 - c_{ij}\delta_x\delta_y^2$$
$$-d_{ij}\delta_x^2\delta_y - G_{ij}\delta_x\delta_y]\zeta_{ij} = F_{ij} + O(h^4),$$

其中

$$A_{ij} = 1 + \frac{h^2}{12}(c_{ij}^2 - 2\delta_x c_{ij}),$$

$$B_{ij} = 1 + \frac{h^2}{12}(d_{ij}^2 - 2\delta_y d_{ij}),$$

$$C_{ij} = c_{ij} + \frac{h^2}{12}[\delta_x^2 + \delta_y^2 - c_{ij}\delta_x - d_{ij}\delta_y]c_{ij},$$

$$D_{ij} = d_{ij} + \frac{h^2}{12}[\delta_x^2 + \delta_y^2 - c_{ij}\delta_x - d_{ij}\delta_y]d_{ij},$$

$$F_{ij} = f_{ij} + \frac{h^2}{12}[\delta_x^2 + \delta_y^2 - c_{ij}\delta_x - d_{ij}\delta_y]f_{ij},$$

$$G_{ij} = \delta_y c_{ij} - c_{ij}d_{ij} + \delta_x d_{ij},$$

这里令 $c_{ij} = \mathrm{Re} \cdot u_{ij}$, 并且 $d_{ij} = \mathrm{Re} \cdot v_{ij}$.

在上述式子中, 采用如下方式离散 u_{ij}, v_{ij}.

$$u_{ij} = \delta_y\psi_{ij} + \frac{h^2}{6}(\delta_y\zeta_{ij} + \delta_x^2\delta_y\psi_{ij}) + O(h^4),$$

$$v_{ij} = -\delta_x\psi_{ij} - \frac{h^2}{6}(\delta_x\zeta_{ij} + \delta_x\delta_y^2\psi_{ij}) + O(h^4).$$

至于边界条件的离散, 采用如下方式离散:

$$-\partial\psi/\partial x|_{(x_1, y_j)} = v_{1j},$$

$$-\delta_x^+\psi_{1j} - \left[\frac{h}{2} + \frac{h^2}{6}\delta_x^+ - \frac{h^3}{24}(\mathrm{Re}v_{1j}\delta_y - \delta_y^2)\right]\zeta_{1j} + O(h^4)$$

$$= v_{1j} - \frac{h^3}{24}(\delta_x^+\delta_y^2 v_{1j} - f_{1j}) + O(h^4),$$

这里的 δ_x^+ 表示 x 方向上的向前差商. 类似地, 也可以写出其他边界条件的离散形式.

但是在边界点 (x_1, y_M) 处, 不能得到四阶紧致差分格式, 只能构造如下的三阶紧致差分格式

$$[\delta_x^+ + \delta_y^-]\psi_{1M} + \frac{h}{2}\zeta_{1M} + \frac{h}{2}[\delta_x^+ - \delta_y^-]\zeta_{1M}$$

$$= -u_{1M} - v_{1M} - \frac{h^2}{6}[\delta_x^+\delta_y^- u_{1M} + \delta_x^+\delta_y^- v_{1M}] + O(h^3).$$

$$\psi^{n+1} = w\psi' + (1-w)\psi^n.$$

可考虑下述计算例子: 对方程组 (6.13) 和 (6.14), 取下面的解析解

$$\psi = -8(x - x^2)^2(y - y^2)^2,$$

并且

$$\zeta = 16[(6x^2 - 6x + 1)(y - y^2)^2 + (x - x^2)^2(6y^2 - 6y + 1)],$$

$$u = -16(x - x^2)^2(y - y^2)(1 - 2y),$$

$$v = 16(x - x^2)(1 - 2x)(y - y^2)^2.$$

计算区域取为 $\Omega = [0, 1]^2$. 试利用上述介绍的数值方法来解它, 并与相应的解析解做比较.

6.3 非线性抛物型方程

例 6.4 考虑非线性抛物型方程

$$\frac{\partial u}{\partial t} = \frac{\partial^2 u^5}{\partial x^2}, \tag{6.17}$$

假定已经将函数 $u(x, t)$ 的定义域做了剖分, 得到节点 (x_j, t_n), 并且规定 $u_j^n = u(x_j, t_n)$. 在时间上采用加权隐式格式, 空间 x 方向上采用中心差分格式离散上面的非线性抛物型方程, 得

$$\frac{u_j^{n+1} - u_j^n}{\tau} = \frac{1}{h^2}[\theta\delta_x^2(u^5)_j^{n+1} + (1-\theta)\delta_x^2(u^5)_j^n], \tag{6.18}$$

其中常数 θ 满足 $0 \leqslant \theta \leqslant 1$. 显然解这个差分方程组必须解非线性方程组, 避免求解非线性方程组的一个办法是先设法对方程组进行线性化. 线性化的方法很多, 这里采用 Richtmyer 提出的方法, 注意到

$$[u(x_j, t_{n+1})]^5 = [u(x_j, t_n)]^5 + \tau \frac{\partial}{\partial t}[u(x_j, t_n)]^5 + O(\tau^2)$$

$$= [u(x_j, t_n)]^5 + 5\tau[u(x_j, t_n)]^4 \frac{\partial u(x_j, t_n)}{\partial t} + O(\tau^2),$$

由此得到近似

$$[u(x_j, t_{n+1})]^5 = [u(x_j, t_n)]^5 + 5[u(x_j, t_n)]^4(u(x_j, t_{n+1}) - u(x_j, t_n)) + O(\tau^2).$$

此式与 (6.18) 式结合起来并令 $w_j = u_j^{n+1} - u_j^n$, 就得到差分格式

$$\frac{w_j}{\tau} - \frac{5\theta}{h^2}[(u^4)_{j+1}^n w_{j+1} - 2(u^4)_j^n w_j + (u^4)_{j-1}^n w_{j-1}] = \frac{1}{h^2}[(u^5)_{j+1}^n - 2(u^5)_j^n + (u^5)_{j-1}^n].$$

如果再加上给定的边界条件

$$w_0 = u_0^{n+1} - u_0^n,$$

$$w_J = u_J^{n+1} - u_J^n,$$

那么就可以用追赶法解出 w_j, 然后根据 $w_j = u_j^{n+1} - u_j^n$, 从中可以立即求出 u_j^{n+1} 的值.

例 6.5　考虑拟线性扩散方程的初边值问题

$$\frac{\partial u}{\partial t} = \frac{\partial}{\partial x}\left(a(u)\frac{\partial u}{\partial x}\right), \quad 0 < x < 1, t > 0,$$

$$u(x, 0) = u_0(x), \quad 0 \leqslant x \leqslant 1,$$

$$u(0, t) = u_1(t), \quad t \geqslant 0, \tag{6.19}$$

$$u(1, t) = u_2(t), \quad t \geqslant 0,$$

其中 $a(u) > 0$ 为一关于 u 的函数.

在时间 t 方向上采用显式格式, 空间 x 方向上采用中心差分, 得

$$\frac{u_j^{n+1} - u_j^n}{\tau} = \frac{1}{h}\left[a(u_{j+\frac{1}{2}}^n)\frac{u_{j+1}^n - u_j^n}{h} - a(u_{j-\frac{1}{2}}^n)\frac{u_j^n - u_{j-1}^n}{h}\right],$$

其中 $u_{j+1/2}^n = (u_j^n + u_{j+1}^n)/2$ 通过分析可知, 稳定性条件大致为

$$\max_j a(u_j^n)\frac{\tau}{h^2} \leqslant \frac{1}{2}.$$

因此, 如果 $a(u)$ 有时取很大的值, 那么必须采取很小的时间步长, 显然在实际计算中是不合算的. 对于非线性扩散方程, 一般采用无条件稳定的隐式格式, 这样将消除了稳定性对时间步长的限制. 下面构造两种实际实用的隐式格式.

$$\frac{u_j^{n+1} - u_j^n}{\tau} = \frac{1}{h}\left[a(u_{j+\frac{1}{2}}^n)\frac{u_{j+1}^{n+1} - u_j^{n+1}}{h} - a(u_{j-\frac{1}{2}}^n)\frac{u_j^{n+1} - u_{j-1}^{n+1}}{h}\right]$$

和

$$\frac{u_j^{n+1} - u_j^n}{\tau} = \frac{1}{h}\left[a(u_{j+\frac{1}{2}}^{n+1})\frac{u_{j+1}^{n+1} - u_j^{n+1}}{h} - a(u_{j-\frac{1}{2}}^{n+1})\frac{u_j^{n+1} - u_{j-1}^{n+1}}{h}\right].$$

6.4 非线性双曲型方程

本节将求解关于守恒律方程的初边值问题

$$\begin{aligned}
&\frac{\partial u}{\partial t} + \partial_x(f(u)) = 0, \quad f(u) = u^2/2, \quad 0 < x < 4, t > 0,\\
&u(0,t) = 1, \quad u(4,t) = 0, \quad t \geqslant 0,\\
&u(x,0) = \begin{cases} 0, & 2 \leqslant x \leqslant 4,\\ 1, & 0 \leqslant x < 2, \end{cases}
\end{aligned} \tag{6.20}$$

它实际上是一个非线性双曲型方程.

为计算方便, 取 $x_j = 0 + jh(h = 4/M)$. 令 $t_n = n\tau$, τ 为时间步长. 记 $u(x_j, t_n)$ 的近似解为 u_j^n.

对于此守恒律方程, 可以构造如下两种格式.

(1) Lax-Friedrichs 格式

$$\frac{u_j^{n+1} - \frac{1}{2}(u_{j-1}^n + u_{j+1}^n)}{2} + \frac{f(u_{j+1}^n) - f(u_{j-1}^n)}{2h} = 0,$$

此差分格式的截断误差为 $O(\tau^2) + O(h^2)$.

(2) Lax-Wendroff 格式.

由 Taylor 公式

$$u(x, t+\tau) = u(x,t) + \tau\frac{\partial u}{\partial t} + \frac{\tau^2}{2}\frac{\partial^2 u}{\partial t^2} + O(\tau^3),$$

以及

$$\frac{\partial u}{\partial t} = -\frac{\partial f(u)}{\partial x},$$

并令 $a(u) = f'(u)$, 可得

$$\frac{\partial^2 u}{\partial t^2} = -\frac{\partial}{\partial t}\left(\frac{\partial f(u)}{\partial x}\right) = -\frac{\partial}{\partial x}\left(\frac{\partial f(u)}{\partial t}\right) = -\frac{\partial}{\partial x}\left(a(u)\frac{\partial u}{\partial t}\right) = \frac{\partial}{\partial x}\left(a(u)\frac{\partial f(u)}{\partial x}\right).$$

所以

$$u(x, t+\tau) = u(x,t) + \tau\left[-\frac{\partial f(u)}{\partial x}\right] + \frac{\tau^2}{2}\left[\frac{\partial}{\partial x}\left(a(u)\frac{\partial f(u)}{\partial x}\right)\right] + O(\tau^3),$$

再用中心差商来逼近相应的偏导数, 于是得到 Lax-Wendroff 格式

$$u_j^{n+1} = u_j^n - \frac{1}{2}\frac{\tau}{h}(f(u_{j+1}^n) - f(u_{j-1}^n))$$

$$+ \frac{1}{2}\frac{\tau^2}{h^2}[a_{j+\frac{1}{2}}^n(f(u_{j+1}^n) - f(u_j^n)) - a_{j-\frac{1}{2}}^n(f(u_j^n) - f(u_{j-1}^n))].$$

注意 $a_{j+1/2}^n = a(1/2(u_j^n + u_{j+1}^n))$. 此差分格式的截断误差为 $O(\tau^2) + O(h^2)$.

图 6.4 展示了一维的守恒律方程初边值问题在 $t = 0.5$ 时的近似解. 图 6.4(a) 是由 Lax-Friedrichs 格式得到的; 图 6.4(b) 是由 Lax-Wendroff 格式得到的.

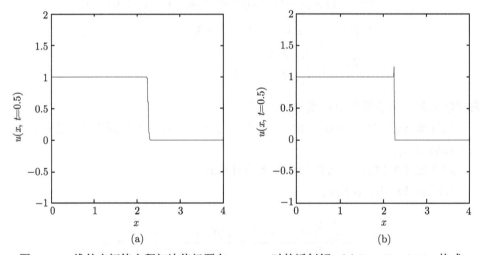

图 6.4　一维的守恒律方程初边值问题在 $t = 0.5$ 时的近似解: (a) Lax-Friedrichs 格式; (b) Lax-Wendroff 格式

6.5　非线性 Burgers 方程

首先考虑求解一维 Burgers 方程初边值问题

$$
\begin{aligned}
&u_t = -u\frac{\partial u}{\partial x} + \mu\frac{\partial^2 u}{\partial x^2}, \quad 0 < x < 2, t > 0, \\
&u(0,t) = u(2,t), \quad t \geqslant 0, \\
&u(x,0) = \psi(x), \quad 0 \leqslant x \leqslant 2,
\end{aligned}
\tag{6.21}
$$

这里 $\mu = 0.1$, $u = u(x,t)$ 是未知函数, $\psi(x) = -2v\varphi'(x)/\varphi(x) + 4$, 其中 $\varphi(x) = e^{-\frac{x^2}{4v}} + e^{-\frac{(x-2\pi)^2}{4v}}$.

为计算方便, 取 $x_j = 0 + jh$ $(h = 2/M)$. 令 $t_n = n\tau$, τ 为时间步长. 记 $u(x_j, t_n)$ 的近似解为 u_j^n.

根据有限差分法, 容易得到离散此问题的一种显式差分格式

$$\frac{u_j^{n+1} - u_j^n}{\Delta t} = -u_j^n \frac{u_j^n - u_{j-1}^n}{h} + \mu \frac{u_{j+1}^n - 2u_j^n + u_{j-1}^n}{h^2}, \tag{6.22}$$

此差分格式是这样得到的: 方程 (6.21) 中的 u_t 在节点 (x_j, t_n) 处的值用 $(u_j^{n+1} - u_j^n)/\Delta t$ 来近似, u_x 在节点 (x_j, t_n) 处的值用 $(u_j^n - u_{j-1}^n)/h$ 来近似, u_{xx} 在节点 (x_j, t_n) 处的值用 $(u_{j+1}^n - 2u_j^n + u_{j-1}^n)/h^2$ 来近似, 将它们代入就可得到差分格式 (6.22).

利用该显式格式求解问题 (6.21). 在计算中取 $M = 20, N = 50$, 也即 $h = 1/10, \Delta t = 0.01$. 图 6.5 给出了函数 $u(x,t)$ 在区域 $[0,2] \times [0,0.5]$ 上的图像.

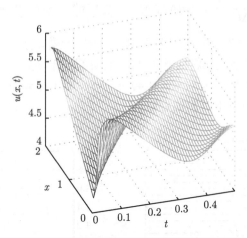

图 6.5 一维 Burgers 方程初边值问题在区域 $[0,2] \times [0,0.5]$ 上的近似解

其次, 考虑求解与二维 Burgers 方程相关的初边值问题

$$\begin{aligned}
&u_t = -uu_x - vu_y + \mu\Delta u, \quad 0 < x < 2, 0 < y < 2, \\
&v_t = -uv_x - vv_y + \mu\Delta v, \quad t > 0, \\
&u(0,y,t) = u(2,y,t), \quad u(x,0,t) = u(x,2,t), \\
&v(0,y,t) = v(2,y,t), \quad v(x,0,t) = v(x,2,t), \\
&u(x,y,0) = \phi_1(x,y), \quad 0 \leqslant x \leqslant 2, 0 \leqslant y \leqslant 2, \\
&v(x,y,0) = \phi_2(x,y),
\end{aligned} \tag{6.23}$$

这里 $\mu = 0.1$, 另外函数

$$\phi_1(x,y) = \begin{cases} 0, & 0.5 \leqslant x \leqslant 1 \text{ 且 } 0.5 \leqslant y \leqslant 1, \\ 1, & \text{其他情形}, \end{cases}$$

$$\phi_2(x,y) = \begin{cases} 1, & 0.5 \leqslant x \leqslant 1 \text{ 且 } 0.5 \leqslant y \leqslant 1, \\ 0, & \text{其他情形}, \end{cases}$$

为计算方便, 取 $x_j = 0 + jh_x (h_x = 2/M)$ 与 $y_k = 0 + kh_y (h_y = 2/M)$. 令 $t_n = n\tau, \tau$ 为时间步长. 记 $u(x_j, y_k, t_n)$ 的近似解为 u_{jk}^n.

可为之构造如下一种显式差分格式:

$$\frac{u_{jk}^{n+1} - u_{jk}^n}{\Delta t} = -u_{jk}^n \delta_x^- u_{jk}^n - v_{jk}^n \delta_y^- u_{jk}^n + v(\delta_x^2 u_{jk}^n + \delta_y^2 u_{jk}^n),$$

$$\frac{v_{jk}^{n+1} - v_{jk}^n}{\Delta t} = -u_{jk}^n \delta_x^- v_{jk}^n - v_{jk}^n \delta_y^- v_{jk}^n + v(\delta_x^2 v_{jk}^n + \delta_y^2 v_{jk}^n),$$

这里 $\delta_x^- u_{jk}^n = (u_{jk}^n - u_{j-1,k}^n)/h_x$, 而 $\delta_y^- u_{jk}^n = (u_{jk}^n - u_{j,k-1}^n)/h_y$.

下面利用该显式格式求解问题 (6.23), 在计算中取 $h_x = 1/30, h_y = 2/30, \Delta t = 0.01$. 图 6.6 画出了函数 $u = u(x,y,t)$ 与 $v = v(x,y,t)$ 形成的速度场 $\mathbf{V} = (u,v)$ 分别在 $t = 0.5$ 时刻与 $t = 1$ 时刻的近似解.

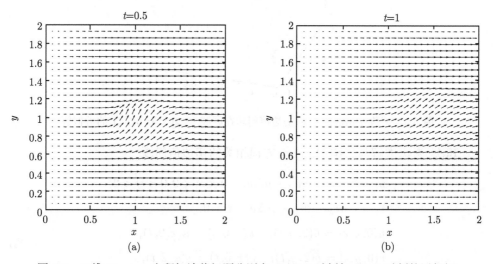

图 6.6　二维 Burgers 方程初边值问题分别在 $t = 0.5$ 时刻与 $t = 1$ 时刻的近似解

6.6 Kuramoto-Sivashinsky 方程

Kuramoto-Sivashinsky(KS) 方程是如下四阶非线性偏微分方程:

$$u_t + 4u_{xxxx} + \alpha u_{xx} + \beta u u_x = 0, \quad 0 < x < 2\pi, \, t > 0, \tag{6.24}$$

与此方程相关的边界条件为

$$u(x + 2\pi, t) = u(x, t), \quad t > 0.$$

这里 α, β 均是常数. 另外, 有如下初始条件:

$$u(x, 0) = \cos(x), \quad 0 \leqslant x \leqslant 2\pi.$$

下面, 为上述 KS 方程在空间上介绍不同的有限差分离散方法, 在时间方向上不做任何离散. 在离散过程中, 假定离散节点 $x_i = ih$ $(i = 0, 1, 2 \cdots, M)$, 这里 $h = 2\pi/M$.

6.6.1 二阶差分格式

如果将方程 (6.24) 在节点 $x = x_i$ 处离散, 节点处的偏导数用相应的有限差商来换, 可得如下的二阶差分格式:

$$\frac{du_i}{dt} = -\frac{4}{h^4}(u_{i-2} - 4u_{i-1} + 6u_i - 4u_{i+1} + u_{i+2})$$
$$- \frac{\alpha}{h^2}(u_{i-1} - 2u_i + u_{i+1}) - \frac{\beta u_i}{2h}(u_{i+1} - u_{i-1}).$$

6.6.2 二阶紧致差分格式

引入函数 $v = u_{xx}$, 将 KS 方程变为

$$u_t + 4v_{xx} + \alpha v + \alpha u u_x = 0,$$
$$u_{xx} - v = 0,$$

于是可得如下的二阶紧致差分格式:

$$v_i = \frac{1}{h^2}(u_{i-1} - 2u_i + u_{i+1}),$$
$$\frac{du_i}{dt} = -\frac{4}{h^4}(v_{i-1} - 2v_i + v_{i+1}) - \alpha v_i - \frac{\beta u_i}{2h}(u_{i+1} - u_{i-1}).$$

6.6.3　四阶差分格式

如果仅仅用四阶的中心差分公式近似方程 (6.24) 中对 x 的一阶偏导数、二阶偏导数、四阶偏导数, 那么可得如下的四阶差分格式:

$$\frac{du_i}{dt} = -\frac{2}{3h^4}(-u_{i-3} + 12u_{i-2} - 39u_{i-1} + 56u_i - 39u_{i+1} + 12u_{i+2} - u_{i+3})$$
$$-\frac{\alpha}{12h^2}(-u_{i-2} + 16u_{i-1} - 30u_i + 16u_{i+1} - u_{i+2})$$
$$-\frac{\beta u_i}{12h}(u_{i-2} - 8u_{i-1} + 8u_{i+1} - u_{i+2}).$$

6.6.4　四阶紧致差分格式

为了引入四阶紧致差分格式, 令函数 F 与 f 分别为

$$u_x = F, \quad v_x = f. \tag{6.25}$$

这样, 可以得到如下的四阶紧致差分格式:

$$F_{i-1} + 4F_i + F_{i+1} = \frac{3}{h}(u_{i+1} - u_{i-1}), \tag{6.26}$$

$$f_{i-1} + 4f_i + f_{i+1} + \frac{3}{h}(v_{i-1} - v_{i+1}) = 0, \tag{6.27}$$

$$v_i - \frac{1}{2h}(F_{i-1} - F_{i+1}) = \frac{2}{h^2}(u_{i-1} - 2u_i - u_{i+1}), \tag{6.28}$$

$$\frac{du_i}{dt} = -\frac{8}{h^2}(v_{i-1} - 2v_i + v_{i+1}) + \frac{2}{h}(f_{i+1} - f_{i-1}) - \alpha v_i - \beta u_i F_i, \tag{6.29}$$

在计算中, 先从式 (6.26) 中解得 F_i, 然后从式 (6.28) 中解得 v_i, 再从式 (6.27) 中解得 f_i; 最后将新得到的数值 F_i, v_i 以及 f_i 分别代入到式 (6.29) 中.

6.6.5　另一四阶紧致差分格式

对于 u_i', u_i'' 以及 $u_i^{(4)}$, 分别有如下的四阶近似公式:

$$u_{i-1}' + 4u_i' + u_{i+1}' = \frac{3}{h}(u_{i+1} - u_{i-1}),$$
$$u_{i-1}'' + 10u_i'' + u_{i+1}'' = \frac{12}{h^2}(u_{i-1} - 2u_i + u_{i+1}),$$
$$u_{i-1}^{(4)} + 4u_i^{(4)} + u_{i+1}^{(4)} = \frac{6}{h^4}(u_{i-2} - 4u_{i-1} + 6u_i - 4u_{i+1} + u_{i+2}),$$

从上面三个式子分别求得 u_i', u_i'' 以及 $u_i^{(4)}$, 然后将之代入下式:

$$\frac{du_i}{dt} = -4u_i^{(4)} - \alpha u_i'' - \beta u_i u_i'.$$

如何求得 u_i', u_i'' 以及 $u_i^{(4)}$, 需要将上面三式分别写成矩阵形式. 事实上, 如果考虑周期性边界条件, 关于一阶偏导数, 得到如下矩阵形式:

$$M_1 u' = A_1 u, \qquad (6.30)$$

这里

$$u = \begin{pmatrix} u_1 \\ \vdots \\ u_n \end{pmatrix}, \quad u' = \begin{pmatrix} u_1' \\ \vdots \\ u_n' \end{pmatrix},$$

$$M_1 = \begin{pmatrix} 4 & 1 & 0 & \cdots & 1 \\ 1 & 4 & 1 & & \vdots \\ 0 & \ddots & \ddots & \ddots & 0 \\ \vdots & & 1 & 4 & 1 \\ 1 & \cdots & 0 & 1 & 4 \end{pmatrix}, \quad A_1 = \frac{3}{h} \begin{pmatrix} 0 & 1 & 0 & \cdots & -1 \\ -1 & 0 & 1 & & \vdots \\ 0 & \ddots & \ddots & \ddots & 0 \\ \vdots & & -1 & 0 & 1 \\ 1 & \cdots & 0 & -1 & 0 \end{pmatrix}.$$

同样, 关于二阶导数, 四阶导数, 也分别有如下的矩阵形式:

$$M_2 u'' = A_2 u, \quad M_1 u^{(4)} = A_4 u, \qquad (6.31)$$

这里向量 u'' 以及 $u^{(4)}$ 分别代表

$$u'' = \begin{pmatrix} u_1'' \\ \vdots \\ u_n'' \end{pmatrix}, \quad u^{(4)} = \begin{pmatrix} u_1^{(4)} \\ \vdots \\ u_n^{(4)} \end{pmatrix},$$

并且

$$M_2 = \begin{pmatrix} 10 & 1 & 0 & \cdots & 1 \\ 1 & 10 & 1 & & \vdots \\ 0 & \ddots & \ddots & \ddots & 0 \\ \vdots & & 1 & 10 & 1 \\ 1 & \cdots & 0 & 1 & 10 \end{pmatrix}, \quad A_2 = \frac{12}{h^2} \begin{pmatrix} -2 & 1 & 0 & \cdots & 1 \\ 1 & -2 & 1 & & \vdots \\ 0 & \ddots & \ddots & \ddots & 0 \\ \vdots & & 1 & -2 & 1 \\ 1 & \cdots & 0 & 1 & -2 \end{pmatrix},$$

$$A_4 = \frac{6}{h^4} \begin{pmatrix} 6 & -4 & 1 & 0 & \cdots & & 1 & -4 \\ -4 & 6 & -4 & 1 & & & & 1 \\ 1 & -4 & 6 & -4 & 1 & & & \vdots \\ 0 & \ddots & \ddots & \ddots & \ddots & \ddots & & 0 \\ \vdots & & 1 & -4 & 6 & -4 & 1 \\ 1 & & & 1 & -4 & 6 & -4 \\ -4 & 1 & \cdots & & & 1 & -4 & 6 \end{pmatrix}.$$

　　从上面的讨论可以看出: 将方程在空间 x 方向离散后, 分别得到不同的关于时间 t 的常微分微分方程组. 对于它们, 可以采用常见的常微分微分方程组的解法来求解.

6.7　非线性薛定谔方程

　　先考虑利用时间分裂有限差分法离散如下一维的非线性薛定谔方程:

$$i\frac{\partial \psi(x,t)}{\partial t} = -\frac{1}{2}\psi_{xx}(x,t) + V_1(x)\psi(x,t) + \beta|\psi|^2\psi(x,t),$$

$$a < x < b, \quad t > 0,$$

$$\psi(x, t = 0) = \psi^0(x), \quad a \leqslant x \leqslant b, \tag{6.32}$$

$$\psi(a,t) = \psi(b,t) = 0, \quad t \geqslant 0.$$

根据时间分裂法, 先求解子问题

$$i\frac{\partial \psi(x,t)}{\partial t} = V_1(x)\psi(x,t) + \beta|\psi|^2\psi(x,t), \quad t \in [t_n, t_n + k/2],$$

再紧跟着求解子问题

$$i\frac{\partial \psi(x,t)}{\partial t} = -\frac{1}{2}\psi_{xx}(x,t), \quad t \in [t_n, t_n + k/2],$$

最后紧跟着求解子问题

$$i\frac{\partial \psi(x,t)}{\partial t} = V_1(x)\psi(x,t) + \beta|\psi|^2\psi(x,t), \quad t \in [t_n, t_n + k/2].$$

其中第二个子问题中的方程可采用如下离散方法: 时间上利用 Crank-Nicolson 方法离散, 空间上采用中心差分离散. 第一个子问题与第三个子问题中的方程是关于 t 的常微分方程, 可以直接解得解析表达式.

如果取空间步长 $h = \Delta x = (b-a)/M$ (这里 M 是一给定的正整数), 再取时间步长 $k = \Delta t > 0$, 那么就得节点

$$x_j := a + jh, \quad t_n := nk, \quad j = 0, 1, \cdots, M, \quad n = 0, 1, 2, \cdots.$$

再假定 ψ_j^n 是函数 $\psi(x_j, t_n)$ 的近似值, ψ^n 代表向量 $(\psi_0^n, \psi_1^n, \cdots, \psi_M^n)^{\mathrm{T}}$.

利用上述所介绍的时间分裂有限差分法离散 (6.32) 的完整算法过程如下:

$$\psi_j^* = e^{-i(V_j + \beta|\psi_j^n|^2)k/2} \, \psi_j^n, \quad j = 0, 1, 2, \cdots, M,$$

$$i\frac{\psi_j^{**} - \psi_j^*}{k} = -\frac{1}{4}\left[\frac{\psi_{j+1}^{**} - 2\psi_j^{**} + \psi_{j-1}^{**} + \psi_{j+1}^* - 2\psi_j^* + \psi_{j-1}^*}{h^2}\right],$$

$$j = 1, 2, \cdots, M-1,$$

$$\psi_0^{**} = \psi_M^{**} = 0,$$

$$\psi_j^{n+1} = e^{-i(V_j + \beta|\psi_j^{**}|^2)k/2} \, \psi_j^{**}, \quad j = 0, 1, 2, \cdots, M.$$

下面考虑二维情形, 将要求解

$$i\frac{\partial \psi(x,y,t)}{\partial t} = -\frac{1}{2}(\psi_{xx}(x,y,t) + \psi_{yy}(x,y,t))$$
$$+ V_2(x,y)\psi(x,y,t) + \beta_2|\psi(x,y,t)|^2\psi(x,y,t), \quad a < x < b, c < y < d,$$

$$\psi(x,y,t=0) = \psi^0(x,y), \quad a \leqslant x \leqslant b, c \leqslant y \leqslant d,$$

$$\psi(a,y,t) = \psi(b,y,t) = 0, \quad \psi(x,c,t) = \psi(x,d,t) = 0, \quad t \geqslant 0, \tag{6.33}$$

可为二维问题 (6.33) 设计如下的时间分裂有限差分法, 依次分别求解如下方程, 并用前一个方程得到的解做为后一个方程的初值:

$$i\frac{\partial \psi(x,y,t)}{\partial t} = V_2(x,y)\psi(x,y,t) + \beta_2|\psi(x,y,t)|^2\psi(x,y,t), \tag{6.34}$$

$$i\frac{\partial \psi(x,y,t)}{\partial t} = -\frac{1}{2}\psi_{xx}(x,y,t), \tag{6.35}$$

$$i\frac{\partial \psi(x,y,t)}{\partial t} = -\frac{1}{2}\psi_{yy}(x,y,t), \tag{6.36}$$

$$i\frac{\partial \psi(x,y,t)}{\partial t} = V_2(x,y)\psi(x,y,t) + \beta_2|\psi(x,y,t)|^2\psi(x,y,t), \tag{6.37}$$

其中方程 (6.35) 和 (6.36) 分别采用如下离散方法: 时间上利用 Crank-Nicolson 方法离散, 空间上采用中心差分离散. 方程 (6.34) 和 (6.37) 是关于 t 的常微分方程, 可以直接找出解得解析表达式.

下面考虑三维情形, 将要求解

$$i\frac{\partial \psi(x,y,z,t)}{\partial t} = -\frac{1}{2}\Delta \psi(x,y,z,t) + V(x,y,z)\psi(x,y,t) + \beta|\psi(x,y,z,t)|^2\psi(x,y,z,t),$$

$$\psi(x,y,z,t=0) = \psi^0(x,y,z), \quad a \leqslant x \leqslant b, c \leqslant y \leqslant d, e \leqslant z \leqslant f,$$

$$\psi(a,y,z,t) = \psi(b,y,z,t) = \psi(x,c,z,t) = \psi(x,d,z,t) = \psi(x,y,e,t) = \psi(x,y,f,t) = 0,$$

$$t \geqslant 0. \tag{6.38}$$

可为三维问题 (6.38) 设计如下的时间分裂有限差分法, 依次分别求解如下方程, 并用前一个方程得到的解做为后一个方程的初值:

$$i\frac{\partial \psi(x,y,z,t)}{\partial t} = V_3(x,y,z)\psi(x,y,z,t) + \beta|\psi(x,y,z,t)|^2\psi(x,y,z,t), \tag{6.39}$$

$$i\frac{\partial \psi(x,y,z,t)}{\partial t} = -\frac{1}{2}\psi_{xx}(x,y,z,t), \tag{6.40}$$

$$i\frac{\partial \psi(x,y,z,t)}{\partial t} = -\frac{1}{2}\psi_{yy}(x,y,z,t), \tag{6.41}$$

$$i\frac{\partial \psi(x,y,z,t)}{\partial t} = -\frac{1}{2}\psi_{zz}(x,y,z,t), \tag{6.42}$$

$$i\frac{\partial \psi(x,y,z,t)}{\partial t} = V_3(x,y,z)\psi(x,y,z,t) + \beta|\psi(x,y,z,t)|^2\psi(x,y,z,t) \tag{6.43}$$

其中方程 (6.40)—(6.42) 分别采用如下离散方法: 时间上利用 Crank-Nicolson 方法离散, 空间上采用中心差分离散.

例 6.6　考虑区间 $[-20, 20]$ 上的非线性薛定谔方程

$$i\psi_t + \psi_{xx} + 2|\psi|^2\psi = 0,$$

此方程有一解析解 $\psi_{\text{exact}}(x,t) = e^{i(2x-3t)}\text{sech}(x - 4t)$. 利用时间分裂有限差分法离散该问题, 并计算函数 $|\psi_{\text{exact}}(x,t) - \psi_{\text{appro}}(x,t)|$ 在节点处的最大值. 表 6.1 显示了时间分裂有限差分法得到的近似解与解析解之差在不同时刻的最大值. 表 6.2 显示了一维误差分析结果.

表 6.1　近似解与解析解之差在不同时刻时的最大值, 计算时取 $h = 0.01$, $\Delta t = 0.01$

t	1	2	3	4	4.5
误差	$3.862e-3$	$8.173e-3$	$1.291e-2$	$3.6620e-2$	$0.266e-1$

表 6.2　时间分裂有限差分法的空间计算误差, 计算时取 $t = 2.0$, $\Delta t = 0.0001$

h	$\frac{1}{4}$	$\frac{1}{8}$	$\frac{1}{16}$	$\frac{1}{32}$	$\frac{1}{64}$
误差	0.74661	0.17749	$3.3686e-2$	$1.087e-2$	$2.7176e-3$
精确度	$----$	2.0726	2.0225	2.0057	2.001

例 6.7 考虑二维非线性薛定谔方程

$$i\frac{\partial \psi}{\partial t} = -\frac{1}{2}(\psi_{xx} + \psi_{yy}) + V(x,y)\psi + |\psi|^2\psi, \quad (x,y) \in (0,2\pi)^2, t > 0,$$

$$\psi(x,y,0) = \psi_0(x,y) = \sin x \sin y, \quad (x,y) \in [0,2\pi]^2,$$

这里 $V(x,y) = 1 - \sin^2 x \sin^2 y$. 此方程有一解析解 $\psi_{\text{exact}}(x,y,t) = \sin x \sin y e^{-2ti}$. 利用上述时间分裂有限差分法离散该问题, 并计算函数 $|\psi_{\text{exact}}(x,y,t) - \psi_{\text{appro}}(x,y,t)|$ 在节点处的最大值. 表 6.3 显示了近似解与解析解之差在不同时刻的最大值. 表 6.4 显示了二维误差分析结果.

表 6.3 近似解与解析解之差在不同时刻时的最大值, 计算时取 $h_x = h_y = 2\pi/128$, $\Delta t = 0.01$

t	4	8	12	16	20	24
误差	$8.115e-4$	$1.623e-3$	$2.434e-3$	$3.246e-3$	$4.057e-3$	$4.867e-3$

表 6.4 时间分裂有限差分法的空间计算误差, 计算时取 $t = 2.0$, $\Delta t = 0.0001, h = h_x = h_y$

h	$\dfrac{\pi}{4}$	$\dfrac{\pi}{8}$	$\dfrac{\pi}{16}$	$\dfrac{\pi}{32}$	$\dfrac{\pi}{64}$
误差	0.3163	$8.0329e-2$	$2.01604-2$	$5.04497e-3$	$1.26155e-3$
精确度	$----$	1.9772	1.9944	1.9986	1.9997

例 6.8 考虑三维非线性薛定谔方程

$$i\frac{\partial \psi}{\partial t}(x,y,z,t) = -\frac{1}{2}(\psi_{xx} + \psi_{yy} + \psi_{zz}) + V(x,y,z)\psi + |\psi|^2\psi,$$

$$(x,y,z) \in (0,2\pi)^3, \quad t > 0,$$

$$\psi_0(x) = \sin x \sin y \sin z, \quad (x,y,z) \in [0,2\pi]^3,$$

这里 $V(x,y,z) = 1 - \sin^2 x \sin^2 y \sin^2 z$. 此方程有一解析解 $\psi_{\text{exact}}(x,y,z,t) = \sin x \cdot \sin y \sin z \exp(-5ti/2)$.

利用上述时间分裂有限差分法离散该问题, 并计算函数 $|\psi_{\text{exact}}(x,y,z,t) - \psi_{\text{appro}}(x,y,z,t)|$ 在节点处的最大值. 表 6.5 显示了近似解与解析解之差在不同时刻的最大值. 表 6.6 显示了三维的误差分析结果.

表 6.5 近似解与解析解之差在不同时刻时的最大值, 计算时取 $h_x = h_y = h_z = 2\pi/128, \Delta t = 0.01$

t	4	8	12	16	20	24
误差	$1.217e-3$	$2.434e-3$	$3.651e-3$	$4.869e-3$	$6.086e-3$	$7.303e-3$

表 6.6　时间分裂有限差分法的空间计算误差, 计算时取 $t = 2.0$, $\Delta t = 0.0001$,
$$h = h_x = h_y = h_z$$

h	$\dfrac{\pi}{4}$	$\dfrac{\pi}{8}$	$\dfrac{\pi}{16}$	$\dfrac{\pi}{32}$	$\dfrac{\pi}{64}$
误差	0.84044	0.21356	$5.361e - 2$	$1.3413e - 2$	$3.3541e - 3$
精确度	$----$	1.9765	1.9944	1.9986	1.9997

6.8　多　步　法

在含时的偏微分方程或偏微分方程组中, 有时为了提高时间方向的精度, 不采用第 2 章中介绍的单步法, 而采用多步法, 此时涉及函数在三个或三个以上时间层的近似值. 本节将通过例子介绍如何使用多步法来离散含时的偏微分方程.

将考虑在时间方向离散如下的对流扩散方程:

$$\partial_t u + a\partial_x u - \nu\partial_{xx} u = f(x, t), \tag{6.44}$$

这里 ν 是一非负的黏性常数. a 是一常数或一依赖于 x 的函数.

6.8.1　二步法

二步法离散方程 (6.44) 的一般形式为

$$\frac{(1 + \epsilon)u^{n+1} - 2\epsilon u^n - (1 - \epsilon)u^{n-1}}{2\Delta t}$$
$$+ a\partial_x \left[\gamma_1 u^{n+1} + \gamma_2 u^n + (1 - \gamma_1 - \gamma_2)u^{n-1}\right]$$
$$- \nu\partial_{xx} \left[\theta_1 u^{n+1} + \theta_2 u^n + (1 - \theta_1 - \theta_2)u^{n-1}\right]$$
$$= \theta_1 f^{n+1} + \theta_2 f^n + (1 - \theta_1 - \theta_2)f^{n-1},$$

这里 $\epsilon, \gamma_1, \gamma_2, \theta_1, \theta_2$ 均为常数. 上述差分格式定义了许多离散格式.

若

$$\frac{\epsilon}{2} = 2\gamma_2 + \gamma_2 - 1 = 2\theta_1 + \theta_2 - 1, \tag{6.45}$$

则差分格式 (6.45) 在时间方向具有二阶精度.

当式 (6.45) 以及 $\gamma_2 = \theta_2 = 2/3$ 成立时, 差分格式 (6.45) 在时间方向就具有三阶精度.

在最常见的具有二阶精度的二步法中, 以下方法最常用.

(i) 隐式 backward-differentiation (BDI2) 格式 ($\epsilon = 2$, $\gamma_1 = 1$, $\gamma_2 = 0$, $\theta_1 = 1$, $\theta_2 = 0$)

$$\frac{3u^{n+1} - 4u^n + u^{n-1}}{2\Delta t} + a\partial_x u^{n+1} - \nu\partial_{xx}u^{n+1} = f^{n+1}.$$

(ii) 半隐式 leap-frog/Crank-Nicolson (LF/CN) 格式 ($\epsilon = 0$, $\gamma_1 = 0$, $\gamma_2 = 1$, $\theta_1 = 1/2$, $\theta_2 = 0$)

$$\frac{u^{n+1} - u^{n-1}}{2\Delta t} + a\partial_x u^{n+1} - \frac{\nu}{2}\partial_{xx}(u^{n+1} + u^{n-1}) = \frac{1}{2}(f^{n+1} + f^{n-1}).$$

(iii) 半隐式 Adams-Bashforth/Crank-Nicolson (AB/CN) 格式 ($\epsilon = 1$, $\gamma_1 = 0$, $\gamma_2 = 3/2$, $\theta_1 = 1/2$, $\theta_2 = 1/2$)

$$\frac{u^{n+1} - u^n}{\Delta t} + \frac{a}{2}\partial_x(3u^{n+1} - u^{n-1}) - \frac{\nu}{2}\partial_{xx}(u^{n+1} + u^n) = \frac{1}{2}(f^{n+1} + f^n).$$

(iv) 半隐式 Adams-Bashforth/backward-differentiation (AB/BDI2) 格式 ($\epsilon = 2$, $\gamma_1 = 0$, $\gamma_2 = 2$, $\theta_1 = 1$, $\theta_2 = 0$)

$$\frac{3u^{n+1} - 4u^n + u^{n-1}}{2\Delta t} + a\partial_x(2u^n - u^{n-1}) - \nu\partial_{xx}u^{n+1} = f^{n+1}.$$

上面的近似公式中都涉及三个时间层的近似值 u^{n-1}, u^n, u^{n+1}.

6.8.2 多步法

下面对一个较为一般的方程提出多步法的离散公式

(1) 显式格式.

离散方程

$$\partial_t u = H(u)$$

的一般 Adams-Bashforth (ABk) 格式 (具有 k 阶精度) 形式如下:

$$\frac{u^{n+1} - u^n}{\Delta t} = \sum_{j=0}^{k-1} b_j H(u^{n-j}).$$

有时也采用如下的 Adams-Bashforth/backward-differentiation (AB/BDEk) 格式来离散方程:

$$\partial_t u = H(u)$$

$$\frac{1}{\Delta t}\sum_{j=0}^{k} a_j u^{n+1-j} = \sum_{j=0}^{k-1} b_j H(u^{n-j}).$$

(2) 半隐式格式.

如果考虑离散方程

$$\partial_t u = L(u) + N(u),$$

这里 $L(u)$ 是方程中的线性部分, $N(u)$ 是方程中的非线性部分. 那么离散此方程的高阶 AB/BDIk 格式为

$$\frac{1}{\Delta t}\sum_{j=0}^{k} a_j u^{n+1-j} = \sum_{j=0}^{k-1} b_j N(u^{n-j}) + L(u^{n+1}).$$

注意到上述差分格式在时间方向上的截断误差为 $O(\Delta t^k)$.

当 $k = 4$ 时, 上述差分格式中的常数 $a_0, a_1, \cdots, a_4$, 以及 $b_0, b_1, \cdots, b_4$ 形式如表 6.7 所示.

表 6.7　ABk 格式与 AB/BDEk 格式的精度和常数

格式	精度	a_0	a_1	a_2	a_3	a_4	b_0	b_1	b_2	b_3
AB2	2	1	-1	0	0	0	$\frac{3}{2}$	$-\frac{1}{2}$	0	0
AB/BDE2	2	$\frac{3}{2}$	-2	$\frac{1}{2}$	0	0	2	-1	0	0
AB3	3	1	-1	0	0	0	$\frac{23}{12}$	$\frac{4}{3}$	$\frac{5}{12}$	0
AB/BDE3	3	$\frac{11}{6}$	-3	$\frac{3}{2}$	$-\frac{1}{3}$	0	3	-3	1	0
AB4	4	1	-1	0	0	0	$\frac{55}{24}$	$\frac{59}{24}$	$\frac{37}{24}$	$-\frac{9}{24}$
AB/BDE4	4	$\frac{25}{23}$	-4	3	$-\frac{4}{3}$	$\frac{1}{4}$	4	-6	4	-1

(3) 初始条件的选取.

当使用 k 步法 $(k \geqslant 2)$ 离散方程时, 会面临一个问题: 通常只有初始条件 u^0, 但是需要 $u^1, \cdots, u^k$ 的值才能得到 u^{k+1}. 因此需要采用其他的差分格式近似得到 $u^1, \cdots, u^k$ 的值.

6.9　气体动力学方程组

一维气体动力学方程组的一般形式为

$$\frac{\partial \mathbf{s}}{\partial t} + \frac{\partial \mathbf{f}(\mathbf{s})}{\partial x} = 0, \tag{6.46}$$

这里向量函数 $\mathbf{s}$ 以及 $\mathbf{f}(\mathbf{s})$ 的定义分别为

$$\mathbf{s} = \begin{pmatrix} s_1 \\ s_2 \\ s_3 \end{pmatrix} = \begin{pmatrix} \rho \\ \rho u \\ \rho\left(\epsilon + \dfrac{1}{2}u^2\right) \end{pmatrix},$$

$$\mathbf{f}(\mathbf{s}) = \begin{pmatrix} f_1 \\ f_2 \\ f_3 \end{pmatrix} = \begin{pmatrix} \rho u \\ \rho u^2 + p \\ u\left(\rho\epsilon + \dfrac{1}{2}\rho u^2 + p\right) \end{pmatrix} = \begin{pmatrix} s_2 \\ s_2^2/s_1 + p \\ s_2(s_3 + p)/s_1 \end{pmatrix},$$

其中气体密度函数 $\rho = \rho(x,t)$, 气体速度函数 $u = u(x,t)$, 以及压强函数 $p = p(x,t)$.

由气体状态方程

$$\epsilon = \frac{p}{\rho(\gamma - 1)},$$

可得

$$p = \rho\epsilon(\gamma - 1) = (\gamma - 1)\left(s_3 - \frac{s_2^2}{2s_1}\right),$$

这里 $\epsilon = \epsilon(x,t)$ 代表特别的内能, $\gamma = 1.4$ 为一常数. 自变量 $x \in [-1,1]$.

函数 $u = u(x,t), \rho = \rho(x,t), p = p(x,t)$ 的初始条件分别为

$$u(x,0) = 0, \quad \rho(x,0) = \begin{cases} 1, & -1 \leqslant x \leqslant 0, \\ 0.125, & 0 < x \leqslant 1, \end{cases} \quad p(x,0) = \begin{cases} 1, & -1 \leqslant x \leqslant 0, \\ 0.1, & 0 < x \leqslant 1. \end{cases}$$

假定空间方向离散节点 $x_j = -1 + jh$ ($h = 2/M, i = 0,1,2\cdots,M$), 半节点为 $x_{j+1/2} = -1 + (j+0.5)h, t_n = n\tau$. 并且假定向量函数 $s = s(x,t)$ 在网格节点 (x_j, t_n) 的近似值为 s_j^n, 在网格节点 $(x_{j+1/2}, t_n)$ 的近似值记为 $s_{j+1/2}^n$.

可以为之构造如下的 Lax-Wendroff 格式:

$$s_{j+1/2}^{n+1/2} = \frac{1}{2}(s_{j+1}^n + s_j^n) - \frac{\tau}{2h}(f(s_{j+1}^n) - f(s_j^n)),$$

$$j = 1, \cdots, N-1,$$

$$s_j^{n+1} = s_j^n - \frac{\tau}{h}(f(s_{j+1/2}^{n+1/2}) - f(s_{j-1/2}^{n+1/2})) + \nu(s_{j+1}^n - 2s_j^n + s_{j-1}^n),$$

$$j = 1, \cdots, N-1,$$

这里 ν 是人工黏性常数.

图 6.7 展示了一维气体动力学方程初边值问题在 $t = 0.5$ 时的近似解, 在计算中取空间步长 $h = 2/101$.

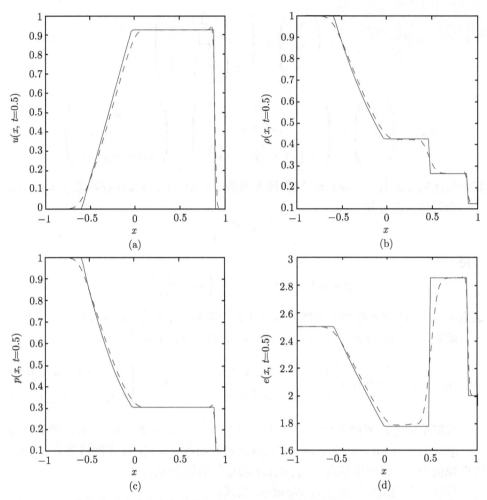

图 6.7　一维气体动力学方程初边值问题在 $t = 0.5$ 时的近似解: (a) 速度 u; (b) 密度 ρ;
(c) 压强 p; (d) 内能 e. 实线代表准确解, 虚线代表近似解

6.10　Navier-Stokes 方程组的速度–旋量形式

对于二维的不可压缩 Navier-Stokes 方程组

$$\frac{\partial u}{\partial t} + \frac{\partial u^2}{\partial x} + \frac{\partial uv}{\partial y} = -\frac{\partial p}{\partial x} + \frac{1}{\text{Re}}\frac{\partial^2 u}{\partial x^2} + \frac{\partial^2 u}{\partial y^2}, \tag{6.47}$$

$$\frac{\partial v}{\partial t} + \frac{\partial uv}{\partial x} + \frac{\partial v^2}{\partial y} = -\frac{\partial p}{\partial y} + \frac{1}{\text{Re}}\frac{\partial^2 v}{\partial x^2} + \frac{\partial^2 v}{\partial y^2}, \tag{6.48}$$

$$\frac{\partial u}{\partial x} + \frac{\partial v}{\partial y} = 0, \tag{6.49}$$

这里 $u = u(x,y,t), v = v(x,y,t)$ 均是流体运动时的速度, $p = p(x,y,t)$ 是压强, Re 是雷诺数.

在求解过程中, 取空间求解区域 $D = [a,b] \times [c,d]$, 其中 $a=0, b=1, c=0, d=1$. 未知函数 $u = u(x,y,t), v = v(x,y,t), p = p(x,y,t)$ 的边界条件均取为周期性边界条件, 也就是: $u(x,y,t)|_{x=a} = u(x,y,t)|_{x=b}, u(x,y,t)|_{y=c} = u(x,y,t)|_{y=d}$, 同理, 函数 v, p 在求解区域 D 上都取周期性边界条件. 另外, 未知函数 $u = u(x,y,t), v = v(x,y,t), p = p(x,y,t)$ 在 $t=0$ 时的初始条件都是预先给定的已知函数.

为了离散方程组 (6.47)—(6.49), 先将 (6.47), (6.48) 改写为

$$\frac{\partial \mathbf{q}}{\partial t} = -\nabla p + H + \frac{1}{\text{Re}}\Delta \mathbf{q}, \tag{6.50}$$

这里

$$\mathbf{q} = (u,v),$$

$$H = -\left(\frac{\partial u^2}{\partial x} + \frac{\partial uv}{\partial y}, \frac{\partial uv}{\partial x} + \frac{\partial v^2}{\partial y}\right),$$

$$\nabla p = \left(\frac{\partial p}{\partial x}, \frac{\partial p}{\partial y}\right).$$

将采用下面的预测–校正法离散 (6.50). 从时间 $t_n = n\Delta t$ 到时间 $t_{n+1} = (n+1)\Delta t$, 先从下式

$$\frac{\mathbf{q}^* - \mathbf{q}^n}{\Delta t} = -\nabla p^n + \frac{3}{2}H^n - \frac{1}{2}H^{n-1} + \frac{1}{2\text{Re}}\Delta(\mathbf{q}^* + \mathbf{q}^n) \tag{6.51}$$

求出 $\mathbf{q}^*$.

然后再从下式

$$\mathbf{q}^{n+1} - \mathbf{q}^* = -\Delta t \nabla \phi \tag{6.52}$$

得到 $\mathbf{q}^{n+1}$, 这里函数 ϕ 满足

$$\Delta \phi = \frac{1}{\Delta t}\text{div}(\mathbf{q}^*). \tag{6.53}$$

其实, (6.53) 式是这样得到的: 由于 $\text{div}(\mathbf{q}^{n+1} - \mathbf{q}^*) = -\Delta t \text{div}(\nabla \phi)$, 故

$$\text{div}(\mathbf{q}^{n+1}) - \text{div}(\mathbf{q}^*) = -\Delta t \Delta \phi.$$

另外 $\text{div}(\mathbf{q}^{n+1}) = 0$, 因此可以得到 (6.53).

另外, 离散 (6.50) 有如下的一种隐格式:

$$\frac{\mathbf{q}^{n+1} - \mathbf{q}^n}{\Delta t} = -\nabla p^{n+1} + \frac{3}{2}H^n - \frac{1}{2}H^{n-1} + \frac{1}{2\text{Re}}\Delta(\mathbf{q}^{n+1} + \mathbf{q}^n). \tag{6.54}$$

如果将 (6.54) 式与 (6.51) 式的左右两边相减, 则可得

$$\frac{\mathbf{q}^{n+1} - \mathbf{q}^*}{\Delta t} = -\nabla(p^{n+1} - p^n) + \frac{1}{2\mathrm{Re}}\Delta(\mathbf{q}^{n+1} - \mathbf{q}^*).$$

再根据 (6.52) 式, 可知

$$-\nabla\phi = -\nabla(p^{n+1} - p^n) + \frac{1}{2\mathrm{Re}}\Delta(-\Delta t\nabla\phi).$$

再消去 ∇, 那么可以得到

$$-\phi = -(p^{n+1} - p^n) + \frac{1}{2\mathrm{Re}}\Delta(-\Delta t\phi),$$

也即

$$p^{n+1} = p^n + \phi - \frac{\Delta t}{2\mathrm{Re}}\Delta\phi. \tag{6.55}$$

这样, (6.51)—(6.53), (6.55) 就是离散方程组 (6.47)—(6.49) 的一个预测–校正格式 (时间方向).

具体来说, (6.51)—(6.53), (6.55) 将按照如下方式来离散.

(1) 先离散 H^n 项, 这里

$$H_u^n = -\left(\frac{\partial u^2}{\partial x} + \frac{\partial uv}{\partial y}\right)^n,$$

$$H_v^n = -\left(\frac{\partial uv}{\partial x} + \frac{\partial v^2}{\partial y}\right)^n.$$

(2) 再数值求解

$$\left(1 - \frac{\Delta t}{2\mathrm{Re}}\Delta\right)u^* = u^n + \Delta t\left[-\frac{\partial p^n}{\partial x} + \frac{3}{2}H_u^n - \frac{1}{2}H_u^{n-1} + \frac{1}{2\mathrm{Re}}\Delta u^n\right],$$

$$\left(1 - \frac{\Delta t}{2\mathrm{Re}}\Delta\right)v^* = v^n + \Delta t\left[-\frac{\partial p^n}{\partial y} + \frac{3}{2}H_v^n - \frac{1}{2}H_v^{n-1} + \frac{1}{2\mathrm{Re}}\Delta v^n\right].$$

(3) 通过求解如下的 Poisson 方程

$$\Delta\phi = \frac{1}{\Delta t}\left(\frac{\partial u^*}{\partial x} + \frac{\partial v^*}{\partial y}\right)$$

得到 ϕ^n.

(4) 最后利用 ϕ 的数值更新下式

$$u^{n+1} = u^* - \Delta t\frac{\partial\phi^n}{\partial x},$$

$$v^{n+1} = v^* - \Delta t\frac{\partial\phi^n}{\partial y},$$

$$p^{n+1} = p^n + \phi - \frac{\Delta t}{2\mathrm{Re}}\Delta\phi.$$

最后在时间演化过程中 $(n = 0, 1, \cdots)$, 重复上述过程 (1)—(4).

对于 (1) 式中的偏导数, 可以采用下述差分近似公式

$$\frac{\partial u^2}{\partial x}\bigg|_{(x_i, y_j)} \approx \frac{1}{\Delta x}\left[\left(\frac{u_{ij} + u_{i+1,j}}{2}\right)^2 - \left(\frac{u_{ij} + u_{i-1,j}}{2}\right)^2\right],$$

$$\frac{\partial(uv)}{\partial y}\bigg|_{(x_i, y_j)} \approx \frac{1}{\Delta y}\left[\left(\frac{u_{ij} + u_{i,j+1}}{2}\right)\left(\frac{v_{i,j+1} + v_{i-1,j+1}}{2}\right)\right.$$

$$\left. - \left(\frac{u_{ij} + u_{i,j-1}}{2}\right)\left(\frac{v_{ij} + v_{i-1,j}}{2}\right)\right].$$

类似地, 也可以采用下述近似公式

$$\frac{\partial v^2}{\partial y}\bigg|_{(x_i, y_j)} \approx \frac{1}{\Delta y}\left[\left(\frac{v_{ij} + v_{i,j+1}}{2}\right)^2 - \left(\frac{v_{ij} + v_{i,j-1}}{2}\right)^2\right]. \tag{6.56}$$

对于 (2),(3) 的求解, 可以利用 Poisson 方程的快速求解过程来求解, 也可以利用 ADI 法来求解.

对于 (4) 的求解, 采用如下离散公式:

$$u_{ij}^{n+1} = u_{ij}^* - \Delta t\frac{\phi_{ij}^n - \phi_{i-1,j}^n}{\Delta x},$$

$$v_{ij}^{n+1} = v_{ij}^* - \Delta t\frac{\phi_{ij}^n - \phi_{i,j-1}^n}{\Delta y},$$

$$p_{ij}^{n+1} = p_{ij}^n + \phi_{ij}^n - \frac{\Delta t}{2\mathrm{Re}}\left[\frac{\phi_{i+1,j}^n - 2\phi_{ij}^n + \phi_{i-1,j}^n}{(\Delta x)^2} + \frac{\phi_{i,j+1}^n - 2\phi_{ij}^n + \phi_{i,j-1}^n}{(\Delta y)^2}\right].$$

在下面的计算中, 取 $\mathrm{Re} = 1000$.

将采用初始条件

$$u(x, y, t)|_{t=0} = -2\frac{y - y_v}{l_v^2}\varphi(x, y),$$

$$v(x, y, t)|_{t=0} = 2\frac{x - x_v}{l_v^2}\varphi(x, y),$$

$$v(x, y, t)|_{t=0} = 0$$

来模拟含有一个偶极 (dipole) 的运动规律, 这里

$$\varphi(x, y) = \varphi_0\exp\left(-\frac{(x - x_v)^2 + (y - y_v)^2}{l_v^2}\right),$$

其中 $\varphi_0 = 0.1, x_v = b/2, y_v = d/4, l_v = b/4$ 均为已知常数.

图 6.8 中展示了一个偶极的运动规律. 在这里仅仅画出旋量函数 $\omega(x, y, t) = \partial v/\partial x - \partial u/\partial y$ 在不同的时刻处的图像.

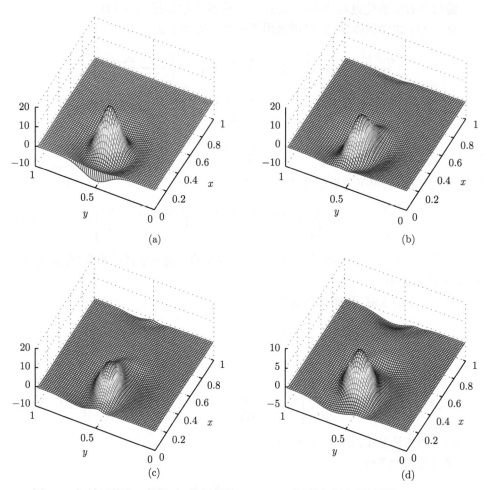

图 6.8　初始函数为一偶极时, 旋量函数 $\omega(x,y,t)$ 在不同时刻时的图像：(a) $t=0$;
(b) $t=0.733$; (c) $t=1.466$; (d) $t=2.199$

我们将采用初始条件

$$u(x,y,t)|_{t=0} = -2\frac{y-y_v^1}{l_v}\varphi_1(x,y) - 2\frac{y-y_v^2}{l_v}\varphi_2(x,y), \qquad (6.57)$$

$$v(x,y,t)|_{t=0} = 2\frac{x-x_v^1}{l_v}\varphi_1(x,y) + 2\frac{x-x_v^2}{l_v}\varphi_2(x,y) \qquad (6.58)$$

来模拟含有一对涡旋 (vortex) 的运动规律, 这里

$$\varphi_j(x,y) = \varphi_j \exp\left(-\frac{(x-x_v^j)^2 + (y-y_v^j)^2}{l_v^2}\right), \quad j=1,2, \qquad (6.59)$$

其中 $\varphi_1 = 0.1, \varphi_2 = -0.1, x_v^1 = x_v^2 = b/2, y_v^1 = d/4 + 0.05, y_v^1 = d/4 - 0.05, l_v = b/4$ 均为已知常数.

图 6.9 中向我们展示了一对偶极的运动规律. 在这里也仅仅画出旋量函数 $\omega(x, y, t) = \partial v / \partial x - \partial u / \partial y$ 在不同的时刻处的图像.

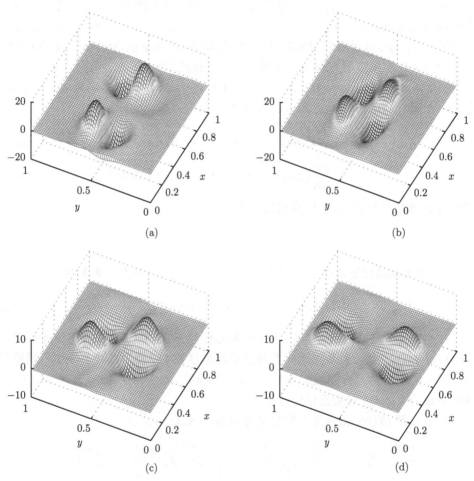

图 6.9 初始函数为一对偶极时, 旋量函数 $\omega(x, y, t)$ 在不同时刻时的图像: (a) $t=0$; (b) $t=0.708$; (c) $t=1.416$; (d) $t=2.124$

6.11 Navier-Stokes 方程的流函数–旋量函数形式

不可压缩流体的非定常平面流动的情况可以用 Navier-Stokes 方程来描述, 其流函数–旋量函数形式可以写作

$$\frac{\partial \omega}{\partial t} + \mathbf{u} \cdot \nabla \omega - \frac{1}{\mathrm{Re}} \Delta \omega = 0, \tag{6.60}$$

$$\Delta \psi + \omega = 0, \tag{6.61}$$

其中 $\omega = \omega(x,y,t)$ 为旋量函数, $\psi = \psi(x,y,t)$ 为流函数, Re 为雷诺数, $\mathbf{u} = (u,v)$, $u = u(x,y,t)$ 和 $v = v(x,y,t)$ 分别是为 x 方向和 y 方向的速度分量, 并且可以用流函数 ψ 来表示, $u = \partial\psi/\partial y, v = -\partial\psi/\partial x$. 并且 $\mathbf{u} \cdot \nabla = u\partial/\partial x + v\partial/\partial y$, $\Delta = \partial^2/\partial x^2 + \partial^2/\partial y^2$. 可以看出, 描述不可压缩流体运动的 Navier-Stokes 方程是由抛物型方程 (6.60) 和椭圆形方程 (6.61) 耦合在一起组成的.

假定求解区域为 $\Omega = \{(x,y)|0 < x < 1, 0 < y < 1\}$, 其边界记为 $\partial\Omega$. Navier-Stokes 方程 (6.60) 和 (6.61), 附以边界条件

$$\psi(x,y,t) = f(x,y,t), \quad (x,y) \in \partial\Omega, \tag{6.62}$$

$$\frac{\partial\psi}{\partial\mathbf{n}}(x,y,t) = g(x,y,t), \quad (x,y) \in \partial\Omega, \tag{6.63}$$

其中 $\mathbf{n}$ 为外法向单位矢量, 以及初始条件

$$\psi(x,y,0) = \psi^0(x,y), \quad (x,y) \in \Omega \tag{6.64}$$

之后, 整个流动函数场就完全确定了. 从 (6.64) 式还可以导出 ω 的初始条件

$$\omega(x,y,0) = \omega^0(x,y), \quad (x,y) \in \Omega. \tag{6.65}$$

在建立差分格式之前, 先剖分网格. 为方便起见, x 方向与 y 方向的步长都取 $h = 1/(J+1)$(J 是一整数), 这样容易得到离散区域 Ω_h 及离散边界 $\partial\Omega_h$. 网格节点为 (x_i, y_j, t_n), 并且分别假定 ω_{ij}^n, u_{ij}^n, v_{ij}^n 为函数 $\omega(x,y,t)$, $u(x,y,t)$, $v(x,y,t)$ 在网格节点 (x_i, y_j, t_n) 处的近似值.

对于方程 (6.60), 采用如下的交替方向隐式格式:

$$\frac{\omega_{ij}^{n+\frac{1}{2}} - \omega_{ij}^n}{\frac{\tau}{2}} + u_{ij}^n \frac{\omega_{i+1,j}^{n+\frac{1}{2}} - \omega_{i-1,j}^{n+\frac{1}{2}}}{2h} - \frac{1}{\mathrm{Re}} \frac{\omega_{i+1,j}^{n+\frac{1}{2}} - 2\omega_{ij}^{n+\frac{1}{2}} + \omega_{i-1,j}^{n+\frac{1}{2}}}{h^2}$$

$$+ v_{ij}^n \frac{\omega_{i,j+1}^n - \omega_{i,j-1}^n}{2h} - \frac{1}{\mathrm{Re}} \frac{\omega_{i,j+1}^n - 2\omega_{ij}^n + \omega_{i,j-1}^n}{h^2} = 0, \tag{6.66}$$

$$\frac{\omega_{ij}^{n+1} - \omega_{ij}^{n+\frac{1}{2}}}{\frac{\tau}{2}} + u_{ij}^n \frac{\omega_{i+1,j}^{n+\frac{1}{2}} - \omega_{i-1,j}^{n+\frac{1}{2}}}{2h} - \frac{1}{\mathrm{Re}} \frac{\omega_{i+1,j}^{n+\frac{1}{2}} - 2\omega_{ij}^{n+\frac{1}{2}} + \omega_{i-1,j}^{n+\frac{1}{2}}}{h^2}$$

$$+ v_{ij}^n \frac{\omega_{i,j+1}^{n+1} - \omega_{i,j-1}^{n+1}}{2h} - \frac{1}{\mathrm{Re}} \frac{\omega_{i,j+1}^{n+1} - 2\omega_{ij}^{n+1} + \omega_{i,j-1}^{n+1}}{h^2} = 0. \tag{6.67}$$

当 u, v, ω 在 t_n 时刻已知时, 则利用追赶法就可以解出与 ω^{n+1} 相关的方程组, 注意到, 求解 (6.66) 时需要在边界 $x = 0$ 和 $x = 1$ 上给出 ω 的条件. 同样地, 在求解 (6.67) 时需要在边界 $y = 0$ 和 $y = 1$ 上给出 ω 的条件. 这些条件在微分方程组的初值问题是不需要给出的, 而用差分方法求解时必须给出.

导出关于涡度 ω 的边界条件的方法很多, 在此仅选取一种较为简单的办法来说明这个问题.

令 $\Gamma_1 = \{(x, y) | x = 0, 0 \leqslant y \leqslant 1\}$, 下面就以边界 Γ_1 为例来推导旋量函数 ω 的边界条件. 由边界条件 (6.62) 和 (6.63) 可以得到

$$\psi(0, y, t) = f(0, y, t), \tag{6.68}$$

$$\frac{\partial \psi(0, y, t)}{\partial x} = -g(0, y, t). \tag{6.69}$$

由方程 (6.61) 知

$$\omega_{\Gamma_1} = -(\Delta \psi)_{\Gamma_1},$$

即

$$\omega(0, y, t) = -\frac{\partial^2 \psi(0, y, t)}{\partial x^2} - \frac{\partial^2 \psi(0, y, t)}{\partial y^2},$$

利用 (6.68) 式有

$$\frac{\partial^2 \psi(0, y, t)}{\partial y^2} = \frac{\partial^2 f(0, y, t)}{\partial y^2}.$$

而 $\partial^2 \psi(0, y, t)/\partial x^2$ 可以用 $\psi(h, y, t)$ 的 Taylor 级数展开来得到, 事实上,

$$\psi(h, y, t) = \psi(0, y, t) + h \frac{\partial \psi(0, y, t)}{\partial x} + \frac{h^2}{2} \frac{\partial^2 \psi(0, y, t)}{\partial x^2} + O(h^3)$$

$$= f(0, y, t) - hg(0, y, t) + \frac{h^2}{2} \frac{\partial^2 \psi(0, y, t)}{\partial x^2} + O(h^3),$$

所以有

$$\frac{\partial^2 \psi(0, y, t)}{\partial x^2} = \frac{h^2}{2} [\psi(h, y, t) - f(0, y, t)] + \frac{2}{h} g(0, y, t) + O(h). \tag{6.70}$$

从而得到

$$\omega(0, y, t) = -\frac{\partial^2 f(0, y, t)}{\partial y^2} - \frac{h^2}{2} [\psi(h, y, t) - f(0, y, t)] - \frac{2}{h} g(0, y, t). \tag{6.71}$$

由于 (6.70) 式具有误差 $O(h)$, 因此在 Γ_1 上使用条件 (6.71) 是一阶近似的, 此外注意到 (6.71) 式中含有未知量 $\psi(h, y, t)$, 一般采用前一时刻的值来代替, 对于其他三个边界可作同样处理.

下面来再讨论 Poisson 方程 (6.61) 的求解. 首先用五点差分格式对 (6.61) 式进行离散

$$\Delta_h \psi_{ij}^n = \frac{\psi_{i+1,j}^n - 2\psi_{ij}^n + \psi_{i-1,j}^n}{h^2} + \frac{\psi_{i,j+1}^n - 2\psi_{ij}^n + \psi_{i,j-1}^n}{h^2} = -\omega_{ij}^n, \quad (x_i, y_j) \in \Omega_h. \tag{6.72}$$

然后再利用边界条件 (6.62) 的离散

$$\psi_{ij}^n = f_{ij}^n, \quad (x_i, y_j) \in \partial\Omega_h. \tag{6.73}$$

可利用迭代法可求解 (6.72) 式.

上述求解过程可总结如下.

当已知 t_n 时刻的 $u_{ij}^n, v_{ij}^n, \omega_{ij}^n$ 时, 先利用 (6.66) 及相应的边界条件解出 ω_{ij}^{n+1}, 再由 ω_{ij}^n 的值从 (6.72) 和 (6.73) 中解出 ψ_{ij}^{n+1} 的值, 最后利用公式 $u = \partial\psi/\partial y$, $v = \partial\psi/\partial x$ 的离散

$$u_{ij}^{n+1} = \frac{1}{2h}(\psi_{i,j+1}^{n+1} - \psi_{i,j-1}^{n+1}),$$

$$v_{ij}^{n+1} = \frac{1}{2h}(\psi_{i-1,j}^{n+1} - \psi_{i+1,j}^{n+1}),$$

分别求出 $u_{ij}^{n+1}, v_{ij}^{n+1}$ 的值, 这样就得到了 t_{n+1} 时刻的 $u_{ij}^{n+1}, v_{ij}^{n+1}, \psi_{ij}^{n+1}$ 及 ω_{ij}^{n+1}. 最后计算就可以沿着时间方向重复计算下去.

注意到, 差分格式 (6.66) 是用中心差分来离散 (6.60) 的. 这种处理方法在雷诺数 Re 不大时很好, 但当雷诺数 Re 大时将会出现困难, 此时可用迎风差分来代替中心差分.

6.12　有限差分法在图像恢复中的应用

数字图像通常分为灰色图像与彩色图像. 在运用变分方法过程中, 灰色图像通常可看作一个二元函数, 而彩色图像可看作一个含有三个分量的向量函数 (每个分量都一个二元函数). 下面将分别讨论如何利用变分方法处理灰色图像恢复与彩色图像恢复问题.

6.12.1　模型的提出与理论求解

图像修复的实质是利用图像中没有破坏的图像区域信息来近似推断待修复区域的信息. 下面给出利用变分方法进行灰色图像修复的具体过程. 如图 6.10 所示, 假设矩形区域 Ω 是灰色图像的所在区域, 其中区域 D 是灰色图像待修复的部分. 由于待修复区域 D 远比图 6.10 所示的情形复杂, 例如区域 D 可以不是连续的. 因此需要指出, 图 6.10 仅仅给出了图像修复的一个宏观变化.

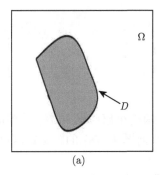 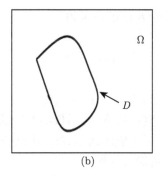

图 6.10 (a) 待修复的图像; (b) 修复后的图像

给定一灰色图像, 假设它的定义如下:

$$u^0 = u^0(x, y) : \Omega \setminus D \to I, \quad I = \{0, 1, 2, \cdots, 255\}. \tag{6.74}$$

这里待恢复的区域 $D \subseteq \Omega = \{1, 2, \cdots, M\} \times \{1, 2, \cdots, N\}$ (M, N 是两个预先已知的正整数). 灰色图像的修复问题的主要目标是找出函数 u^0 在区域 D 上所定义的像素值.

变分方法将所涉及的函数看成在区域 Ω 上的连续函数, 于是将灰色图像的修复问题可以转化为变分问题, 也就是求下面的带有条件的泛函极小值问题.

求函数 $v = v(x, y)$, 使得它满足

$$f(v) = \min_{u \in K} f(u), \tag{6.75}$$

这里泛函 $f(u)$ 的定义为

$$f(u) = \int_{\Omega} F(u, u_x, u_y, u_{xx}, u_{yy}, \cdots) dx dy, \tag{6.76}$$

其中 $u_x, u_y, u_{xx}, u_{yy}, \cdots$, 分别为 $\partial u/\partial x, \partial u/\partial y, \partial^2 u/\partial x^2, \partial^2 u/\partial y^2, \cdots$. 而函数 F 是一较为一般的函数. 例如 F 可以为 $(u_x^2 + u_y^2)/2$, 也可定义为 $\sqrt{u_x^2 + u_y^2}/2$[19]. F 的不同定义形式将得到不同的偏微分方程模型. 函数空间 K 的定义为

$$K = \left\{ u \in C^0(\Omega) \,\middle|\, g(u) = \frac{1}{2} \int_{\Omega \setminus D} (u - u^0)^2 dx dy = \sigma^2 \right\}, \tag{6.77}$$

这里 σ 为一给定常数.

为求解条件泛函极小值问题 (6.75), 引入参数 λ, 将它无条件化, 得到: 求函数 $v = v(x, y)$, 使得它满足

$$Q(v) = \min_{u \in K'} Q(u), \tag{6.78}$$

这里泛函 $Q(u)$ 的定义为

$$Q(u) = \int_\Omega F(u, u_x, u_y, u_{xx}, u_{yy}, \cdots) dx dy + \lambda \left[\int_{\Omega \setminus D} \frac{1}{2}(u - u^0)^2 dx dy - \sigma^2 \right], \quad (6.79)$$

而函数空间 $K' = \{u \in C^0(\Omega)\}$.

在一定条件下, 泛函极小值问题 (6.75) 与泛函极小值问题 (6.78) 是等价的. 但对于泛函极小值问题 (6.78), 根据变分原理, 可知问题 (6.78) 的解必定满足相关的欧拉–拉格朗日方程.

例如, 当 F 定义为 $(u_x^2 + u_y^2)/2$ 时, v 必满足如下的欧拉–拉格朗日方程:

$$-\Delta u + \lambda(u - u^0) = 0. \quad (6.80)$$

当 F 定义为 $|\nabla u| = \sqrt{u_x^2 + u_y^2}$ 时, v 必满足如下欧拉–拉格朗日方程:

$$-\nabla \cdot \left[\frac{\nabla u}{|\nabla u|} \right] + \lambda(u - u^0) = 0. \quad (6.81)$$

可构造如下的梯度流

$$u_t = \Delta u - \lambda(t)(u - u_0) \quad (6.82)$$

来求解欧拉–拉格朗日方程 (6.80), 或者构造如下的梯度流, 也称为 TV 方程模型

$$u_t = \nabla \cdot \left[\frac{\nabla u}{|\nabla u|} \right] - \lambda(t)(u - u^0) \quad (6.83)$$

来得到欧拉–拉格朗日方程 (6.81) 的解. 这里记函数 $u = u(x, y, t)$, 而

$$\begin{cases} \lambda(t) = 1, & (x, y) \in \Omega \setminus D, \\ \lambda(t) = 0, & (x, y) \in D. \end{cases} \quad (6.84)$$

值得注意的是梯度流方程 (6.82)(或 (6.83)) 中的函数 u 还满足下面的初始条件

$$u(x, y, 0) = \phi(x, y),$$

这里 $\phi(x, y)$ 是一预先取定的函数. 进一步理论上可以证得

$$\frac{\partial g(u)}{\partial t} = 0, \quad \frac{\partial Q(u)}{\partial t} \leqslant 0.$$

上式说明当函数 u 沿着梯度流 (6.82) 的方向 (或沿着梯度流 (6.83) 的方向) 时, 在限定的函数空间 K' 上, 泛函 $Q(u)$ 的值随着 t 的增大而递减. 于是, 在选定的初始

条件 ϕ 下, u 沿着梯度流 (6.82)(或沿着梯度流 (6.83) 的方向) 可以从理论上达到一稳态解, 也即

$$\lim_{t \to \infty} u(x, y, t) = v(x, y),$$

此解就是无条件泛函极小值问题 (6.78) 的解. 在解唯一时, 它也是变分问题 (6.75) 的解.

6.12.2 彩色图像修复

彩色图像的修复与灰色图像修复类似, 只是要注意彩色图像有 R, G, B 三个图层. 因此给出关于待恢复图像的一般性的假设

$$\mathbf{u}^0(x, y) := \Omega \to I^3, \tag{6.85}$$

$$D \subseteq \Omega = \{1, 2, \cdots, M\} \times \{1, 2, \cdots, N\}, \quad I = \{0, 1, 2, \cdots, 255\},$$

这里 $\mathbf{u}^0(x, y) = (u_1^0(x, y), u_2^0(x, y), u_3^0(x, y))$ 代表待恢复的图像, 其中函数 $u_1^0(x, y)$, $u_2^0(x, y)$, $u_3^0(x, y)$ 分别代表 R, G, B 三个图层所对应的像素值. 于是可以将彩色图像的修复问题转化为求下面的带有条件的泛函极小值问题: 求函数 $\mathbf{v} \in R^3$ 使得

$$f(\mathbf{v}) = \min_{\mathbf{u} \in K} f(\mathbf{u}), \tag{6.86}$$

其中泛函 $f(\mathbf{u})$ 的定义为

$$f(\mathbf{u}) = \int_\Omega F(\mathbf{u}, \mathbf{u}_x, \mathbf{u}_y, \mathbf{u}_{xx}, \mathbf{u}_{yy}, \cdots) dx dy, \tag{6.87}$$

而向量函数 $\mathbf{u} = (u_1, u_2, u_3)$, 函数 F 是一较为一般的函数. 例如 F 可以定义为 $\sum_{k=1}^3 (u_{kx}^2 + u_{ky}^2)/2$ (这里 u_{kx} 与 u_{ky} 分别表示函数 u_k 对 x 与对 y 的偏导数), 也可定义为 $\sum_{k=1}^3 \sqrt{u_{kx}^2 + u_{ky}^2}/2$. 它的不同定义形式将得到不同的偏微分方程模型. 函数空间

$$K = \{\mathbf{u} \in C^0(\Omega) | g(\mathbf{u}) = \sigma^2\},$$

其中泛函

$$g(\mathbf{u}) = \frac{1}{2} \int_{\Omega \backslash D} \sum_{k=1}^3 (u_k - u_k^0)^2 dx dy.$$

同样, 为求解条件泛函极小值问题 (6.86), 引入参数 λ, 将之无条件化, 得到: 求函数 $\mathbf{v} = \mathbf{v}(x, y)$, 使得它满足

$$Q(\mathbf{v}) = \min_{\mathbf{u} \in K'} Q(\mathbf{u}), \tag{6.88}$$

这里泛函 $Q(\mathbf{u})$ 的定义为

$$Q(\mathbf{u}) = \int_{\Omega} F(\mathbf{u}, \mathbf{u}_x, \mathbf{u}_y, \mathbf{u}_{xx}, \mathbf{u}_{yy}, \cdots) dxdy + \lambda \left[\int_{\Omega \backslash D} \frac{1}{2} |\mathbf{u} - \mathbf{u}^0|^2 dxdy - \sigma^2 \right], \quad (6.89)$$

而函数空间 $K' = \{\mathbf{u} \in C^0(\Omega)\}$.

对于泛函极小值问题问题 (6.88), 根据变分原理, 可知问题 (6.88) 的解必定满足相关的欧拉–拉格朗日方程组.

例如, 当 F 定义为 $\sum_{k=1}^{3} ((u_k)_x^2 + (u_k)_y^2)/2$ 时, $\mathbf{v}$ 必满足如下的欧拉–拉格朗日方程组

$$-\Delta \mathbf{u} + \lambda(\mathbf{u} - \mathbf{u}^0) = 0. \quad (6.90)$$

当 F 定义为 $\sum_{k=1}^{3} \sqrt{u_{k_x}^2 + u_{k_y}^2}/2$ 时, $\mathbf{v}$ 必满足如下的欧拉–拉格朗日方程组

$$-\nabla \cdot \left[\frac{\nabla u_k}{|\nabla u_k|} \right] + \lambda(u_k - u_k^0) = 0, \quad k = 1, 2, 3. \quad (6.91)$$

最后构造如下的梯度流

$$\mathbf{u}_t = \Delta \mathbf{u} - \lambda(\mathbf{u} - \mathbf{u}^0) \quad (6.92)$$

来求解欧拉–拉格朗日方程组 (6.90), 或者构造如下的梯度流

$$u_{kt} = \nabla \cdot \left[\frac{\nabla u_k}{|\nabla u_k|} \right] - \lambda(u_k - u_k^0), \quad k = 1, 2, 3 \quad (6.93)$$

来得到欧拉–拉格朗日方程组 (6.91) 的解, 其中 λ 的定义同 (6.84). 进一步理论上可以证明

$$\frac{\partial g(\mathbf{u})}{\partial t} = 0, \quad \frac{\partial Q(\mathbf{u})}{\partial t} \leqslant 0. \quad (6.94)$$

6.12.3　模型的数值求解方法

下面利用有限差分法来离散梯度流方程 (6.82), 具体的操作方法如下: 设空间步长为 h, 时间步长为 Δt. 由于像素是整点的, 故这里空间 x, y 方向的步长相等都为 $h = 1$, 则有

$$x_i = ih, \quad y_j = jh \quad (i = 1, 2, \cdots, M, \ j = 1, 2, \cdots, N),$$
$$t_n = n\Delta t \quad (n = 0, 1, \cdots),$$
$$u_{ij}^n = u(x_i, y_j, t_n) \quad (i = 1, 2, \cdots M, \ j = 1, \cdots N, \ t = 0, 1, \cdots),$$
$$u_{ij}^0 = u^0(ih, jh),$$

其中 M 及 N 是某给定的正整数, 它们的取值与给定的数字图像相关. 计算过程中, 边界条件取法如下: 当节点 $(x_i, y_j) \in$ 边界 ∂D 时, 通常令 $u_{ij}^n = u_{ij}^0$.

在具体的离散过程中, 在时间 t 方向采用向前欧拉法, 在空间 x, y 方向采用中心差分离散 (6.82) 中的偏导数, 则得到离散 (6.82) 的一种差分方程

$$u_{ij}^{n+1} = u_{ij}^n + \frac{\Delta t}{h^2} \left[(u_{i+1,j}^n - 2u_{ij}^n + u_{i-1,j}^n) + (u_{i,j+1}^n - 2u_{ij}^n + u_{i,j-1}^n) \right], \quad (6.95)$$

这里要求 $(x_i, y_j) \in D$. 可以看出离散格式 (6.95) 是一个显式格式的差分格式, 为了保证算法的稳定性, 这里需限定 $\Delta t / h^2 \leqslant c \leqslant 1$($c$ 是某一常数). 至于梯度流方程组 (6.92) 的求解, 可采用方程 (6.95) 中的离散方法.

这里再介绍一下梯度流方程 (6.83) 的数值求解方法. 如仍然采用传统的有限差分法来离散它, 那么会导致得到的数值结果不理想, 这主要是因为该非线性方程的分母中含有一阶偏导数. 下面所涉及的离散方法主要参考文献 [3] 中的偏导数近似算法. 该算法人为地在目标像素点 $O(x_i, y_j)$ 周围增加四个点, 这样做可构造更高阶的差分格式.

如图 6.11 所示, 对于给定的像素点 O, 用点 E, N, W, S 表示其四个邻近的像素点, 用点 e, n, w, s 表示点 O 与四个邻近点所对应的四个中点. 注意此时这四个中点不会出现在实际的数字图像中. 令 $\mathbf{v} = (v^1, v^2) = \nabla u / |\nabla u|$, 则在点 O 处的散度 (divergence) 可以由如下差分离散:

$$\begin{aligned}
\nabla \cdot \mathbf{v} &= \frac{\partial v^1}{\partial x} + \frac{\partial v^2}{\partial y} \\
&\approx \frac{v_e^1 - v_w^1}{h} + \frac{v_n^2 - v_s^2}{h}.
\end{aligned} \quad (6.96)$$

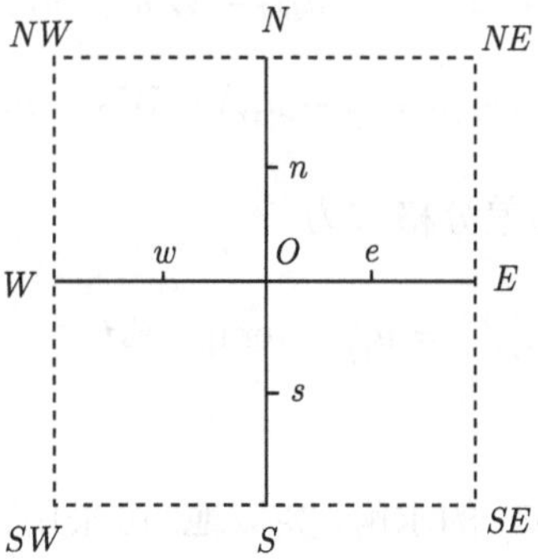

图 6.11　目标像素点 O 和其邻近的像素点

下面进一步计算中点 (e, n, w, s) 处的近似值, 这里以中点 e 为例, 比如

$$v_e^1 = \frac{1}{|\nabla u_e|} \left[\frac{\partial u}{\partial x} \right]_e \approx \frac{1}{|\nabla u_e|} \frac{u_E - u_O}{h}, \quad (6.97)$$

$$|\nabla u_e| \approx \frac{1}{h} \sqrt{(u_E - u_O)^2 + [(u_{NE} + u_N - u_S - u_{SE})/4]^2}, \quad (6.98)$$

这里 $h=1$, u_E, $u_0,u_{NE},\cdots$ 分别表示函数 u 在点 $E,O,NE,\cdots$ 处的值. 类似地, 也可分别计算 v_w^1,v_n^2,v_s^2 的近似值. 计算过程中, 需要下面的近似值:

$$|\nabla u_w| \approx \frac{1}{h}\sqrt{(u_W - u_O)^2 + [(u_{NW} + u_N - u_S - u_{SW})/4]^2},$$

$$|\nabla u_n| \approx \frac{1}{h}\sqrt{(u_N - u_O)^2 + [(u_{NE} + u_E - u_W - u_{NW})/4]^2}, \tag{6.99}$$

$$|\nabla u_s| \approx \frac{1}{h}\sqrt{(u_S - u_O)^2 + [(u_{SE} + u_E - u_W - u_{SW})/4]^2}.$$

根据式 (6.99), 则得到以下的近似:

$$|\nabla u_e| = \sqrt{(u_{i+1,j} - u_{ij})^2 + [(u_{i+1,j+1} + u_{i,j+1} - u_{i,j-1} - u_{i+1,j-1})/4]^2},$$

$$|\nabla u_w| = \sqrt{(u_{i-1,j} - u_{ij})^2 + [(u_{i-1,j+1} + u_{i,j+1} - u_{i,j-1} - u_{i-1,j-1})/4]^2},$$

$$|\nabla u_n| = \sqrt{(u_{i,j+1} - u_{ij})^2 + [(u_{i+1,j+1} + u_{i+1,j} - u_{i-1,j} - u_{i-1,j+1})/4]^2},$$

$$|\nabla u_s| = \sqrt{(u_{i,j-1} - u_{ij})^2 + [(u_{i+1,j-1} + u_{i+1,j} - u_{i-1,j} - u_{i-1,j-1})/4]^2}.$$

若此时令 $We = 1/|\nabla u_e|, Ww = 1/|\nabla u_w|, Wn = 1/|\nabla u_n|, Ws = 1/|\nabla u_s|$. 则得到 $\nabla \cdot \left[\frac{\nabla u}{|\nabla u|}\right]$ 在节点 $O(x_i, y_j)$ 处的近似

$$\text{temp} = We*(u_{i+1,j} - u_{ij}) - Ww*(u_{i-1,j} - u_{ij})$$
$$+ Wn*(u_{i+1,j} - u_{ij}) - Ws*(u_{i-1,j} - u_{ij}), \tag{6.100}$$

最终得到离散方程 (6.83) 的差分格式为

$$u_{ij}^{n+1} = u_{ij}^n + \text{temp}*\Delta t, \tag{6.101}$$

这里 $(x_i, y_j) \in D$.

至于梯度流方程组 (6.93) 的求解, 类似地, 可采用方程 (6.101) 中的离散方法.

6.12.4　模型的数值求解结果与分析

下面通过三个例子对灰色图像的修复作具体说明. 给定一张待修复的灰色图像, 通过 MATLAB 的 imread 函数就可得到 u^0 的值.

(1) 假设有一张待修复的灰色图像 (图 6.12(a)), 先通过 MATLAB 程序找出待修复图像的区域 D, 如图 6.12(b) 中的白色区域所显示. 再通过求解方程 (6.95) 和方程 (6.100), 就分别得到热传导方程模型 (6.82) 与 TV 方程模型 (6.83) 计算后的

数值结果 (分别参见图 6.12 (c)、图 6.12(d)). 总体上看, 无论是采用热传导模型还是采用 TV 模型修复图像, 都能达到图像修复的目的.

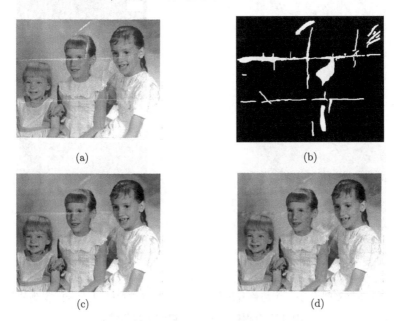

图 6.12　(a) 待修复图像 1; (b) 待修复图像 2; (c) 热传导方程模型 (6.82) 得到的数值结果; (d) TV 方程模型 (6.83) 得到的数值结果

(2) 假设有一张待修复的灰色图像 (图 6.13(a)), 先通过 MATLAB 程序找出待修复图像的区域 D, 如图 6.13(b) 中的白色区域所显示. 通过编写的 MATLAB 程序处理后, 热传导方程模型得到的图像为图 6.13(c), 而 TV 方程模型得到的图像为图 6.13(d). 从直观上看, 待修复的图像中人物的脸部周围都有不同程度的划痕, 属于图像破坏比较严重的一种类型. 通过比较原始图像以及处理后的图片 (参见图 6.13(a) 与图 6.13(d)). 可以发现, 大部分的划痕都得到了修复, 唯一的瑕疵出现在最深的那道划痕. 但从最终的结果来看, 修复的效果还是比较显著的, 基本上达到了修复的预期目的.

(3) 假设一张名为 "thelwell.bmp" 的清晰图像 (640*480 像素), 见图 6.14(a). 此时, 人为地在该图像加两个黑块 (图 6.14(b)), 它就是待修复的区域 D 所在位置; 于是得到一张待修复的彩色图像 (图 6.14(c)), 该图中有两个规则的黑块; 通过基于变分方法所写的 MATLAB 程序处理后, 最后得到一张已经修复的图片 (图 6.14(d)). 通过比较原始图像 (图 6.14(a)) 以及处理后的图片 (图 6.14(d)), 发现: 变分方法处理后的彩色图像与原始图像没有太明显的差别. 整体上看, 图像修复之后的效果还是比较明显的.

图 6.13 (a) 待修复图像 1; (b) 待修复图像 2; (c) 热传导方程模型 (6.82) 得到的数值结果;

(d) TV 方程模型 (6.83) 得到的数值结果

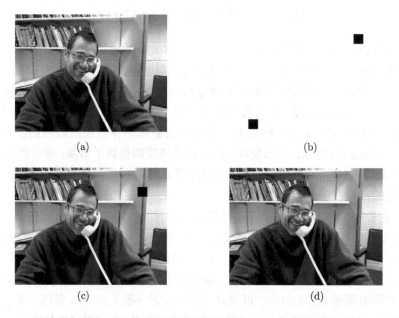

图 6.14 (a) 原始彩色图像; (b) 待恢复区域为黑色部分; (c) 待修复彩色图像; (d) 彩色图像

经过 TV 模型 (6.93) 得到的数值恢复结果 (文后附彩图)

6.13　小　　结

本章不仅讨论了非线性椭圆型方程、非线性抛物型方程、非线性双曲型方程等的有限差分法设计过程, 也讨论了一些非线性偏微分方程组 (例如 Navier-Stokes 方程组等) 的有限差分法的设计过程. 为非线性问题提供合适的求解方法一般比较难, 但是并不是不可能找到求解方法. 求解方法有时是采用迭代法求解, 有时是将非线性问题化为线性问题求解. 本章所介绍的各种非线性偏微分方程组的求解方法对求解复杂问题可起到抛砖引玉的作用.

6.14　习　　题

1. 考虑二维非线性椭圆型方程边值问题

$$\Delta u = e^u, \quad (x, y) \in D,$$
$$u(x, y) = 0, \quad (x, y) \in \Gamma,$$

D 是平面上一有界区域 $(-1, 1) \times (-1, 1)$. $\Gamma = \partial D$ 是区域 D 的边界. 试为之设计一有限差分法, 并测试 $h_x = h_y = 1/4, 1/8, 1/16, 1/32$ 时的计算误差 (假定 $h_x = h_y = 1/64$ 的解为 "准确解").

2. 对于初值问题

$$\frac{\partial u}{\partial t} + \frac{\partial}{\partial x}\left(\frac{u^2}{2}\right) = 0,$$
$$u(x, 0) = u_0(x),$$

其中

$$u_0(x) = \begin{cases} 1, & x < 0.3, \\ 0, & x \geqslant 0.3, \end{cases}$$

取 $h = 0.1$, $\lambda = 0.3$(网格比), 试用 Beam-Warming 格式、迎风格式计算到 $t = 0.9$ 时刻, 并把计算结果用图表出. 如果取 $\lambda = 0.9$, 看看计算结果有何差别.

3. 试构造求解

$$\frac{\partial^2 u}{\partial t^2} = a(u)\frac{\partial^2 u}{\partial x^2}$$

的一个显式差分格式并用线性化方法讨论其稳定性 (这里 $u = u(x, t)$).

4. 试构造求解

$$\frac{\partial^2 u}{\partial t^2} = \frac{\partial u}{\partial x}\frac{\partial^2 u}{\partial x^2}$$

的一个隐式格式, 这里 $u = u(x,t)$. 并讨论其求解方法.

5. 对于非线性方程

$$\frac{\partial u}{\partial t} = \frac{\partial}{\partial x}\left(u^3 \frac{\partial u}{\partial x}\right),$$

这里 $u = u(x,t)$. 试构造出一个预–校格式.

6. 对于非线性对流扩散方程

$$\frac{\partial u}{\partial x} + u\frac{\partial u}{\partial x} = \alpha\frac{\partial^2 u}{\partial x^2},$$

这里 $\alpha > 0$ 是一常数, $u = u(x,t)$. 试为之构造出 Crank-Nicolson 差分格式并给出求解非线性代数方程组的内迭代的描述.

7. 对于 Burgers 方程 $u_t = \epsilon u_{xx} - uu_x$, 试为它设计如下一种差分格式

$$\frac{u_j^{n+1} - u_j^{n-1}}{2\Delta t} = \epsilon\left(\frac{u_{j+1}^{n+1} - 1u_j^{n+1} + u_{j-1}^{n+1}}{2h^2} + \frac{u_{j+1}^{n-1} - 2u_j^{n-1} + u_{j-1}^{n-1}}{2h^2}\right) - u_j^n\frac{u_{j+1}^n - 2u_{j-1}^n}{2h}$$

8. 对于 Fisher 方程 $u_t = u_{xx} + u(1-u)$, 试为它设计如下一种差分格式:

$$\frac{u_j^{n+1} - u_j^{n-1}}{2\Delta t} = \frac{u_{j+1}^{n+1} - 2u_j^{n+1} + u_{j-1}^{n+1}}{2h^2} + \frac{u_{j+1}^{n-1} - 2u_j^{n-1} + u_{j-1}^{n-1}}{2h^2} + u_j^n(1 - u_j^n).$$

9. 非线性薛定谔方程

$$i\frac{\partial \varphi}{\partial t} = -\varphi_{xx} - 2|\varphi|^2\varphi \quad (i^2 = -1).$$

(1) 考虑此方程, 证明它有一个含有孤子的解 $\varphi(x,t) = e^{i(2x-3t)}\mathrm{sech}(x - 4t)$;

(2) 假定计算区间为 $[-20, 20]$, 初始条件为 $e^{i(2x)}\mathrm{sech}(x)$, 边界条件 $\varphi(x,t)|_{x=\pm 20} = 0$, 试利用下述差分法离散它:

$$i\frac{\varphi^{n+1} - \varphi_j^{n-1}}{2\Delta t} = -\frac{\Delta\varphi_{j+1}^{n+1} - 2\varphi_j^{n+1} + \varphi_{j-1}^{n+1}}{2h^2} - \frac{\varphi_{j+1}^{n-1} - 2\varphi_j^{n-1} + \varphi_{j-1}^{n-1}}{2h^2} - 2|\varphi_j^n|^2\varphi_j^n,$$

并比较节点处的近似解与准确解之间的误差.

第 7 章 总结与展望

本书主要讨论微分方程的数值方法 —— 有限差分法及具体实现过程.

有限差分法是计算机数值模拟最早采用的方法, 至今仍被广泛运用. 该方法将求解域划分为差分网格, 用有限个网格节点代替连续的求解域. 有限差分法以 Taylor 级数展开等方法, 将微分方程中的导数用网格节点上的函数差商代替进行离散, 从而建立以网格节点上的值为未知数的代数方程组. 该方法是一种直接将连续的微分方程变为代数方程的近似数值解法, 数学概念直观, 表达简单, 是发展较早且比较成熟的数值方法. 但有限差分法有一缺点: 仅当网格极其细密时, 离散方程才满足积分守恒性, 在粗网格情况下, 离散方程不一定满足积分守恒性.

本书在有限差分方法的设计过程中, 我们只讨论微分方程中的未知函数定义域是规则的区域 (例如, 在二维情形计算区域为长方形区域、三维情形计算区域为长方体). 当微分方程中的未知函数定义域不规则时, 有限差分方法的设计会遇到一定困难, 但不是不能做. 对于不规则区域上的有限差分法的设计, 感兴趣的读者可阅读文献 [18] 和 [22] 中所介绍的相关内容.

当采用微分方程的隐式有限差分方法, 离散后的系统通常有一个较大的线性方程组需要求解. 关于线性方程组的求解方法 (例如直接法与迭代法), 在许多教材中都有较详细的介绍, 例如文献 [15] 中的第一章有这方面的详细介绍. MATLAB 软件自身带有比较好的程序可供读者直接调用, 例如, 如果有线性方程组 $AX = b$ (这里 A 为一个 $n \times n$ 矩阵, X, b 均为 n 维列向量) 待求解, 那么在 MATLAB 软件直接键入 $X = A^{-1} * b$ 就可得到未知向量. 读者并不需要具体的求解过程就可直接得到线性方程组的解. 这给实际应用 MATLAB 软件从事工程或科学计算的读者带来极大的方便. 另外, 本书的许多数值方法都可以写成向量或矩阵的形式. 而 MATLAB 软件实际上是一处理向量或矩阵的函数库, 只要稍微熟悉 MATLAB 软件和线性代数的知识就一定能将本书的数值方法表示成矩阵或向量形式, 从而可轻易实现本书所展示的数值方法.

需要提到的是偏微分方程的另外一种数值解法 —— 有限元方法 (finite element method)[6, 24], 它是一种高效、常用的偏微分方程求解方法. 它比较适合于较复杂的区域和不同粗细的网格. 正是具有这些特性, 20 世纪 60 年代以来, 有限元方法的理论和应用得到迅速的发展, 并且广泛地应用于工程与实践中. 有限元法是基于变分原理的一种方法, 它通常将微分方程变换成含积分形式的方程. 它的理论基础是变分原理. 它先通过选择特殊的基函数, 把计算区域划分为有限个互不重叠的单元; 然后在每个单元内, 选择一些合适的节点作为求解函数的插值点, 并将微分方程中的变量改写成由各变量或其导数的节点值与所选用的插值函数组成的线性表达式; 最后借助于变分原理, 将微分方程离散求解, 从而使一个连续的无限自由度问题变成离散的有限自由度问题. 有限元法的优点是: 适用于较一般的区域, 也适用于较复杂的区域和不同粗细的网格, 离散方程一般都满足积分守恒性.

　　另外, 还有一种方法叫做有限体积方法 (finite volume method)[10], 它也是一种高效、常用的偏微分方程求解方法. 有限体积法又称为控制体积法, 它的设计思想与有限元法有相似之处. 但是具体计算过程中, 它先将计算区域划分为一系列不重复的控制体积, 并使得每个网格点周围有一个控制体积; 然后再将待解的微分方程对每一个控制体积求积分, 进而将此积分离散最终得出一组离散性的方程组. 有限体积法有一优点: 即使在粗网格情况下, 也能保持微分方程所具有的积分守恒性.

　　解偏微分方程还有一种流行的数值方法 —— 谱方法 (spectral method) [2, 20]. 其要点是把未知函数近似地展开成光滑函数 (一般是正交多项式) 的有限级数展开式, 即所谓解的近似谱展开式, 再根据此展开式和原方程, 求出展开式系数的方程组. 光滑函数一般多取切比雪夫多项式和勒让德多项式作为近似展开式的基函数. 对于周期性边界条件, 光滑函数取 Fourier 级数比较方便. 谱方法具有精度高等优点, 目前也得到广大使用者的青睐.

参 考 文 献

[1] 蔡燧林. 常微分方程[M]. 3 版. 浙江: 浙江大学出版社, 2013.

[2] Canuto C, Hussaini M Y, Quarteroni A, et al. Spectral Methods-Fundamentals in Single Domains[M]. Berlin: Springer-Verlag, 2006.

[3] Chan T, Shen J. Mathematical models for local nontexture inpaintings[J]. SIAM J. Appl. Math., 2015, 62:1019-1043.

[4] 陈祖墀. 偏微分方程[M]. 3 版. 北京: 高等教育出版社, 2008.

[5] 胡健伟, 汤怀民. 微分方程数值解法[M]. 北京: 科学出版社, 2000.

[6] Kwon Y W, Bang H. The Finite Element Method Using MATLAB[M]. London: CRC Press, 2000.

[7] 李荣华, 冯果忱. 微分方程数值解法[M]. 3 版. 北京: 高等教育出版社, 2005.

[8] 李立康, 於崇华, 朱政华. 微分方程数值解法[M]. 上海: 复旦大学出版社, 1999.

[9] LeVeque R J. Finite Difference Methods for Ordinary and Partial Differential Equations, Steady-state and Time-dependent Problems[M]. Philadelphia: SIAM, 2007.

[10] LeVeque R J. Finite Volume Methods for Hyperbolic Problems[M]. Cambridge: Cambridge University Press, 2002.

[11] 李开泰, 黄艾香, 黄庆怀. 有限元方法及其应用[M]. 北京: 科学出版社, 2006.

[12] 李治平. 偏微分方程数值解讲义[M]. 北京: 北京大学出版社, 2010.

[13] 陆金甫, 关治. 偏微分方程数值解法[M]. 2 版. 北京: 清华大学出版社, 2004.

[14] 冯康. 数值计算方法[M]. 北京: 国防工业出版社, 1978.

[15] 何汉林, 梅家斌. 数值分析[M]. 北京: 科学出版社, 2007.

[16] 林成森. 数值计算方法. 北京: 科学出版社, 2001.

[17] Lele S K. Compact finite difference scheme with spectral-like resolution[J]. Journal of Computational Physics, 1992, 103: 16-42.

[18] Morton K W, Mayers D F. Numerical Solution of Partial Differential Equations, An Introduction[M]. Cambridge: Cambridge University Press, 2005.

[19] 邱俊, 胡晓, 王汉权. 数字图像修复的变分方法与实现过程[J]. 数值计算与计算机应用, 2016, 37(4): 283-296.

[20] Shen J, Tang T, Wang L L. Spectral Methods Algorithms, Analysis and Applications[M]. Berlin, Heidelberg: Springer-Verlag, 2011.

[21] Toro E F. Riemann Solver and Numerical Methods for Fluid Dynamics: A Practical Introduction[M]. 2nd ed. Berlin, Heidelberg: Springer-Verlag, 1999.

[22] Thomas J W. Numerical Partial Differential Equations: Finite Difference Methods[M]. Berlin, Heidelberg: Springer-Verlag, 1995.

[23] Thomas J W. Numerical Partial Differential Equations: Conservation Laws and Elliptic Equations[M]. Berlin, Heidelberg: Springer-Verlag, 1999.

[24] 应隆安. 有限元方法讲义[M]. 北京: 北京大学出版社, 1988.